生态素质教育导论

INTRODUCTION TO ECOLOGICAL LITERACY EDUCATION

顾金土　主　编

陈文育　王旭波　副主编

U0395294

河海大學出版社
HOHAI UNIVERSITY PRESS
·南京·

内容简介

本书共 13 章,分为理论篇和实践篇两大部分。理论篇阐释了生态素质的内涵、历史、现状、困境、功能、价值和传播等内容;实践篇在分析和反思中小学生态素质教育实践现状的基础上,介绍了水生态素质与实践、草原生态保护原理与实践、森林保护原理与实践、生态农业原理与实践、自然保护区建设原理与实践、生态素质教育的网络传播实践和生态素质教育名人实践等内容,以期打开学生的认知世界,建立其与自然之间健康的生态联系,避免自然缺失症问题。该书既可以作为环境社会学专业的教材,也可以作为环境科学、教育学等专业的参考资料。

图书在版编目(CIP)数据

生态素质教育导论 / 顾金土主编;陈文育,王旭波
副主编. -- 南京:河海大学出版社,2023.12
  ISBN 978-7-5630-8798-3

  Ⅰ.①生… Ⅱ.①顾… ②陈… ③王… Ⅲ.①生态环境-环境教育-素质教育-教材 Ⅳ.①X321.2

  中国国家版本馆 CIP 数据核字(2023)第 241787 号

书　　名	生态素质教育导论	
	SHENGTAI SUZHI JIAOYU DAOLUN	
书　　号	ISBN 978-7-5630-8798-3	
责任编辑	曾雪梅	
责任校对	张　媛	
装帧设计	有品堂	
出版发行	河海大学出版社	
地　　址	南京市西康路 1 号(邮编:210098)	
电　　话	(025)83737852(总编室)	(025)83722833(营销部)
	(025)83787103(编辑室)	
经　　销	江苏省新华发行集团有限公司	
排　　版	南京布克文化发展有限公司	
印　　刷	广东虎彩云印刷有限公司	
开　　本	710 毫米×1000 毫米　1/16	
印　　张	17.5	
字　　数	310 千字	
版　　次	2023 年 12 月第 1 版	
印　　次	2023 年 12 月第 1 次印刷	
定　　价	76.00 元	

前言

生态素质是人类在生态科学、社会科学的基础上发展而形成的关于生产、消费、休闲、抗逆等方面的自律意识和环保技能。生态素质是一个重要但对大众而言又比较陌生的概念。其重要性体现在公私两个层面：于私，它是建构、表达、实现生态自我的需要；于公，它是建设生态文明、构建人类命运共同体的个体基础品质。其陌生性体现在生态素质这一概念的形成历史短暂、知晓度较低。本书梳理了生态素质教育的基本理论以及在水生态、草原生态、生态农业、森林保护、网络传播等领域的生态环保实践。我们深切感知：生长在现代社会(这只是时间概念)的普通人既是幸福的，也是不幸的。幸福的是：有高度发达的网络，只要有线索就能找到海量、参差不齐的论文、书籍、时讯及教育素材；有高度发达的市场，只要有想法就能找到生产的路径和人才。不幸的是：城镇人口越来越聚集，但人们之间的心理距离越来越远；认识的人很多，但知心朋友很少甚至没有；每一个赛道都很拥挤，进一步都需要付出巨大的努力，但退一步也并不是海阔天空，以致经常遭遇挫折，感到空虚。面对不确定的时代困境，现代人在社会系统之外延伸出生态空间，是必要、可行的，也是明智的。因此，人类需要与自然建立良好的生态联系，拓展生态价值、栖息空间，为身处逆境的个体提供"保护伞""护城河""防火墙"，防止负面情绪累积而产生的恶化效应。那么，如何建立人类与自然之间的良好关系？下面从关系、权利和责任三个角度来谈一下人类如何依赖、享受和保护自然。

1. 人类依赖自然

自然不依赖于人类，但人类依赖于自然。人类生存需要适宜的条件，不仅需要阳光、水、大气、土壤、微生物、动植物等必备资源，而且氧气含量、气压、温度、湿度、紫外线强度等要素必须在恰当的范围内。人类在自然环境中成长，会逐渐建立起与当地自然环境的情感联系，形成具有温情的家乡意识或根意识。人生难免会遇到挫折，需要排解负面情绪，有的人选择向朋友倾诉，有的人寻求亲人的慰藉与依靠，有的人选择与逝去的人隔空对话，有的人去往曾经人生美好故事的发生地。万变不离其宗,这些不同的排解方式都是给身处困境的个体提供缓冲空间,使其顺利渡过人生的难关。因此,家乡意识所形成的精神空间可以作为个体身陷负面情绪时的缓冲地带。可是,随着城市化的进展,忙碌、功利的现代人往往割裂了人与自然的天然联系,对客观存在的生态联系视而不见,竟然产生"逃离"的想法。周敦颐在《爱莲说》中提到"出淤泥而不染"的品性。从强调生命纯净、高洁的角度来说,这没有错,但把生物和环境对立起来,并不可取。人不能脱离生养环境,反而需要持续吸收其中的营养,因此,感恩生养的自然环境才是正确的态度。人类与非家乡的自然景观建立起良好的情感联系也需要时间,走马观花式的游历只能给人肤浅的印象,而不能从心底亲近自然、体验自然和认识自然,以产生真切的情感联系和广阔的精神空间。因此,一个人虽然只可能拥有十分有限的具有产权意义的地理空间,但可以关注、涉足广博、开放的自然环境和浩瀚、深邃的星辰宇宙。每一个现代人都需要温情的记忆、平静安全的情感寄托空间作为放松、解忧的栖息地,如家乡、母校、初恋的回忆等空间。所谓"栖息",就是歇息、暂住、隐遁、止息、寄居,调节情绪、舒缓压力,防止负面情绪积累。生态素质教育的目的是,让现代人主动到户外活动,在观赏自然景色、接触大自然的过程中,寻找自身存在的生态价值和意义,建构适合自己情绪需要的栖息地。

2. 人类享受自然

大自然给予人类的福利是广泛的、微薄的、持久的。所谓广泛,是指无处不在,无人不可得,比如阳光雨露、自然景观。所谓微薄,是指人类在自然界中可以休憩,缓解疲劳,但效果不是立竿见影、即刻疗愈,也不能快速变现。所谓持久,是指自然随时随地保持着无条件接纳人类的状态。自然福利不以货币来衡量,是真正免费并且无价的。以货币为衡量单位的福利只是一种再分配形式,是将一部分人创造的财富转移给另一部分人。即使制度再严密,管理再精细,转移过程中还是存在或多或少的损耗,更何况制度不顺、管理不当的情况时有发生。而自然福利体系是高效的,无损耗的。人类有权享受自然的福利,也要知晓这是慢福利,需要明白享受的路径和方法,否则,不仅不是福利,反而可能成为陷阱。人类对于自然福利可能犯两个错误:一是忽视生态价值而陷入空虚无聊,二是滥用生态资源而断子孙后路。前者提醒我们,现代人所处的"无意义""无价值""无效能感"等境遇,其实只是社会系统赋予的意义,并不阻碍人们分享自然生态的生生不息、朝气蓬勃。走入自然,体验自然,疗愈创伤,恢复活力,是人类永恒的权利。后者提醒我们,人类享受自然,也需要尊重自然界的规则,不能压制自然、征服自然。

成长体验和劳动参与是打开享受自然慢福利之门的两把钥匙。成长体验主要适用于未成年人的成长岁月。每一个人都在自然中成长,可是自然永远沉默不语,以致很多人忽略了它的存在。早期社会化的领路人,通过言传身教,给儿童传递点滴人生经验,不计报酬,无私奉献,积累的是纯粹的感情。儿童成长后,当遭遇雷同的情景,就可能唤起儿时的记忆,激发潜在的勇气和毅力。因此,美国面向青少年的环境教育注重沉浸式现场体验和探索式自主学习,日本让儿童从小接近自然、感悟自然,在自然体验中轻松愉快地成长。劳动参与是人类特有的行为,是价值增值的最终来源,也是识别自然、记忆自然的关键途径。面向自然劳动的劳动者,既生产了产品,也积累了财富,实现了自力更生。即使财富分配受到社会制度的强烈影响,但是劳动本身就是生命存在的本质,也是价值成就的最好证明。

一个人从西部的黄土高原一路向东进入中原地带,看到满眼绿色时,会感受到一种幸福;从高海拔的青藏高原到低海拔的平原丘陵,呼吸到充足的氧气时,会感受到一种幸福;从燥热的城市远足到茂密的森林深处,被清凉的空气包围时,会感受到一种幸福。这些幸福不是人类劳动得来的,而是自然界本身所蕴藏的力量、资源。自然不是均质、抽象的,也不会主动表白,所以,人类需要走出狭小的私人世界,去靠近、比较、识别和体验自然。自然不会排斥、歧视任何人,因此,每一个人只要掌握与自然沟通的渠道,就可以从自然中汲取源源不断的力量。生态素质教育的功能是让人们认识到自然给予人类的最慷慨的福利,察觉自然细微的变化,珍惜当前的宜居环境,在身心疲惫、精神抑郁、命运处于低谷时,更容易找到走出困境的出路。

3. 人类保护自然

自工业革命以来,人类持续超大规模地开发自然资源,导致生态环境产生负向的急剧变化。可是,自然界不仅只有人类这一生物,还有许多其他生物。本来,各物种之间相生相克,既有竞争又有合作,形成动态的基本平衡。自然环境的急剧改变,让许多生物面临生存危机。由于生态系统各部分之间是相互关联的,如果任这种趋势蔓延,人类也将不能独善其身。因此,具有长远眼光、理性思考能力的社会主体从事环保事业是内在的要求,并不需要多么高尚的道德支撑或者公益的慈善光环。生态素质教育就是培育环保的种子,让每一个人能更好地认识自然、理解自然,在自己的岗位上为环保尽一份力量。

人类需要科学、自觉地保护自然。首先，不能盲目行事，违反生态科学，比如放生引发生物入侵、打狼引发草原生态退化等。其次，不要急功近利。生态治理是一项持之以恒的长期工程，不是短短几年采取一些措施就能实现"湿地恢复、候鸟重现"的目标。最后，要养成环保习惯。环保习惯的养成需要生态自觉，也就是将生态文明要求内化为自己认同的心理和行动。环保意识不会自动生成环保行动，产生环保效果。忙碌、功利的现代人往往在不经意间消耗和浪费能源、资源，比如在不必要的情况下开空调、坐电梯、消耗一次性用品。而具有生态素质的现代人，往往能在耕耘园地、购买商品、游玩山水时，不忘记承担环保责任；能自觉遏制滥用生态资源，实践绿色生活，积累点滴环保成果。

生态素质教育最早可以追溯到荷兰的生态运动。作为荷兰生态运动之父，雅各布斯·彼得·泰瑟（Jacobus Pieter Thijsse, 1865—1945）在19世纪末就发现，随着工业化进程对乡村的破坏，自然土地丧失，中小学生不再关心本土环境问题，而热衷于研究新奇的异国动植物。为此，他着力建设乡土生境与植物群落，低成本维护"家乡公园"，倡导亲身体验式的户外教育，引导人们关注身边的、乡土的、有生命的和真实的自然环境，欣赏本土生境的美，唤起人们对动植物研究的兴趣、对环境的敏感、对家乡和地域的认同，从而促进自然环境和地域景观保护。生态素质教育也契合现代实践教学形式，如劳动教育、自然环境教育、乡土教育、田野课堂、现象教学等，旨在让学生建立与自然环境之间的健康联系，培养学生发现问题和解决问题的能力，让学生寻找自我存在的价值感和意义感，提升其审美能力和拓展其审美视野，促进学生的素养发展。这也符合杜威的教育理念——生在当下，活得丰富，善于应对未来。

最后叙述本教材的写作情况。2022年初，主编在多年环境社会学的教学和研究过程中发现，生态文明建设之本在于青少年的生态意识、生态知识和自觉行动。相应地，教育层面的任务就是培育和提高学生的生态素质。因此，时代需要一本相应的教材。截至目前，国内仅有一本类似题材的教材（彭秀兰、孙晴著：《新时代大学生生态文明素质教育》，华中师范大学出版社，2022年）。该教材以大学生为对象，从思想政治教育的角度阐述了生态素质教育的内涵及实践。本书的主要目标读者除了大学生还兼顾其他群体，突出社会学由理论到实践的脉络，且在实践层面根据社区的自然场景特征进行分类。本书首先由主编、副主编集体探讨写作宗旨、原则、体裁，以及教材大纲、

参考文献、语言风格;然后成立写作组撰写各章节的初稿。初稿的作者分工如下:

前言,顾金土;

第1~4章,韩廷梁、顾金土;

第5章,陈文育、肖安娜;

第6章,王旭波;

第7章,张国玉、赵宇;

第8章,孙晓婷、顾金土;

第9章,翁世旭、顾金土;

第10章,杜瑶、顾金土;

第11章,边天琪、顾金土;

第12章,陈文育、赵一欣、肖安娜;

第13章,赵宇、罗珉瑶、刘文丽、吴子峰。

经过一年的写作,本书初稿于2023年初完成,正好赶上河海大学教务处组织教材项目申报。2023年4月3日,本书有幸被列入2023年河海大学重点教材立项建设名单。于是,由主编、副主编对初稿进行统合修改,还对部分章节进行了调整、重写,于2023年7月形成了二稿,然后邀请韩廷梁、韩嫣、梅湘楚、何宇、刘文丽、杜瑶、赵宇、罗珉瑶、马莉等人校对润色,最后由主编审读、修改并定稿。本书的出版得到了河海大学教务处、公共管理学院以及社会学学科的大力支持,也衷心感谢认真、负责、高效的责任编辑曾雪梅老师。没有大家的鼎力支持,本教材断然无法如期出版。当然,由于生态素质教育还是一个较新的领域,本教材也只是一个初步探索,不足之处在所难免,恳请各界人士不吝赐教(邮箱:gujintu@hhu.edu.cn)。

顾金土

2023年12月3日,于清睦学苑

目录
Contents

理论篇

第1章　生态形势及自我定位 ·········· 003

1.1　当前世界生态危机 ·········· 003

　　1.1.1　环境污染危机 ·········· 003

　　1.1.2　能源危机 ·········· 004

　　1.1.3　生物多样性危机 ·········· 005

1.2　青少年的"自然缺失" ·········· 005

　　1.2.1　难以接触的自然 ·········· 006

　　1.2.2　不被关注的自然 ·········· 008

1.3　生态素质教育使命 ·········· 009

第2章　何谓生态素质 ·········· 012

2.1　生态素质的概念发展 ·········· 012

　　2.1.1　"生态素质"与"生态素养" ·········· 012

　　2.1.2　生态素质概念的前身 ·········· 013

　　2.1.3　生态素质概念的形成与发展 ·········· 016

2.2　生态素质的内涵 ·········· 018

　　2.2.1　感性接触 ·········· 019

　　2.2.2　情感关联 ·········· 020

　　2.2.3　科学认知 ·········· 022

　　2.2.4　理性实践 ·········· 025

2.3　生态素质的定位 ·········· 027

　　2.3.1　生态素质是个人素质的重要组成 ·········· 028

　　2.3.2　生态素质受到其他素质的影响 ·········· 028

第 3 章　生态素质教育历史、现状与困境 ················· 031

　3.1　生态素质教育发展历史 ······················ 031

　　3.1.1　环境教育发展历史 ···················· 031

　　3.1.2　可持续教育发展历史 ·················· 032

　　3.1.3　自然教育发展历史 ···················· 033

　3.2　生态素质教育现状 ························· 034

　　3.2.1　生态素质教育的主体 ·················· 034

　　3.2.2　生态素质教育场域 ···················· 037

　　3.2.3　生态素质教育模式与途径 ·············· 039

　3.3　生态素质教育的不足与困境 ················· 046

　　3.3.1　学校:教学资源和师资力量不足 ·········· 046

　　3.3.2　社会:政策支持与参与质量有限 ·········· 047

　　3.3.3　家庭:家长生态意识与能力缺失 ·········· 048

第 4 章　生态素质教育的功能与价值 ··············· 050

　4.1　生态素质教育的功能 ······················ 050

　　4.1.1　对青少年生理健康的促进功能 ··········· 050

　　4.1.2　对青少年心理健康的调节功能 ··········· 052

　　4.1.3　对青少年社会适应的助推功能 ··········· 055

　4.2　生态素质教育的价值 ······················ 057

　　4.2.1　生态素质教育是当下环保事业的基础 ······ 058

　　4.2.2　生态素质教育是未来绿色发展的关键 ······ 060

第 5 章　生态素质教育传播 ····················· 063

　5.1　生态素质教育传播概述 ····················· 063

　　5.1.1　生态素质教育传播的兴起与发展 ·········· 063

　　5.1.2　生态素质教育传播的不同主体 ··········· 064

　　5.1.3　生态素质教育传播的主要内容 ··········· 065

　　5.1.4　生态素质教育传播的媒介因素 ··········· 067

　5.2　传播媒介与生态素质教育 ··················· 067

　　5.2.1　媒体形态 ························· 068

　　5.2.2　文本类型 ························· 070

      5.2.3　传播设置 ∙∙ 071

  5.3　多元主体与生态素质教育传播 ∙∙∙∙∙∙∙∙∙∙∙∙∙∙∙∙∙∙∙∙∙∙∙∙∙∙ 073

      5.3.1　政府 ∙∙ 073

      5.3.2　公众 ∙∙ 074

      5.3.3　媒体机构 ∙∙ 076

      5.3.4　环保社会组织 ∙∙ 076

实践篇

第 6 章　中小学生态素质教育实践 ∙∙∙∙∙∙∙∙∙∙∙∙∙∙∙∙∙∙∙∙∙∙∙∙∙∙∙∙ 081

  6.1　中小学生态素质教育现状 ∙∙∙∙∙∙∙∙∙∙∙∙∙∙∙∙∙∙∙∙∙∙∙∙∙∙∙∙∙∙∙∙∙∙∙∙ 081

      6.1.1　中小学生态素质教育的相关制度 ∙∙∙∙∙∙∙∙∙∙∙∙ 081

      6.1.2　中小学生态素质教育的教学安排 ∙∙∙∙∙∙∙∙∙∙∙∙ 083

      6.1.3　中小学生态素质现状 ∙∙∙∙∙∙∙∙∙∙∙∙∙∙∙∙∙∙∙∙∙∙∙∙∙∙∙∙∙ 085

  6.2　中小学生态素质教育问题分析 ∙∙∙∙∙∙∙∙∙∙∙∙∙∙∙∙∙∙∙∙∙∙∙∙∙ 087

      6.2.1　生态素质教育的客观条件 ∙∙∙∙∙∙∙∙∙∙∙∙∙∙∙∙∙∙∙∙∙ 087

      6.2.2　中小学校对生态素质教育的主观认识 ∙∙∙∙∙∙∙∙∙∙ 089

      6.2.3　生态素质教育的方式方法 ∙∙∙∙∙∙∙∙∙∙∙∙∙∙∙∙∙∙∙∙∙ 090

  6.3　中小学生态素质教育经验 ∙∙∙∙∙∙∙∙∙∙∙∙∙∙∙∙∙∙∙∙∙∙∙∙∙∙∙∙∙∙∙∙∙∙ 092

      6.3.1　绿色学校和生态校园 ∙∙∙∙∙∙∙∙∙∙∙∙∙∙∙∙∙∙∙∙∙∙∙∙∙∙∙ 092

      6.3.2　生态素质教育课程 ∙∙∙∙∙∙∙∙∙∙∙∙∙∙∙∙∙∙∙∙∙∙∙∙∙∙∙∙∙∙ 095

      6.3.3　生态素质教育实践基地 ∙∙∙∙∙∙∙∙∙∙∙∙∙∙∙∙∙∙∙∙∙∙∙∙ 098

  6.4　中小学生态素质教育现状反思与未来发展 ∙∙∙∙∙∙∙∙∙∙∙∙∙ 100

第 7 章　水生态素质与实践 ∙∙∙∙∙∙∙∙∙∙∙∙∙∙∙∙∙∙∙∙∙∙∙∙∙∙∙∙∙∙∙∙∙∙∙∙ 104

  7.1　节水原理及经验 ∙∙ 104

      7.1.1　生活节水产品 ∙∙∙∙∙∙∙∙∙∙∙∙∙∙∙∙∙∙∙∙∙∙∙∙∙∙∙∙∙∙∙∙∙∙∙∙∙∙ 104

      7.1.2　节水技术与工程 ∙∙∙∙∙∙∙∙∙∙∙∙∙∙∙∙∙∙∙∙∙∙∙∙∙∙∙∙∙∙∙∙∙ 108

      7.1.3　节水经济政策 ∙∙∙∙∙∙∙∙∙∙∙∙∙∙∙∙∙∙∙∙∙∙∙∙∙∙∙∙∙∙∙∙∙∙∙∙∙∙ 112

  7.2　乐水项目与环保经验 ∙∙∙∙∙∙∙∙∙∙∙∙∙∙∙∙∙∙∙∙∙∙∙∙∙∙∙∙∙∙∙∙∙∙∙∙∙∙ 113

      7.2.1　对乐水项目的认知误区 ∙∙∙∙∙∙∙∙∙∙∙∙∙∙∙∙∙∙∙∙∙∙∙∙ 114

      7.2.2　乐水项目介绍 ∙∙∙∙∙∙∙∙∙∙∙∙∙∙∙∙∙∙∙∙∙∙∙∙∙∙∙∙∙∙∙∙∙∙∙∙∙∙ 115

   7.2.3 乐水过程中的环保经验 ········· 119

 7.3 水景欣赏原理与营造实践 ········· 120

   7.3.1 国内外著名自然水景观概况 ········· 120

   7.3.2 园林水景欣赏原理与营造实践 ········· 125

   7.3.3 室内水景营造原理及实践 ········· 128

第8章 草原生态保护原理与实践 ········· 131

 8.1 草原生态保护概况 ········· 131

   8.1.1 全球草原生态概况 ········· 131

   8.1.2 草原保护的生态功能 ········· 132

   8.1.3 草原生态系统破坏造成的灾难 ········· 134

 8.2 草原文化传统中的生态智慧 ········· 136

   8.2.1 草原传统的生态保护思想 ········· 137

   8.2.2 草原游牧转场的生态智慧 ········· 139

   8.2.3 草原聚落空间营造的生态智慧 ········· 141

 8.3 当代草原生态治理经验 ········· 145

   8.3.1 沙化草原的生态治理经验 ········· 146

   8.3.2 退化草原的生态治理实践 ········· 150

   8.3.3 草原旅游中的生态保护实践 ········· 153

第9章 森林保护原理与实践 ········· 156

 9.1 森林生态保护概况 ········· 156

   9.1.1 森林资源现状 ········· 157

   9.1.2 森林的重要作用 ········· 157

 9.2 森林休养原理及经验 ········· 160

   9.2.1 森林休养的原理 ········· 162

   9.2.2 森林休养的经验 ········· 163

 9.3 森林生态智慧内涵及经验 ········· 167

   9.3.1 森林生态智慧的内涵 ········· 167

   9.3.2 基于生态伦理观的森林保护 ········· 168

   9.3.3 基于生态文化的森林保护 ········· 169

   9.3.4 基于对森林合理利用的森林保护 ········· 171

 9.4 森林生态安全内涵及经验 ········· 172

9.4.1 森林生态安全内涵 •••••••••••••••••••• 172

9.4.2 森林防火经验 •••••••••••••••••••••••• 173

9.4.3 水土流失经验 •••••••••••••••••••••••• 176

第 10 章 生态农业原理与实践 •••••••••••••••••• 179

10.1 生态农业概况 ••••••••••••••••••••••••••• 179

10.1.1 生态农业的起源 •••••••••••••••••••• 179

10.1.2 生态农业现状 •••••••••••••••••••••• 180

10.2 共生农业原理及经验 •••••••••••••••••••••• 183

10.2.1 共生农业内涵及原理 •••••••••••••••• 183

10.2.2 共生农业经验 •••••••••••••••••••••• 184

10.3 循环农业原理及经验 •••••••••••••••••••••• 188

10.3.1 循环农业内涵及原理 •••••••••••••••• 188

10.3.2 循环农业经验 •••••••••••••••••••••• 191

10.4 产业融合原理及实践 •••••••••••••••••••••• 193

10.4.1 产业融合内涵及原理 •••••••••••••••• 193

10.4.2 产业融合经验 •••••••••••••••••••••• 195

第 11 章 自然保护区建设原理与实践 •••••••••••••• 199

11.1 自然保护区概况 ••••••••••••••••••••••••• 199

11.2 自然保护区的内部管理 ••••••••••••••••••• 202

11.2.1 自然保护区的内部管理现状 •••••••••• 202

11.2.2 自然保护区的内部管理经验 •••••••••• 204

11.3 自然保护区与周边社区关系 ••••••••••••••• 208

11.3.1 自然保护区与周边社区关系 •••••••••• 208

11.3.2 自然保护区与周边社区协调经验 •••••• 209

11.4 自然保护区的社会组织参与 ••••••••••••••• 213

11.4.1 自然保护区社会组织参与形式 •••••••• 213

11.4.2 自然保护区社会组织经验 •••••••••••• 216

第 12 章 生态保护的网络传播实践 •••••••••••••••• 221

12.1 网络传播内容的制作与呈现 ••••••••••••••• 221

12.1.1 网络新闻报道 •••••••••••••••••••••• 221

12.1.2　短视频　······222

12.1.3　纪录片与电影　······224

12.1.4　公益广告　······226

12.1.5　自媒体图文帖　······227

12.2　网络传播渠道的选择与运用　······229

12.2.1　专门性网站　······229

12.2.2　社交媒体平台　······231

12.2.3　短视频平台　······232

12.2.4　环境类 APP　······233

12.2.5　网络社区与讨论区　······235

12.3　网络传播影响力的打造与实现　······237

12.3.1　依托平台价值　······237

12.3.2　明星与大 V 的传播效应　······238

12.3.3　打造"网红"　······240

12.3.4　线下延伸　······241

第 13 章　生态素质教育名人实践　······244

13.1　民间环保第一人——唐锡阳　······244

13.1.1　人物历程　······244

13.1.2　绿色营　······245

13.1.3　全国巡回演讲　······246

13.1.4　自然保护区事业　······247

13.2　"自然之子"——梁从诫　······251

13.2.1　"自然之友"源流　······252

13.2.2　保护藏羚羊　······253

13.2.3　绿色生活方式　······255

13.3　诺贝尔和平奖得主——旺加里·马塔伊　······258

13.3.1　人物历程　······258

13.3.2　绿色带运动　······260

13.3.3　环保抗争　······263

理论篇

第 1 章
生态形势及自我定位

　　自工业革命以来,人类在政治、经济、文化、科学、技术等领域取得飞速发展。随着人口增长以及人们对生活品质要求的提升,自然的压力与日俱增。为了保持所谓的现代生活,我们需要大量地开采矿产资源、砍伐森林、种植作物和养殖生物,并对这些物资在全球范围内进行配置,从原材料到加工、消费,以及远距离运输各类商品,均需要消耗大量的能源。生态环境与每一个人息息相关,但并不是每一个人均明了当前生态系统所面临的严峻形势,以及自己在这场危机中所扮演的角色和应有的担当。

1.1 当前世界生态危机

　　生态危机具有多层次性、多领域性。本节结合数据与案例,通过生态危机中的主要议题,简要展示当前生态危机的严重性、急迫性和复杂性。

1.1.1 环境污染危机

　　环境污染是最常被提及的生态危机之一,其所包含的内容与领域也最为复杂。环境污染是指受人为或自然因素影响,环境质量下降且不能自然恢复,并有害于人类和其他生物的现象[1]。从人类活动来看,环境污染可以分为工业污染、农业污染、日常生活污染等。

　　根据各国发展情况,环境污染的重点、方式等略有不同。以农业污染为

---

　　① 中国农业百科全书总编辑委员会生物学卷编辑委员会. 中国农业百科全书·生物学卷[M]. 北京:农业出版社,1991:183-184.

例,近年来,由于种植、养殖产业的快速发展,化肥、农药、农地膜被大量使用,由此造成的环境污染日益严重。第二次全国污染源普查公报数据表明,2017年,我国农业源水污染物排放量中,化学需氧量为1 067.13万吨,氨氮为21.62万吨,总氮为141.49万吨,总磷为21.20万吨①。根据长江经济带11省(直辖市)第二次污染源普查数据及相关专题报告,农业面源总磷排放量占长江经济带总排放量的67%②。化肥施用量居高不下以及不合理的施肥方式,造成集约化农区氮磷流失严重,稻田周边水塘及河湖水体富营养化。不仅国内,世界各国都面临农业污染的问题,2022年美国环境监管部门的一份最新报告估计,美国目前大约有800万公顷的农田可能被含有PFAS(全氟和多氟烷基物质)的污水污泥污染,而这些污水污泥一直被用作"肥料"③。

1.1.2　能源危机

自工业革命以后,人类社会步入快速发展阶段,无论是工业发展、农业进步,还是个人生活水平的提高,都离不开能源的支持。例如,现代社会发展所必需的电力便需要大量的能源作为支撑。在地缘冲突、气候变化、能源枯竭等多种因素影响下,世界目前正面临一场能源危机,其特点是能源需求增加和自然资源减少。

在能源需求增加方面,能源需求增加的主要动力来自正在经历快速工业化和城市化的发展中国家。仅国内而言,能源消费总量④从1978年的57 144万吨标准煤增长至2021年的524 000万吨标准煤,43年间能源消耗增长了8.17倍⑤。

在自然资源减少方面,世界上许多能够作为能源使用的自然资源正变得更加稀缺和难以获取。石油和天然气等化石燃料尤其如此,它们长期以来一直是支撑全球经济的主要能源。2021年,全球新增探明油气储量显著下降,

---

① 中华人民共和国生态环境部,国家统计局,中华人民共和国农业农村部.第二次全国污染源普查公报[EB/OL].(2020-06-16)[2023-03-04].https://www.mee.gov.cn/home/ztbd/rdzl/wrypc/zlxz/202006/t20200616_784745.html.

② 文雯.防治长江总磷污染,各地还需"量体裁衣"[N].中国环境报,2023-03-08(5).

③ 英辰,甄翔.美环境监管部门:美国约800万公顷农田遭"肥料"污染[EB/OL].(2022-05-10)[2023-03-04].https://world.huanqiu.com/article/47wZPoyIEMm.

④ 以标准煤折算。

⑤ 国家统计局.中国统计年鉴[M].北京:中国统计出版社,2022:288.

由 2020 年的 190 亿桶油当量下降至 66 亿桶油当量[1];同年,国际能源组织发表报告指出,欧洲天然气自主保障供应能力正在下降,目前多个北海天然气田面临枯竭[2]。

1.1.3 生物多样性危机

生物多样性是生物(动物、植物、微生物)与环境形成的生态复合体以及与此相关的各种生态过程的总和[3],包括物种内部、物种之间和生态系统的多样性。不幸的是,生物多样性正以惊人的速度大幅下降。

2021 年 1 月 10 日,美国夏威夷大学马诺阿分校和法国巴黎国家自然历史博物馆的生物学家发表在《生物学评论》(*Biological Reviews*)杂志上的一项最新研究表明,地球已经历过五次物种大灭绝,现在正经历第六次生物多样性大灭绝;前面五次是由一系列自然现象引起的,而此次事件的罪魁祸首就是人类[4]。自 1500 年以来,近 200 万种已知物种中,已经有 7.5%～13%的物种消失,换算为具体数字,这相当于有 15 万到 26 万物种灭绝[5]。生物多样性危机最明显和最直接的后果是地球上物种数量的减少。世界自然保护联盟(IUCN)濒危物种红色名录提供了濒危物种的全面列表,截至 2021 年,该名单包括 38 000 多种物种,其中近三分之一面临灭绝的威胁。

1.2 青少年的"自然缺失"

面对生态危机,人类的表现却显得矛盾:一方面,生态危机影响人类的生活,人类或积极或被动地开始采取一些措施来缓解危机或推迟危机的到来;另一方面,作为人类未来发展主要力量的青少年群体,却在远离自然,不仅是

① 驻阿尔及利亚民主人民共和国大使馆经济商务处.能源:2021 年全球新增探明油气储量显著下降[EB/OL].(2022-01-25)[2023-03-04].http://dz.mofcom.gov.cn/article/jmxw/202201/20220103239411.shtml.

② 林子涵.全球能源供应面临短缺困局[N].人民日报(海外版),2021-10-26(10).

③ 中华人民共和国国务院新闻办公室.中国的生物多样性保护[EB/OL].(2020-06-16)[2021-10-08].https://www.gov.cn/zhengce/2021-10/08/content_5641289.htm.

④ COWIE R H, BOUCHET P, FONTAINE B. The Sixth Mass Extinction:fact, fiction or speculation? [J]. Biological Reviews,2022,97(2):640-663.

⑤ 观察者网:地球正经历第六次生物多样性大灭绝[EB/OL].(2022-01-18)[2023-03-04].https://www.guancha.cn/culture/2022_01_18_622645.shtml.

地理上的"远离",也是心理上的"疏离"。

理查德·洛夫（Richard Louv）曾经用"自然缺失症"（nature‐deficit disorder）来警醒"儿童与自然环境隔阂、背离"的现象。他将人类与自然的关系概括为三种类型：一是人类对自然的功能性利用；二是人类对自然浪漫的眷恋；三是人类与自然的隔绝。当前，很多青少年正处于第三种类型。洛夫认为："虽然新的边疆尚未形成，但至少有五种趋势呈现出来：大众和个人都不知道食物从哪里来；机器、人类、动物之间的界限越来越模糊；关于人类和其他动物之间联系的知识不断增加；野生动物入侵城市（正如城市设计师用人造自然取代荒野）；以及新的郊区形态的兴起。"①

虽然"自然缺失症"是否存在或在何种意义上存在尚未有定论，但是青少年的"自然缺失"现象是真实存在的。这一问题主要体现在以下两个层面：一是在地理上，自然已经难以接触；二是在心理上，自然已经不被关注。

1.2.1 难以接触的自然

"难以接触的自然"是指青少年在地理上与自然的隔离。产生这一现象的原因有二：一是城市扩张，二是过度保护。工业化和城市化是相伴而生的，城市化既表现为空间的扩展，又表现为人工建筑的密集分布，这些都侵占了自然的空间，使得青少年与自然的距离愈发遥远。过度保护体现在人类对自然的过度保护及成年监护人对青少年的过度保护，"双重保护"导致青少年难以接触自然。

首先，城市扩张导致自然难以接触。改革开放以来，中国城市化的发展速度非常快。从 1981 年到 2021 年，中国城市个数从 226 个增长到 692 个；城市建设用地面积从 6 720 平方千米发展到 59 425 平方千米②。经济快速发展，对土地资源的需求也不断增长。土地曾经是养育人类的"母亲"，是自然美和生态系统的载体，但在市场经济中，土地原先的丰富内涵被市场消解。城郊农业用地因为低廉的征地价格，而成为众多"摊大饼"式城市空间扩张的牺牲品。随着城市的发展与扩张，森林、河流等自然空间往往被建筑物、道路和其他城市基础设施所取代，城市中的青少年接触自然环境与自然世界的机

---

① 洛夫.林间最后的小孩:拯救自然缺失症儿童[M].自然之友,王西敏,译.北京:中国发展出版社,2014:17.

② 中华人民共和国住房和城乡建设部.中国城乡建设统计年鉴 2022[M].北京:中国统计出版社,2021:6-7.

会就越来越少。"城市发展的规律意味着坚决无情地扫清日常生活中能提高人类情操,给人以美好愉快的一切自然景色和特点。江河可以变成滔滔的污水沟,滨水地区甚至使游人无法走近,为了提高行车速度,古老的树木可以砍掉,历史悠久的古建筑可以拆除"①。随着城乡统筹和一体化发展,农村建设的主动权掌握在城市居民手里,农村成为符合城市居民审美需要的改造对象,大量标准化的人造景观取代自然景观,使得农村青少年也面临失去与自然直接接触机会的局面。

其次,过度保护导致自然难以接触。过度保护主要体现在人对自然的过度保护和成年监护人对青少年的过度保护。前者源于人类意识到自然的重要性以及自身对生态的破坏,开始重视对自然环境的保护,重视生态系统的和谐。为防止对自然产生进一步破坏和消极影响,各国纷纷制定严格的环保法规,将大片的自然"装进"精心划定的保护区内,让各类动物、植物、河流等自然要素得到"人类特别的照顾",让公众只能接触有限的"被允许接近"的自然。这一措施固然可以管控人类对自然的肆意破坏行为,但是,在复杂的自然保护法规和珍惜自然的日常观念下,人类对待自然就像对待一件精美的"易碎品",青少年在自然中的游戏与探索也变得束手缚脚。"烦冗的公园规定,善意的(且是必要的)环保规章……都向孩子们传递了一个扫兴的信号:他们在户外的自由玩耍是不受欢迎的,在修剪整齐的运动场里进行有组织的运动几乎是唯一得到认可的户外娱乐形式"②。因此,对自然的过度保护反而限制了青少年接触自然的兴趣与意愿。

监护人对青少年的过度保护,源于当前社会对于青少年健康发展的重视。在当前技术爆炸带来的不确定性,城市化发展带来的流动性,以及陌生人社会带来的复杂性等因素下,监护人高度重视青少年的安全问题,从家庭、学校到田野,对青少年安全的忧虑无处不在。青少年从小被教育"接触自然是有危险的":土壤里会有细菌,动植物有伤害性,河流会导致溺水……家长、老师乃至整个社会都在用事例、道理反复告诫他们,自然环境具有不确定性和危险性。对青少年的过度保护在防止一些意外出现的同时,也阻碍着他们与自然的接触,加深了青少年对自然的排斥。

---

① 芒福德.城市发展史:起源、演变和前景[M].倪文彦,宋俊岭,译.北京:中国建筑工业出版社,1989:317.

② 洛夫.林间最后的小孩:拯救自然缺失症儿童[M].自然之友,王西敏,译.北京:中国发展出版社,2014:26.

1.2.2　不被关注的自然

"不被关注的自然"是指青少年在心理上与自然的隔离。造成这一现象的原因有二:一是虚拟诱惑太多,二是教育引导不足。虚拟诱惑太多是指在当今的数字时代,青少年越来越沉溺于虚拟世界中,他们更希望与网络互动,而不是与自然环境互动。教育引导不足是指目前的教育体系中,无论是在教育目标与时间安排上,还是教育内容上,更多是以应试为目标,生态素质教育未受到足够重视。

首先,虚拟诱惑太多导致自然不被关注。《2021 年全国未成年人互联网使用情况研究报告》显示,我国未成年网民规模达到 1.91 亿,未成年人互联网普及率达到 96.8%,青少年在网络中度过大量时间。在节假日期间,只有30.8%的未成年网民的上网时间在半小时以内;在工作日期间,也有 34%的未成年网民上网时间超过半小时。① 这种虚拟网络世界的持续刺激和联系可能导致青少年与自然世界脱节,由此造成他们对自然环境与生态系统的美丽和复杂性缺乏欣赏能力。广泛使用网络可能导致青少年对自然环境产生不正确或扭曲的看法。青少年在网络(如短视频)中经常接触到理想化和风格化的自然图像,这些图像有时并不能准确反映真实的生态系统,会导致青少年对自然有不切实际的期望,以致在之后接触到真实自然时产生失望或不满,从而拒绝进一步接触和关注自然。不真实的网络信息也会使得青少年忽视自然问题的严重性,从而对环境保护的重要性缺乏了解。网络信息解构了自然的神秘感,让青少年习惯性认为,无须通过亲身体验,只通过各类电子设备、虚拟网络就可获取对所处现实或者自然环境的了解,关于自然的一切信息都能在网络中随意获取。对自然的"祛魅"也无形中降低了青少年对自然的关注度。

其次,教育引导不足导致自然不被关注。教育是对青少年成长的关键引导,需及时回应青少年成长中所必要的素质和能力要求。从目前来看,生态素质并未正式成为教育体系的一部分。在教育目标与时间安排上,青少年背负着家庭"望子成龙,望女成凤"的期待和压力,在本应自由玩耍、自由探索的阶段,过早承担学习任务。家长为了让青少年按其希望成长,也积极规划、操

---

① 共青团中央维护青少年权益部,中国互联网络信息中心.2021 年全国未成年人互联网使用情况研究报告[R/OL].(2022-11-30)[2023-03-04].http://news. youth. cn/gn/202211/t20221130_14165457. htm.

控孩子的玩耍活动,使得青少年失去在自然中探索的自主性、主动性。青少年在幼儿时期缺乏与自然的充分接触,成年以后也难以对自然形成充足的热爱和关注。繁重的文化课程任务更让青少年难以有关注自然的"雅兴"和闲暇。在教育内容上,目前学校课程中,相互独立的生物、物理、化学、地理等课程体系将统一的自然分割成不同的"单元"。在不同课程中,自然可能是分子结构、数字运算、词语词汇、细胞组织、地理单元……但唯独不是具有和谐性、统一性,拥有独特之美的自然本身。当前教育看似做到了对自然从微观到宏观的全面分析和了解,但是,当青少年眼中的自然被分割为独立的科学知识时,它就不再具有天然的亲近感,不能引导青少年产生好奇心去关注自然、了解自然,他们以对某一科学领域的工具性关注代替了对自然的价值性关注。

1.3 生态素质教育使命

生态素质教育是回应现代生态危机和当代人——尤其是青少年的"自然缺失"问题而出现的课程,已经成为现代教育的重要组成部分。从指导思想、发展初衷、关注重点、实践核心等多角度来看,生态素质教育的伟大使命可以分为两个层面:在个人层面上,生态素质教育旨在培养个人的生态素质;在社会层面上,生态素质教育旨在推动全社会的可持续发展。

使命一:培养高生态素质的青少年。教育是使新生一代成长和适应现代社会生活所必不可少的手段[①]。生态素质教育既着眼于现实需要,也呼应未来社会的人才需求。因此,生态素质教育对于培养能够适应社会发展与需要的"合格"青少年具有重要意义。生态素质教育可以加深青少年对自然生态的热爱。通过生态素质教育来接触、感受、欣赏自然生态的过程,青少年能够更好地理解自然环境保护的重要性。这种理解有助于培养青少年的环境责任感并促使其采取保护环境的行动。生态素质教育可以提高青少年生态科学认知,更好地发挥科学在理解和保护自然环境中的作用。生态素质教育还可以促进青少年参与生态保护行动。生态保护行动不仅包括自身的环保行为,还包括带领、促进他人保护自然的所有行动。生态素质教育有助于形成青少年对于生态环境保护从学到做、从做中学的良性循环,将生态保护从理念转变为行动,促进个人与自然和谐发展。

---

① 王道俊,郭文安.教育学[M].7版.北京:人民教育出版社,2016:6.

使命二：建立可持续发展的社会。生态素质教育是实现整个社会可持续发展的基础性工作。生态素质教育有助于树立环境正义观念。环境正义是一项原则，即所有个人都有权享有健康和安全的环境，无论其种族、族裔或社会经济地位如何。生态素质教育可以提高整体社会对环境不公的认识，促进解决这些问题的法律和政策的制定。生态素质教育也可以加强环境伦理建设。环境伦理即考虑人类行为对环境的道德和伦理影响。生态素质教育促使社会整体对环境采取更负责任和更加道德的行为。生态素质教育可以助推可持续行动。可持续发展是一种经济发展的方向，旨在满足当前的需要，同时不损害后代满足其需要的能力。生态素质教育可以帮助落实保护生物多样性、开发可持续能源、推广绿色生活方式等人与自然和谐发展的行动和实践。这有助于确保人们以负责任和可持续的方式使用自然资源，减少人类活动对环境的负面影响，创建一个可持续和更加公正的社会。

总之，无论对于个人还是社会，生态素质教育均是现代社会教育体系的重要组成部分。生态素质教育旨在引导受教育者亲近自然、参与自然、了解自然、保护自然，培养受教育者生态友好意识与生态科学知识，促进受教育者对环境问题及其解决方案的理解，赋予受教育者应对环境挑战所需的技能，激发个人生态保护行动。生态素质教育的意义是通过以上意识、能力、行为等的塑造，让个人成为具有高生态素质的公民，从而创造人类可持续发展的未来。它让个人深刻认识到，人类命运和自然息息相关，人类的未来与地球的未来紧密相连。生态素质教育正在尝试让所有人共建共享一个可持续和更加公正的未来。

扩展讨论

人类发展与自然必然会产生冲突吗？人类获得更好的生活，一定要建立在对自然的掠夺上吗？回顾历史，人类并不缺乏积极的、友好的生态思想传统。中国先民将人与自然和谐共生的"天人合一"境界看作个人发展的终极目标，这一思想传统也影响着中华民族数千年的精神内核。尽管女娲补天、后羿射日等远古神话折射出"人定胜天"的意愿，但主流观念始终是"天人和谐"。中国人在人与自然关系的认识问题上经历了一个长期的历史发展过程，从传统哲学思想到现代环境保护和可持续发展理念，中国人一直强调人与自然的相互依存和相互影响，致力于实现人与自然和谐共生的目标。在西方，无论是浪漫主义对环境机械论的排斥，还是20世纪以来环境保护主义的兴起,都使人们重新审视人类与自然之间的关系,对自然的关注未曾停止。纵观历史,不同的地理环境、意识形态和世界观塑造了人类与自然之间不同的关系,每个时代都能发展出积极的生态文明思想。当前面临气候变化和生物多样性丧失等环境挑战,人类开始反思历史教训,重拾生态友好的思想传统,用新的方式来理解和重塑人类与自然之间的关系。越来越多的个人、团体与国家开始关注生态危机问题,致力于从多角度、多领域解决人与自然的对立问题,生态素质教育便是其中的重要尝试与核心组成。

思考题

1. 当前人类面临的生态问题你还能想到哪些?

2. 你知道哪些环境保护的措施或方法?

3. 你接触过哪些自然环境? 介绍一下其中让你印象最深的一个。

4. 阅读这一章节,你能用自己的话概括生态素质教育的使命吗?

第 2 章
何谓生态素质

生态素质教育,顾名思义,即以培养和发展生态素质为目标的教育活动。作为生态素质教育的核心,"生态素质"这一概念的发展历史并不久远。本章概述"生态素质"的发展过程,分析其实质和内涵,并从个体发展的角度论述生态素质在素质教育中的地位。

2.1 生态素质的概念发展

"生态素质"与"生态素养(Ecological Literacy)"是一回事吗? 二者有何关联? 本节简要讨论"生态素质"与"生态素养"之间的联系和区别,并梳理生态素质概念的形成与发展。

2.1.1 "生态素质"与"生态素养"

生态素质相关概念起源自美国,其发展与研究的主要阵地也集中于欧美国家。国外无"生态素质""生态素养"之分,通常用"Ecological Literacy"表述这一概念。"Literacy"可翻译成识字能力、读写能力或某个领域、某个方面的专业知识和能力。在表达某领域专业能力之意时,国内通常以"素养"代之,如数学修养(Mathematical Literacy)、体育素养(Physical Literacy),故"Ecological Literacy"被普遍翻译成"生态素养"。但是,国内亦有学者将其翻译成"素质",如黄晓斌等将"Information Literacy"翻译为"信息素质"[1],高宏

---

① 黄晓斌. 美国高校的信息素质教育及其启示[J]. 大学图书馆学报,2001,19(4):65-67,92.

斌等将"Scientific Literacy"翻译为"科学素质"①,其概念核心与"信息素养""科学素养"并无区别,所以"Ecological Literacy"也可以翻译成"生态素质"。现实也确实如此:在中文语境下,学界和新闻报道在"生态素质"与"生态素养"概念的使用上呈现混同现象,但"生态素养"为主流表述,部分使用"生态素质"的研究与报道,也并未体现出实质性差异。

从词语含义来看,"素质"和"素养"确实存在差异。《辞海》对"素质"一词解释为"在心理学上,指人的先天的解剖生理特点主要是感觉器官和神经系统方面的特点。某些素质上的缺陷可以通过实践和学习获得不同程度的补偿"。《辞海》的定义不仅突出素质的先天性,还指明素质的程度存在高低。而对"素养"的解释是"经常修习涵养,指平日的修养"。正如"马不伏历,不可以趋道;士不素养,不可以重国"(见《汉书•李寻传》)、"越有所素养者,使人示之以利,必持众来"(见《后汉书•刘表传》),"素养"一词中已经包含积极正面的价值判断,所指的就是"好"的修养。素养和素质应用于教育领域时,"素质"就脱离了纯先天性特质,转而强调素质的可培养性和可发展性,是人先天自然属性与后天社会属性的一系列特点与品质的综合②;"素养"则是素质发展、素质教育的目标所在③。

从概念的起源发展、核心表达、理论方法等各方面看,本书所述"生态素质"与"生态素养"的含义一致;两者仅在程度上有差异——生态素养是高生态素质的代表,生态素养是生态素质教育的目标。简而言之,生态素质有"高低",一个具有高生态素质的公民即具有生态素养的公民。

2.1.2 生态素质概念的前身

生态素质(Ecological Literacy)概念源于环境素养(Environment Literacy)。随着第一次、第二次工业革命中各种新技术、新发明的大量出现,社会生产力得到极大提高,人类对自然的态度由最初的"敬畏"向"征服"转变,导致了一系列环境问题的出现。人类开始意识到,工业文明在给人们带来舒适方便的生活的同时,也给自然环境造成严重危害。对这一问题的反

---

① 郭凤林,高宏斌.科学素质概念的发展理路与实践形态[J].中国科技论坛,2020(3):174-180.
② 包庆德,包和平.论素质的意蕴与生态素质的提升[J].内蒙古大学学报(人文社会科学版),2002,34(3):101-106.
③ 崔允漷.素养:一个让人欢喜让人忧的概念[J].华东师范大学学报(教育科学版),2016,34(1):3-5.

思，直接推动现代环境意识与行动的产生与发展。学界普遍认为，当时公众对环境问题的广泛认识和关注可以归功于蕾切尔·卡森（Rachel Carson）等的工作①②。1960 年，卡森在《纽约客》（*The New Yorker*）上发表了一系列关于化学杀虫剂对自然平衡影响的文章，后被整理出版为《寂静的春天》。此书一经面世便产生巨大影响，受其启发的公众开始表现出对国家盲目追求"进步与发展"的不安、怀疑，甚至敌视态度③。针对此，美国学者罗斯（Roth）在 1968 年提出"环境素养（Environment Literacy）"的概念④，罗斯分析了人类日常生活如何对环境产生影响，并提出如何辨认有环境素养的公民。他认为，环境问题的解决需要美国全社会进行改革，以使公民获得新的知识、概念和态度，并认为美国全社会必须对人与环境的关系发展形成新认识即要发展环境素养，而环境素养的培养，必须依赖教育过程的每一个阶段。

随着时间的推移，该术语在环境教育领域的使用越来越频繁。这一趋势在环境教育的关键性文件《贝尔格莱德宪章》（*The Belgrade Charter*）⑤、《第比利斯宣言》（*The Tbilisi Declaration*）⑥中得到体现。

《第比利斯宣言》发表十年后，1989 年，联合国教科文组织（UNESCO）和联合国环境规划署（UNEP）发布《全民环境素养》（*Environmental Literacy for All*），回顾当时世界各地开展的众多环境教育举措，将环境素养确定为环境教育的基本目标，并认为环境素养是为全人类提供基本的功能性教育，它提供基础的知识、技能和动机，以适应环境保护的需要，并有助于可持续的发展⑦。

---

① 王诺. 生态危机的思想文化根源：当代西方生态思潮的核心问题[J]. 南京大学学报（哲学·人文科学·社会科学版），2006（4）：37-46.

② 于文杰，毛杰. 论西方生态思想演进的历史形态[J]. 史学月刊，2010（11）：103-110.

③ ROTHMAN H K. The greening of a nation? Environmentalism in the United States since 1945[M]. Orlando, Florida, USA：Harcourt Brace, 1998：100-110.

④ ROTH C E. On the road to conservation[J]. Massachusetts Audubon, 1968, 6：38-41.

⑤ United Nations Educational, Scientific, and Cultural Organization and United Nations Environment Programme (UNESCO-UNEP). The Belgrade Charter[R]. Connect：UNESCO-UNEP Environmental Education Newsletter, 1976, 1：1-2.

⑥ UNESCO-UNEP. The Tbilisi Declaration[R]. Connect：UNESCO-UNEP Environmental Education Newsletter, 1978, 3：1-8.

⑦ UNESCO-UNEP. Environmental literacy for all[R]. Connect：UNESCO-UNEP Environmental Education Newsletter, 1989, 14（2）：1-8.

　　进入 21 世纪后,来自不同国家的专家、学者及组织继续对环境素养概念进行整合和归纳,如 2003 年全美科学教师协会(NSTA)总结环境素养的九大宣言,包括科学素养,对一系列环境问题、观点和立场的理解和了解等①;2008 年麦克贝斯(McBeth)等认为环境素养包括四个组成部分:①基础生态知识;②环境敏感性与环境感受;③认知技能问题识别、问题分析、行动计划;④行为-实际承诺,即环保行为②。2011 年北美环境教育协会(NAAEE)将环境素养的四个组成部分归纳为:①对涉及环境的地方、区域或全球形势的背景认识;②能够识别和分析环境问题,评估环境问题的潜在解决方案,并提出和证明解决环境问题的措施;③掌握有关物理生态系统、环境问题、社会政治系统、解决环境问题的战略知识;④对环境的兴趣、敏感性、责任、行动意愿的倾向③。这些内容均体现了"环境素养"具有从科学到生活、从认知到行为的多层次内涵。

　　国内也有学者对"环境素养"进行过研究。最早是由台湾学者杨冠政对此概念进行了翻译④。而后,大陆学者陆续加入翻译的行列,最初大多将环境素养(Environmental Literacy)翻译或理解为环境意识。环境意识的内在核心与环境素养相同,在一般的大众宣传、报道、传播中也不进行区分。从 20 世纪 90 年代开始,国内对于环境素养的研究逐渐兴起,如王辉对于环境素养的介绍⑤、王素等对于教师环境素养的研究⑥等。2001 年,国家环保总局宣教中心在绿色学校通讯及其网站上,首次使用"环境素养"评价中国的绿色学校,引起中国环境教育界的高度关注与讨论。

---

　　① National Science Teachers Association (NSTA). NSTA position statement on environmental education[R]. Arlington, Virginia, USA:NSTA,2003.

　　② MCBETH W, HUNGERFORD H, MARCINKOWSKI T J, et al. National environmental literacy assessment project: national baseline study of middle grades students—final research report[R]. Washington, D. C. ,USA: Environmental Protection Agency,2008.

　　③ North American Association for Environmental Education (NAAEE). Developing a framework for assessing environmental literacy[R]. Washington, D. C. , USA:NAAEE, 2011.

　　④ 曾昭鹏. 环境素养的理论与测评研究:以高师学生环境素养测评为例[D]. 南京:南京师范大学,2004.

　　⑤ 王辉. 环境素养与生态素养[J]. 科学时代,1997(1):25-26.

　　⑥ 王素,余新. 教师环境素养水平亟待提高:关于北京市教师环境素养的调查[J]. 中小学管理,1999(4):2-3.

2.1.3　生态素质概念的形成与发展

生态素质概念经历了分化、统一而后不断补充与完善的过程。随着环境教育的发展，环境素养受到来自社会，尤其是当时更推崇科学素养的教育界的质疑①。美国环境教育独立委员会（ICEE）对 K12 环境教育教材的内容进行反思，认为其更倾向于环境倡导而非"科学性的"教育②。该委员会认为，环境教育工作者应该更加注重建立环境科学知识，而非改变行为。众多环境教育专家如齐默尔曼（Zimmerman）③、戈利（Golley）④等也开始对当时更加注重环境态度和问题解决的环境素养表示不满，并支持采用更科学的方法培养环境素养。

在要求改革的浪潮下，"生态素养"概念被提出并且在两个方向得到发展。一个方向是以生态学为基础，更强调生态知识掌握与运用的"生态素养"，或者可以被称为"以生态学为基础的素养"；另一个方向是强调对教育体系进行整体改革，以创造可持续的人类社区和社会为目标，将生态教育贯穿于整个教育活动与日常生活的"生态素养"。为将两者进行区分，也有相当一部分学者或者组织等将前者称为"Ecological Literacy"，而将后者称为"Ecoliteracy"。

强调生态学的"生态素养"起源于 1986 年。保罗·里塞尔（Paul Risser）在向美国生态学会（Ecological Society of America）前任主席致辞时，谴责美国公众缺乏科学素养，并特别提出需要基于生态科学的素养，他称之为生态素养（Ecological Literacy）⑤。而后，生态学领域对其展开讨论，生态学家试图通过

---

①　1983 年美国全国优质教育委员会（National Commission on Excellence in Education）在《危在旦夕的国家》（*A Nation at Risk*）中警告称：美国正面临一场教育危机。后续数年间，数十份报告支持该委员会的结论，指出美国学生考试成绩低，在国际学生成绩研究中表现不佳，特别是在科学方面。这种氛围促使美国科学促进会（AAAS）将科学素养列为优先事项，人们对科学素养缺乏的普遍担忧也反映在环境素养的话语中。

②　JEFFREY S. Are we building environmental literacy？［J］. The Journal of Environmental Education，2000，31（4）：4-10.

③　ZIMMERMAN D K. Science，nonscience and nonsense：approaching environmental literacy［M］. Maryland，USA，Baltimore：Johns Hopkins University Press，1995：1-220.

④　GOLLEY F B. A primer for environmental literacy［M］. New Haven，Connecticut，USA：Yale University Press，1998：1-264.

⑤　RISSER P G. Address of the past president：Syracuse，New York；August 1986：Ecological literacy［J］. Bulletin of the Ecological Society of America，1986，67：264-270.

对生态素养的界定,向当时的社会阐明基本生态学概念,并纠正民众对于生态学的普遍误解,如将生态学与环境主义等同①。部分生态学学者将其概念进行拓展,开始强调生态知识的教育和普及,认为一个人如果能够拥有并应用生态知识和技能,就应该被视为具有"生态素养"。纯粹的、专业的"生态学素养"也开始发生向生态知识科普与教育的"以生态学为基础的素养"的转变。如 2007 年伍尔托顿(Wooltorton)通过观察研究澳大利亚土著人群的合作,界定生态素养的概念,并指出生态素养是"理解生态学的基本原则与知识,并能够将其体现在日常生活中"②。

在人文学科产生更重要影响的"生态素养"由奥尔(Orr)于 1989 年首次提出,其在文章开篇便指出,生态素养(Ecological Literacy)就是追问"接下来怎么办?"(What&then?)的能力,奥尔认为只有通过生态素养教育,"民众才能理解自己的安康与自然系统的健康息息相关"③。生态素质教育应以可持续发展为核心。在借鉴奥尔思想的基础上,卡普拉(Capra)于 1997 年创造了"Ecoliteracy"一词,将其定义为理解生态系统组织的原则,并应用这些原则来创建可持续的人类社区和社会,强调如何以可持续的视野认识自然和对待自然④。奥尔和卡普拉的研究引起巨大反响,在其后的发展中,相关专家、学者不断对此进行补充,并将"可持续性"确定为生态素养的首要核心所在,如伍尔托顿提出可持续性应包含生态模式、可持续教育、系统性思想等六个要素⑤。

上述两个发展方向,前者更关注生态科学知识与能力的运用,力图发展生态学与教育学相互融合的交叉领域;后者则推动了更广泛的人文学科生态素养运动。随着"生态素养"概念的进一步完善,两者在一定程度上得到统一,并主要使用"Ecological Literacy"一词,既要求掌握一定的生态知识,也强调对现有教育的改革,对人们进行生态观念、意识、行为等训练和普及。

①　KREBS R E. Scientific development and misconceptions through the ages[M]. Westport, Connecticut, USA: Greenwood Press, 1999:213-261.

②　WOOLTORTON S. Ecological literacy: an Austalian perspective[J]. The Social Educator, 2006,8:26-28.

③　ORR D W. Ecological literacy[J]. Conservation Biology,1989,3(4):334-335.

④　CAPRA F. The web of life: a new scientific understanding of living systems[M]. New York:Anchor Books, 1996:297-304.

⑤　MCBRIDE B B, BREWER C A, BERKOWITZ A R,et al. Environmental literacy,ecological literacy,ecoliteracy: what do we mean and how did we get here? [J]. Ecosphere,2013,4(5):1-20.

总体而言,目前广泛使用的"生态素养"概念与"环境素养"概念较为相似,定义上也有所重合,都主要由知识、情感、认知、技能和行为等部分组成。但二者之间存在一定的差异,环境素养通常与旨在获得解决环境问题技能的环境教育有关,生态素养则表达了一个更全面的素养领域,以系统的方式优先考虑人与自然的互动,并获得适当的"认知、感官和行为"情境。

国内对生态素养的研究起步较晚,主要研究的是结合生态学取向和人文取向的生态素养。国内能检索到的最早文献是 1997 年王辉的《环境素养与生态素养》一文,其向中国学界介绍和深入分析奥尔的生态素养概念。而后,学界对于国外生态素养概念的阐释以及概念的中国化改造并未停止。刘宏红等结合国外相关概念,将生态素养定义为人们在日常的学习和生活中逐渐学习、积累而形成的关于生态知识、生态态度、生态行为能力及系统性思考能力的综合素养,人们先从生态知识的习得开始,进而将之内化为生态态度、价值观等,从而培养其在日常生活实践中践行对生态环境负责任的生态行为习惯[①]。有学者结合我国生态文明建设的实践,将生态素养称为"生态文化教养",认为其是生态文明社会中人们应该具有的基本素质[②]。国内相关概念虽然在名称上存在细微差异,但均未脱离"生态素养"的核心思想——生态知识、情感、认知与行动。

2.2　生态素质的内涵

经过数十年的发展与完善,生态素质的概念内涵已经趋于统一,但在具体细节上仍然存在一些差别。当代存在三个知名的生态素质(素养)概念。美国生态素养中心的卡普拉认为,生态素质就是从系统的角度(如网络、流动、循环、嵌套系统、动态平衡)理解基本生态原则,对地球和所有生物感到敬畏,对地方产生强烈的联系和深深的欣赏之情,能批判性思考、评估人类行为的环境影响,并能对他人和生物产生关心、同情和尊重的情感,具备多元化欣赏力,并主动创建和使用可持续社区所需的工具和程序,将信念转化为实际

---

① 刘宏红,蔡君.国内外生态素养研究进展及展望[J].北京林业大学学报(社会科学版),2017,16(4):8-13.

② 佘正荣.生态文化教养:创建生态文明所必需的国民素质[J].南京林业大学学报(人文社会科学版),2008,8(3):150-158.

有效的行动①。奥尔认为,生态素质是指基于生态知识、生态关怀和实践能力,理解生命之间的生态联系,了解人类控制自然的观念和破坏生态的行为,并通过参与可持续发展行动来应对环境危机②。卡特-麦肯齐(Cutter-Mackenzie)和史密斯(Smith)则认为,生态素质就是能了解环境系统的组织和功能及其与人类系统、知识和技能的相互作用,全面了解环境危机,并能够综合环境信息,以实现环境可持续性的方式行事,摆脱生态文盲的状态。生态文盲就是对环境问题认识不足,存在许多误解的人③。

总体来看,生态素质可以概括为四个层次,分别是感性接触、情感关联、科学认知、理性实践。生态素质是人的素质的重要组成部分,它反映人与自然的关系。如果用程度的高低来衡量,低生态素质就是不关心自然、损坏自然;高生态素质就意味着具有"生态素养",亲近、热爱、了解、保护自然,是生态文明建设的微观基础。

2.2.1 感性接触

生态素质意味着人类必须亲近、接触自然。现代年轻人"自然缺失症"的实质就是与大自然缺少足够的直接联结。生态教育家认为,"当我们在学校教授这些原则时,重要的是不仅让孩子们了解生态,还可以让他们在学校花园、海滩或河床中体验自然。否则,他们离开学校,可能成为一流的理论生态学家,但对自然和地球关心得很少"④。与自然的感性接触是我们生态素质发展的第一层次。与自然的感性接触主要包含直接接触、间接接触、主动接触、被动接触四种情况。

一是直接接触。与自然的直接接触是指亲身处于自然环境中,用触觉、视觉、嗅觉、听觉、味觉等感受自然。我们所说的"自然",不仅包含花草树木这样的生物,还包含山川河流、阳光雨露这样的非生物。自然可以是迷你的花圃,也可以是无垠的荒原。直接接触可以循序渐进,从接触盆栽植物到参观公园,再到亲自动手的活动,如钓鱼、到野外冒险等。

①④　CAPRA F. Sustainable living, ecological literacy, and the breath of life[J]. Canadian Journal of Environmental Education, 2007,12(1):9-18.

②　ORR D W. Ecological literacy:education and the transition to a postmodern world[M]. Albany:State University of New York Press,1992:85-96.

③　CUTTER-MACKENZIE A, SMITH R. Ecological literacy:the "missing paradigm" in environmental education(part one)[J]. Environmental Education Research, 2003,9(4):497-524.

二是间接接触。与自然的间接接触是指通过文学作品、照片绘画、影音体验、他人描述等非自然实体的第三方来感受、认识、接触自然。阅读梭罗的《瓦尔登湖》，欣赏莫奈的《睡莲》，观看 BBC 出品的《蓝色星球》，吟诵李白的《望庐山瀑布》，甚至听见一则关于动植物的新闻报道、一段他人爬山的见闻等，都属于与自然的间接接触。在现代社会，个人通过多途径接收着各种信息，其中总有与自然相关的内容能够引起其兴趣，而这可能就是个人生态素质的萌芽。

三是主动接触。与自然的主动接触是指自愿地进入自然环境中进行的直接/间接接触。人与自然本应是"母子"关系，青少年具有与自然的天然联系以及与自然亲近的本性①。但正如"自然缺失症"提出者理查德·洛夫所说，现代人已经到达与自然隔绝的"第三边疆"；现代生活中，自然并不是随处可见，所以发自内心的主动接触已经是初步与自然建立情感连接的体现。

四是被动接触。被动接触是指在非自愿、非亲生态导向下与自然发生的直接/间接接触。虽然有学者认为人皆有亲自然的取向，但因为各种因素影响，并非所有人都愿意自发地去亲近自然，但即使人与自然距离再远，个人在生活中总会与自然进行各种接触。或许是出于经济利益，利用自然的工具价值；或许是抱着征服自然的目的，体现人定胜天的勇气。对于自然接触来说，目的有时并不重要，对自然的忽视才是问题所在，只有与自然相接触，才能引发情感体验，从而产生培养和发展生态素质的可能。

2.2.2　情感关联

生态素质强调人与自然的情感关联。在亲近自然后，个体生态素质的发展逐渐走向自发、自觉。接触带来的积极体验促使人类与自然开始建立情感上的联系。哈佛大学生物学家爱德华·威尔逊（Edward Wilson）认为，人具有"亲生命"（biophilia）的本性，即人与生命世界亲和（affinity）的关系，人类与自然界和生物体有着天然的亲和感。以对自然环境的真实情感为依托，人们可以发现来自自然的热情召唤和审美启迪，感受到更为丰富而复杂的体验，与自然建立情感联系。这意味着生态素质发展进入第二层次。与生态环境建立的情感关联具体包括生态责任感、生态审美、生态自我三个方面。

---

① 刘晓东. 论儿童是自然之子：兼论自然界对儿童的教育功能[J]. 教育导刊·幼儿教育，2005(9)：31-33.

一是生态责任感——一种心理层面的生态情感确认。《现代汉语词典》中对责任感是这样界定的："自觉地把分内的事做好的心情。"责任感被普遍认为是一种自觉意识与情感信念。而生态责任感，是在对自然高度关怀、与自然"心意互通"的视角下，自发地亲近自然、保护自然、热爱自然。具备生态素养的公民，其生态责任感会促使他们在与自然的交往中克服自我的近视和短视，以人类长远的生存发展为最终目标，抛弃对生态产生负面影响的利益，也促使其自觉发现和监督整改社会生活中存在的生态问题，推动生态文明建设。

二是生态审美——拥有发现自然之美的心灵。生态审美，与其说是一种能力，不如认为是一种发自内心的对自然喜爱、亲近的态度。崇尚生态审美的美学家强调，不仅要把工具化审美①从生态审美中排除，还要学会在尊敬自然整体和谐的前提下审美②，这反映出生态审美的内核是保持对自然真实的欣悦之情。一个具有生态素质的人，即使难以做到专业的美学鉴赏，但只要能与自然共情，也能从广阔的自然中获得无穷尽的美的享受。明代著名戏曲作家、养生学家、藏书家高濂，曾经在《四时幽赏录》中记录了西湖四季美景：春时山满楼观柳，夏时苏堤看新绿，秋时西泠桥畔醉红树，冬时雪霁策蹇寻梅。其所描述的美景在现代社会并不罕见，梅花飞絮也是平常，花园、苗圃乃至绿化带中，古人难以见到的各类花木更是争奇斗艳，但如若不能"揽景会心"，便也难"深得其趣"。卢梭在《一个孤独漫步者的遐想》里说过："一个冥思者，越是有一颗敏感的心，就越是容易投身到与之有感应的境界中去。甜美深沉的遐想控制了他所有的感官，他陶醉迷失在这片广袤天地里，自觉已与天地相融。于是在他眼里再也没有个别事物的存在，他所看到的，感受到的，就只是这一整片天地。"③

三是"生态自我"——像"爱护自己一样爱护自然、尊重自己一样尊重自然"。"生态自我"是个人与自然情感关联的最高境界。深层生态学的提出者阿恩·内斯（Arne Naess）认为，"自我"不仅包括自我与他人的关系，还包括自我与自然关系的认同。个体通过互动形成社会自我，而后发展到一定阶段，自我认同的范围就会逐渐扩大到整个自然界。当认识到自我与非人类对象

① 工具化的审美，指的是把自然的审美对象仅仅当作途径、手段、符号、对应物，把它们当作抒发、表现、比喻、对应、暗示、象征人的内心世界和人格特征的工具。
② 王诺. 生态审美：新的美学时代的开始[N]. 中国艺术报，2011-03-28(8).
③ 卢梭. 一个孤独漫步者的遐想[M]. 袁筱一，译. 上海：上海人民出版社，2007：102-103.

紧密相连,都属于整个自然界的一部分时,个体便形成了"生态自我"。通常情况下,人在潜意识中都有自我保护的本能,当自然被纳入自我认知时,个人的所思所想、行为举止也会下意识地将自然因素包含在内,生态素质便拥有了坚实的基础。国内学者吴建平也认为,从心理学视角看,环境问题产生的根源在于人类的自我认知,将自我与自然相对立,难以培育亲环境行为,只有跃迁到自我和环境相和谐的生态自我之后,才能产生亲环境行为①。

2.2.3　科学认知

生态素质要求个人具备一定的生态科学认知。这是情感上与自然"融合"的必然结果,也是理性生态行动和实践的前提。有学者将缺乏生态知识和思维的公民称作"生态文盲",这也说明科学认知对于生态素质发展具有重要意义。生态科学认知主要包括生态常识、系统性视角、可持续思维、生态敏感度、生态共同体的价值观五个方面。

一是生态常识——基本的生态知识与生态规律。著名生态学者鲍尔斯(C. A. Bowers)认为,当生态知识对学生来说并不重要时,真正的问题就来了②。生态素质并非要求我们像生态学家一样具有全面且前沿的知识储备,而是要求我们掌握基本的自然运行规律及与生活息息相关的生态常识。生态常识主要包括生态学的基本理念、生态问题与生态现象、常见生物与非生物的知识、环境问题对人类社会—经济—文化的影响以及人类行为对环境产生的影响、环境与健康的关系、环境保护与管理的基本法律规定、生态公平与生态正义等。对于青少年而言,义务教育阶段的地理、生物、物理乃至语文、数学等科目已经将自然运行的基本逻辑与知识进行阐明,在完全掌握和理解这些逻辑和知识的基础上,基于个人兴趣进行扩展学习与研究,是不断提升生态素质的必经之路。

1992 年奥德姆总结了生态学中的二十个"伟大思想":

(1)生态系统是热力学开放的,远离平衡。

(2)源汇概念。

(3)物种间的相互作用受到具有更大系统特征的较慢相互作用的限制。

---

① 吴建平. 生态自我:人与环境的心理学探索[M]. 北京:中央编译出版社,2011:78-88.

② BOWERS C A. Mindful conservatism: rethinking the ideological and educational basis of an ecologically sustainable future[J]. Environmental Ethics, 2007,29(2):217-218.

(4)环境压力的最初迹象通常发生在种群层面,影响到特别敏感的物种。

(5)生态系统中的反馈是内部的,没有固定的目标。

(6)自然选择可能发生在多个层面。

(7)有两种自然选择:一是生物体与生物体,导致竞争;二是生物体与环境,导致互惠。

(8)竞争可能导致多样性而不是灭绝。

(9)当资源变得稀缺时,互惠主义的演变加剧。

(10)间接影响可能与食物网中的直接相互作用一样重要,可能有助于网络互惠。

(11)有机体不仅适应了物理环境,而且以对一般生命有益的方式改变了环境。

(12)异养生物可以控制食物网中的能量流动。

(13)扩大生物多样性的方法应包括遗传和景观多样性,而不仅仅是物种多样性。

(14)自生生态演替是一个两阶段的过程,早期是随机的,而后期是自组织的。

(15)承载力是一个二维概念,涉及用户数量和人均使用强度。

(16)投入管理是解决非点源污染的唯一途径。

(17)生产或维持能量流或物质循环总是需要能源支出。

(18)迫切需要弥合人类制造和自然生命支持产品和服务之间的差距。

(19)过渡成本总是与自然和人事的重大变化相联系。

(20)人类和生物圈的寄生虫-宿主模型是从统治走向管理的基础。

二是系统性视角——一种分析自然的途径。在众多学者列出的生态素养中,以系统视角观察、思考我们生存的世界已经成为共识。卡普拉所推崇的生态素养是以理解数十亿年来生态系统演变的组织原则为基础的①。生态系统思维就是要看到生物群落同其生存环境之间以及生物群落内不同种群生物之间在不断进行着物质交换和能量流动,并处于互相作用和互相影响的动态平衡中。生命系统视角就是当我们走进自然,发现每一个生物,从最小的细菌到各种各样的动植物(包括人类)乃至生物群落、生态系统和人类社会

---

① CAPRA F. Sustainable living, ecological literacy, and the breath of life[J]. Canadian Journal of Environmental Education, 2007, 12(1):9-18.

系统(如家庭、学校和社区),都是有生命的系统。系统性视角提供了观察自然的框架,也提供了人与自然和谐相处的操作性办法,让人类认识到自身在自然中的位置、价值与影响。

三是可持续思维——为了人类永续发展的思维模式。环保的本质在于维护人类种族的延续,而这一目标需要建立在用可持续思维思考生活与面对世界的基础上。可持续的个人生活与社会发展是整个国家生态素质水平臻于完美的体现。对个人来说,可持续思维的内涵是:从追求个人生活体验提升到考虑行为对环境的影响;在思考问题时,自觉地从个体本位、群体本位转变到人类本位;从仅把自然界看作是开发对象转变为以朋友相待,由任意向它索取变为和谐相处。

四是生态敏感度——了解故不盲目。生态敏感度或者可以叫作"生态问题敏感度",是指在具备一定生态常识的情况下,对于以往忽视或认知有误的生态问题进行关注、反思和修正的能力,也就是发现生态问题的能力。生态敏感度不仅体现了对生态的科学认知程度,也是科学认知与生态行为之间的桥梁。当生态问题不被认为是"问题",那么后续的保护与实践就无从谈起。具有高生态敏感度的人,能快速发现生活中破坏自然的思想、行为,从而怀着生态友好的信念来要求自己、监督他人。生态敏感度也推动着个体生态知识、理念的积累。当个体对生活的生态性思考成为一种习惯,就容易在以往忽视的或不了解的领域发现可能存在的生态问题,从而进一步提升自我的生态认知与生态素质水平。

生态敏感度是生态科学认知的一个基础"测试"。当我们参加完演唱会,满地随意丢弃的荧光棒是生态问题吗?或许曾经的我们完全没有思考过这样的问题。当荧光棒没有经过分类被随意丢到垃圾桶或路边,如果不小心折断,其中包含的低毒性的邻苯二甲酸二甲酯等就会造成土壤污染;类似的还有家里的旧灯管、过期的药物……曾经的你在丢弃它们时,考虑过它们可能造成的生态影响吗?

五是生态共同体的价值观——理解"人-社会-自然"间的密切联系与影响。人类只有一个地球,我们应如何构建人与自然的合理关系,共同打造绿色宜居的家园,实现人类文明社会的可持续发展?"生态共同体"正是对此问题的回应。生态共同体就是人类怀着生死与共的伦理情怀,把自身置于地球生态的宏观视野,由此正确认识人与自然的关系,实现人与其他物种和平共享地球生态环境资源,进而形成人与自然协同发展、繁荣昌盛的有机生态网络体系①。生态共同体的价值观基于人类对生态的热爱与了解,体现人类－自然关系的和谐共生,又指导和激励着人们自觉的生态实践,是生态素质在认知层次的核心体现。

曾经有学者提出"地球宇宙飞船论",认为地球就像一艘宇宙飞船,人类与环境的关系就像封闭的、有限的"宇宙飞船"与"飞船乘员"之间的共命运关系。如果人类仍以支配者的角色随意破坏生态,挥霍自然资源,那么飞船就会坠落,社会也就随之崩溃。在这艘"飞船"上,人类与自然的命运是相同的。

2.2.4 理性实践

生态素质要求人们理性地参与生态保护行动与实践。奥尔认为,具备生态素养的人应具有基于知识和情感的实践能力,而能力只能来自"做"(doing)中的经验。付诸行动是生态素质的最终目标,也是感性接触自然、与自然建立情感连接、对生态科学认知后的必然结果。生态素质的理性实践主要包含学习生态技能、付诸生态实践两个方面。

一是学习生态技能。生态知识学习给人们提供理性的认知,但并不能使人们自动成为自觉的生态实践者。生态技能学习就是在生态知识学习的基础上,学习绿色可持续生活、保护生态环境等实践活动的技能。生态技能学习正是自觉生态实践的发轫。面对日益复杂的生态环境及人与自然的关系,生态技能的学习应该是日常的、终生的。它可以从日常生活的常见场景与行为开始,如生活垃圾分类、监督举报生态问题、救助野生动物、参观自然景观或生态保护地等。

二是付诸生态实践。开展生态实践是指将所学所思主动、积极地付诸绿色可持续生活与环保实践。这一步将使生态素质由个人扩展到外部世界,并由此对社会发展及人类命运产生实质性的影响。对此,各国政府和团体持有不同的观点或提出了侧重点不同的要求。如2018年的"六·五"环境日,生态环境部、中央文明办、教育部、共青团中央、全国妇联等五部门联合发布《公民生态环境行为规范(试行)》,旨在引导公民成为生态文明的践行者和美丽中国的建设者。

---

① 龙静云,吴涛.人类的生态命运与生态共同体建设[J].武汉科技大学学报(社会科学版),2020,22(6):629-636.

《公民生态环境行为规范（试行）》共包括以下"十条"行为规范：

第一条 关注生态环境；

第二条 节约能源资源；

第三条 践行绿色消费；

第四条 选择低碳出行；

第五条 分类投放垃圾；

第六条 减少污染产生；

第七条 呵护自然生态；

第八条 参加环保实践；

第九条 参与监督举报；

第十条 共建美丽中国。

生态实践要求个体"亲自然、爱自然、懂自然、保自然"。当然，生态素质的发展也并非完全按照四个层次依次递进的模式，个体可能是先学习生态知识而后激发亲近自然的行为，也可能是先有生态实践而后产生深入学习理论的兴趣。在个人生态素质发展的过程中，四个层次相互促进，最终促使个人成为具备高生态素质的公民，为整个社会的生态文明建设、为人类的更好发展作出贡献。

2020年，中国生态环境部印发《中国公民生态环境与健康素养》，其内容主要包括以下30条。

一、基本理念

1. 良好生态环境是人类健康生存和发展的基础。

2. 环境与健康息息相关。

3. 环境污染和生态破坏是影响健康的重要风险因素。

4. 环境与健康安全不存在"零风险"。

5. 防范环境健康风险要以预防为主。

6. 良好的行为习惯能减少环境污染、降低健康风险。

7. 保护生态环境、维护健康人人有责。

二、基本知识

8. 暴露是环境健康风险的决定因素。

9. 不同人群对环境危害因素的敏感性不同。

10. 空气污染会对呼吸系统、心血管系统等造成不良影响。

11. 清洁水环境和安全饮用水是维护公众健康的基础。

12. 土壤污染影响土壤功能和有效利用,危害公众健康。

13. 海洋污染危及海产品安全,影响海洋生态系统和人类健康。

14. 保护生物多样性,维护生态平衡,有利于人类健康和可持续发展。

15. 气候变化对生态环境的负面影响增加健康风险。

16. 辐射无处不在,但不必谈"核"色变。

17. 合理分类和处置生活垃圾,既保护环境也利于健康。

18. 保持生活环境的卫生可减少疾病的发生与传播。

19. 工作和生活中不当使用或处置有毒有害物质会带来潜在健康风险。

20. 噪声污染干扰正常生活,影响身体健康。

三、基本行为和技能

21. 践行公民生态环境行为规范,减少污染产生。

22. 选择低碳出行,践行绿色消费。

23. 掌握生活垃圾分类知识,正确分类投放垃圾。

24. 保护野生动植物,革除交易、滥食野生动物陋习。

25. 主动了解生态环境信息和法律法规标准,学习环境健康风险防范知识。

26. 会识别常见的危险标识及生态环境保护警告标志,保护自身健康和安全。

27. 根据环境空气质量信息和个人、居家情况,采取有效防护措施。

28. 发生环境污染事件并可能危害健康时,按照政府部门和专业人员的指导应对。

29. 通过"12369"举报污染环境、破坏生态、影响公众健康的违法行为。

30. 主动参与生态环境保护,维护公共环境权利和个人健康权益。

2.3 生态素质的定位

新时代要求社会走上高质量发展轨道。高质量发展需要高素质人口作为基础。那么,生态素质能够在其中扮演什么角色,发挥什么作用?本节围绕该问题,简要讨论生态素质在个人素质发展中的价值及与其他素质的关系。

2.3.1 生态素质是个人素质的重要组成

生态素质的形成对于个人素质发展具有重要价值。个人素质包括哪些内容,尚且没有统一定论。有学者认为,创新能力、批判性思维、公民素养、合作与交流能力、自主发展能力、信息素养是 21 世纪中国学生亟待发展的六种重要核心素养①。《中国学生发展核心素养》提出,学生核心素养应包括人文底蕴、科学精神、学会学习、健康生活、责任担当、实践创新等六个方面。虽然内容和表述有所不同,但是毋庸置疑的是,个人素质素养是多方面、多维度的优秀能力与认知体现。生态素质培养有助于个体综合素质的提升。

生态素质对个人综合素质的积极影响主要包括提升责任感、促进批判性思维、培养社交网络、促进创造力提升、鼓励终身学习五个方面。①生态素质鼓励个人提升责任感。生态素质鼓励个人对自己的行为及其对环境的影响承担责任,践行保护生物多样性、可持续社会发展原则。②生态素质促进个人批判性思维成长。生态素质鼓励个人关注行动的生态影响,在行动前判断其是否符合生态理性,引导个体优化行动方案,选择真正能够可持续的生活方式。③生态素质培养个人的社交网络。生态素质培养让个体正确认识人与自然世界的相互关系及保护生态系统的重要性。环境保护又是一项公益性活动,个体能从中结识更多的朋友、培养更强的社交能力。④生态素质促进个人创造力提升。基于对环境保护的责任,高生态素质的人更可能创造性地思考如何可持续地生活,如何开发更环保的新技术、产品和服务。⑤生态素质鼓励终身学习。生态素质教育鼓励个体养成终身学习的习惯。自然世界是复杂的、不断变化的,需要人类不断地去观察、思考、研究,并沟通、交流、推广其认知成果,从而产生更多的新兴学科,让人类可以终身学习,也在终身学习中实现自身的价值。

2.3.2 生态素质受到其他素质的影响

生态素质还受到个人其他优秀素质的积极影响。随着教育资源的日益丰富和教育制度的日渐完善,现代青少年更有条件提升自己的综合素质,如科学素质、历史素质、文学素质、艺术素质、媒体素质等。这些素质对个人的

---

① 褚宏启. 核心素养的国际视野与中国立场:21 世纪中国的国民素质提升与教育目标转型[J]. 教育研究,2016,37(11):8-18.

成长和社会适应具有重要价值与意义，也对生态素质产生正向的作用。下面从媒体素质、金融素质、文化素质三个方面加以说明。

一是生态素质与媒体素质。媒体素质是指有效访问、分析、评估和创建媒体内容的能力。在当今媒体饱和的世界，信息可以通过多种渠道获得。媒体素质和生态素质息息相关，它们之间有几种相互交叉的方式。例如，媒体素质可用于评估与环境问题相关的信息的准确性和可信度。随着自媒体的兴起，假新闻和错误信息也随之泛滥，因此，区分准确信息和误导信息成为至关重要的能力。生态素质培养可以提高对媒体信息的辨识能力。媒体素质还可以通过改善认知和鼓励行动，促进环境保护。例如，环境纪录片和社交媒体活动可以引导人们关注生态问题，增强行为的可持续性。此外，媒体素质可以用来监督环境政策的执行情况和企业的环境行为。例如，社交媒体可以用来动员公众舆论，并向公司施加压力，要求其采取更可持续的做法。

二是生态素质与金融素质。金融素质是指个体有效管理自身财务所需的知识和技能。它包括个人预算、储蓄、投资和债务管理等财务行为。虽然金融素质似乎与生态素质无关，但它们之间存在内在关联。例如，可持续生活通常涉及对资源使用作出有意识的选择，这需要财务规划和管理。此外，通过鼓励个人采取可持续的行为，可以减少能源消耗和废物产生。生态素质提高也可以带来一定的经济效益。例如，通过及时关灯和拔掉电子设备电源来减少能源消耗，可以降低公用事业费用；通过计划膳食和堆肥来减少食物浪费，可以显著节约成本。因此，金融素质和生态素质是相互依存的，拥有这两种技能的个人可以作出明智的金融决策，支持可持续的生活方式。

三是生态素质与文化素质。文化素质是个人在历史、人文领域具备的能力。文化素质通过多种方式对个人生态素质产生积极影响。首先，对人类文化有深刻理解的个人更有可能认识到文化素质及其实践在塑造人们与自然关系中的重要性。其次，文化素质也可以促进社会公平和环境正义，这是可持续发展的重要组成部分。通过了解导致环境不公平的历史和文化因素，具有文化素质的个人会努力尝试解决这些不公平现象，并促进更公正和可持续的政策和做法的实施。最后，文化素质可以通过促进跨文化理解，提升人们对与自然世界互动的重要性认知，而对个人生态素质产生积极影响，使个人更明晰生态责任，更有效地建设可持续社会。

思考题

1. 你能梳理出经历了哪些变化,才形成当前的生态素质概念吗?

2. 你对生态素质内涵中哪一层次最感兴趣? 你认为哪一层次对生态素质教育最为重要? 为什么?

3. 除上文列举,你还能想到哪些生态素质与其他个人素质的相互影响?

第 3 章
生态素质教育历史、现状与困境

　　生态素质教育并非凭空产生,其经历数个阶段的发展,才形成当前的规模与丰富内涵。本章回顾生态素质教育的发展历史,简述生态素质教育现状与不足,以期使读者对生态素质教育形成较为全面的认识。

3.1　生态素质教育发展历史

　　本章简要梳理几个受到普遍认可和重视的生态素质教育领域的历史,来阐明生态素质教育的发展历程。生态素质教育,狭义上是指以提升生态素质为目标的教育活动。一切以生态文明建设为导向的教育必然在思想认知、行为实践等方面对个人产生积极影响,从而一定程度上提升个人生态素质水平。故广义上的生态素质教育就是一切有利于生态文明建设的教育。生态素质教育内涵较多,有环境教育、可持续教育、自然教育、绿色教育,乃至专业性更强的森林教育、海洋教育等。本节重点阐述前面三部分内容。

3.1.1　环境教育发展历史

　　"环境教育"一词的产生可追溯到1948年,是现代生态素质教育中发展历史最长、影响最大的教育领域。其核心教育目标是解决现在正面临或将来可能发生的环境问题。

　　工业革命后,人类的生产和生活对环境造成的严重破坏,逐渐引起一部分先驱的关注与担忧。这主要体现在十八九世纪思想家、教育家、作家的作品和部分相关教育实践中,如英国农业革命时期兴起的"乡村学习"。在此基础上,威尔士自然保护协会主席托马斯·普瑞查(Thomas Pritchard)于

1948 年在巴黎会议上提出"我们需要有一种教育方法,可以将自然与社会科学加以综合",并称之为"环境教育"。同年,联合国教科文组织发起成立了"世界自然保护联盟(IUCN)",并成立了专门的教育委员会,标志着国际主流社会注意到教育对环境保护的作用,并试图通过环境教育,来拓宽和增进人类的国际环境意识[①]。

20 世纪 60 年代,西方发达国家发起的一系列"生态复兴运动",强有力地推动各国环境教育付诸实践。1968 年,联合国教科文组织在巴黎召开"生物圈会议",提出环境教育计划:"为所有层次的教育课程编写环境学习材料;将生态学内容编入现在的教育课程中;应该在高校的环境科学系培养专门人才;应该推动中小学环境学习的建设等。"这次会议被称为"首次在世界范围内唤起了环境教育意识"的会议。此后,关于环境教育的界定、内涵,相关的立法与实践层出不穷。

1972 年,瑞典斯德哥尔摩召开"联合国人类环境会议",正式将"环境教育"(Environmental Education,简称 EE)的名称确定下来,并在其 96 号文件中强调进行环境教育的重要性和国际合作的必要性,明确了环境教育的性质、对象和意义,确立了环境教育的国际地位。随后,联合国环境规划署的成立和国际环境教育计划(IEEP)的提出、《贝尔格莱德宪章》的发布、第比利斯首届政府间环境教育会议的召开等一系列行动,将国际环境教育研究与实践推向高潮。

3.1.2 可持续教育发展历史

"可持续教育"即以可持续发展为目标的教育。可持续教育是在环境教育快速发展的背景下,人类对自身生存与发展、人与自然相处模式所提出的新方向,旨在关注人类发展的可持续性。与环境教育的宗旨相比,可持续教育更强调从人类视角出发,可以看作是环境教育的深化与延伸。从其目的与内涵来看,可持续教育仍是生态素质教育的重要组成部分。

1988 年,联合国教科文组织提出"为了可持续发展的教育"(Education for Sustainable Development)一词,这被认为是"可持续发展教育"思想的早期倡议。1992 年在巴西里约热内卢召开的第二次人类环境会议——"联合国环境与发展大会(UNCED)",标志着可持续发展教育的诞生。这次会议的突

---

① 李久生.环境教育的理论体系与实施案例研究[D].南京:南京师范大学,2004.

出特点是将环境与发展作为同等重要的主题。该会通过的《21世纪议程》强调,"环境教育要重新定向,以适应可持续发展的需要"。此后,世界各国政府和民间团体都在研究和思考环境教育的重新定向问题,并达成面向可持续发展的教育共识。

1993年,为了普及、推进和落实可持续发展理念,联合国设置了可持续发展委员会(UNCSD)。在其倡导和努力下,联合国教科文组织于1994年提出了"为了可持续性的教育"(Education for Sustainability)的"环境、人口和可持续发展教育"(EPD)计划。这一创意的提出使环境教育的内容更具综合性、系统性,其着眼点更注重人类社会的整体和谐发展。

1996年,联合国可持续发展委员会提出"关于促进教育、公众认识和培训的特别工作纲要",指出了可持续发展教育的目标及特征。1997年,联合国教科文组织在希腊塞萨洛尼基举行了名为"环境与社会:为了可持续性的教育和公共意识"的国际会议。会议发表的《塞萨洛尼基宣言》指出,"环境教育已不仅仅是对应环境问题的教育,它与和平、发展及人口等教育相融合,形成了一个总的教育发展方向——为了可持续性的教育",正式奠定和确立了"可持续发展教育"(ESF或SED)的国际地位和世界潮流。此后,各国家、组织、群体通过不同项目、活动、计划参与到可持续教育中。在此浪潮下,环境教育与可持续教育互相借鉴、融合,在目标、形式上趋于统一。在某些文件或文献中,可持续教育也被视为环境教育。

3.1.3 自然教育发展历史

"自然教育"的出现晚于前两个教育领域。与前两者不同的是,自然教育不仅强调对环境的保护,也强调在教育过程中,对人自身发展、心理健康、身体强健等的积极作用。自然教育在吸收自然主义教育、博物学教育、环境教育等领域的教育理念与模式基础上,对饱受关注的现代人,尤其是青少年的"自然缺失"现象进行关注和回应,被认为"是人们认识自然、了解自然、理解自然的有效方式,是推动全社会形成尊重自然、顺应自然、保护自然的价值观和行为方式的有效途径"[①],是生态素质教育不断发展的有力证明。

作为新兴领域,自然教育的核心内涵、教育模式、发展历史等尚未形成定论。若仅就国内而言,自然教育迅速发展的节点可以追溯到2009—2014年前

---

① 林昆仑,雍怡.自然教育的起源、概念与实践[J].世界林业研究,2022,35(2):8-14.

后。《林间最后的小孩：拯救自然缺失症儿童》在国内翻译出版，相关机构如自然之友、山水自然保护中心等在自然教育领域开始探索实践，奠定了自然教育萌芽和发展的基础。2014年国内首届全国自然教育论坛召开；2019年《自然教育行业联署公约》发布，其对自然教育的界定是"在自然中实践的、倡导人与自然和谐关系的教育"。

3.2 生态素质教育现状

前文已经较为详细和全面地回答了"why（为什么开展生态素质教育）"。本节通过回应"who（谁在开展生态素质教育）"、"where（在哪开展生态素质教育）"及"how（如何开展生态素质教育）"三个关键问题，来较为全面地展现生态素质教育现状。

3.2.1 生态素质教育的主体

纵观全球，目前主要有三方力量参与生态素质教育，分别为学校、社会及家庭。无论国内还是国外，学校普遍是生态素质教育的主体，家庭与社会起重要的辅助作用。

（1）学校主体

学校是生态素质教育的主阵地，从引导青少年接触自然、建立与自然的情感关联，到帮助青少年建立对生态的科学认知并采取理性行动，都发挥着无可替代的积极作用。学校在生态素质教育中发挥的作用在不同的阶段也有所不同。从教育体系看，学校生态素质教育体系主要分为学前教育阶段、中小学教育阶段和高等教育阶段。

在学前教育阶段，生态素质教育主要是幼儿园带领儿童接触自然、亲近自然与初步认识自然。这在1998年瑞典颁布的《学前教育学校课程》中的要求可以体现出来，即"幼儿园的日常活动要渗透生态教育，要致力于关爱自然的态度和意识，让他们明白自己是自然循环的一部分，并帮助幼儿明白可以通过调整自身在日常生活中的行为而改善当下和未来的环境"。全球范围内倡导建立的生态幼儿园就是幼儿园生态素质教育的重要实践，强调通过让孩子自由、充分地与自然环境接触，培养孩子的实践力、创造力和想象力，使儿童处于对世界积极探索的状态，在各种与自然相关的尝试中发现并解决问题，从而获得对生态与社会的充分了解，建立对自然的好奇与喜爱。

　　在中小学教育阶段,生态素质教育主要是学校结合不同科目,初步建构学生的生态认知,并通过劳动课程等培养学生实践动手能力。从现有的各国教材来看,无论是语文、英语,抑或地理、化学①,不同学科都希望能将自身的生态价值挖掘出来并传授给学生。各国中小学教师也开始逐渐接受生态素质培训,以期更好、更科学地培育学生生态认知与意识效果。学校从整体层面也追求生态转向,开始致力于创建生态化校园,如中国的生态学校、欧洲的绿色学校计划等。此外,中小学还结合多种形式的活动开展实践性、动手性教育,来初步构筑学生的生态行为,提升学生生态认知,如中国的劳动课程、欧美的学校农场和学校生态园等。

　　在高等教育阶段,高校通过跨学科项目与课程、专业化教学与实践来强化学生对生态的全面科学理解,提高其可持续生活实践操作素质。高校吸收与引进国际生态素质教育、环境教育的先进理念。在课程与学科设置方面,跨学科融合式开展生态专题课程,建立生态导向学科,培育学生使其具备更强的生态相关知识与能力。在实践方面,学校通过项目等形式结合专业性力量解决与回应具体的生态问题,关注生态现象,增强学生可持续的、生态的实践能力与操作能力。高校还发挥科研阵地、宣传阵地作用,不断将先进的生态知识、意识传播给社会,对整个社会起到教育作用。

　　(2)社会主体

　　社会力量在生态素质教育中也发挥着独有作用。目前参与到生态素质教育中的社会力量包括社区、社会组织与企业。社区是生态素质教育实践的主要场所。社区生态素质教育主要回应地方性生态知识需求,或者与居民生活密切相关的、能够促进生活质量的生态问题与现象。所以,以社区为主导的生态素质教育主要包括评估、挖掘地方的生态需要或生态资源,学习与发扬地方性生态文化与知识,辨别社区内环境问题,针对地方的环境问题设计和实施环境活动或解决方案等内容。

　　社会组织②与企业是生态素质教育领域的重要补充。无论是以盈利为目

---

　　① 如生物学课程要求学生在与自然相处的过程中,培养关心自然和对自然负责的态度;学生应根据相关的生态知识和个人生活经验,参与健康问题以及人与自然和谐共处问题的探讨,以此增强他们这方面的能力。地理课则要让学生掌握自然景观和自然环境短期或长期演变过程的知识,意识到人类对这些过程的影响作用,培养学生运用生态学的方法对人们利用资源的不同方法进行反思并树立理性态度和立场等。

　　② 本书所指社会组织按照我国对社会组织的界定,即社会团体、民办非企业单位和基金会。

的,还是遵循自然保护的理想,社会组织与企业都利用自身专业或资源优势参与生态素质教育。社会组织与企业通过政府购买服务、创立生态文旅研学项目、倡导社会行动与活动、搭建与学校合作的平台等方式参与生态素质教育。社会组织承担宣传环保知识、传播培养环保文化、启蒙民众的环保意识、激励企业的社会责任感等责任,弥补学校教育和家庭教育的不足。社会主体参与生态素质教育,也离不开政府的支持,如法律制定、政策指导、资源扶持和行动倡导等。

（3）家庭主体

家庭对于青少年来说,是生态素质初步形成与发展的关键。家庭生态素质教育通常是全面且不具体的,全面体现在家庭生态素质教育几乎涉及生态素质的所有关键组成部分,而不具体则是指家庭生态素质教育往往呈现不够专业、不成体系的特征。

在自然接触层面,虽然现有研究认为青少年有亲近自然的天性,但是如果缺乏家长的引导与看护,尤其是在城市,青少年难以直接且安全地接触到自然环境。在自然情感连接方面,家庭教育建构个体灵魂的雏形或树立个体生活的最初立场,不但使个体认识到"我"是什么,如何认识和对待"我"之外的一切,而且培养个体完善的心灵。① 青少年生态情感的建立与发展很大程度上依赖家长的启发与培养,父母对于自然的好恶也会影响到孩子的自然观。在生态科学认知方面,进入幼儿园或小学接受正式教育前,青少年获取相关信息最大的来源就是家庭。无论是阅读的书籍、观看的视频,还是对生活中现象的科普讲解,青少年所接受的知识很大程度上都会先经过家人筛选,由家庭完成青少年对于世界科学认知的第一步。家人对生态的科学认知是青少年认识自然的基础。当青少年进入学校、社会,接受更专业、系统的学习后,家庭则发挥补充作用。父母等亲人在回答孩子的每一个关于自然的"是什么"和"为什么"的过程中,完成青少年自然认知的建构。在生态实践层面,青少年行为的形成主要在于模仿和学习,父母在这方面就是孩子最好的老师,家庭发挥的示范作用、激励作用对于生态行为的产生、持续和固化都有着不可替代的作用。

家庭的日常互动,也有利于家长生态素质的提高或完善。由于信息传播与教育能力的提升及互联网等先进技术的发展,很多时候掌握大量信息渠道的子代所掌握的科学生态知识、积极生态意识等反而超越其长辈,这往往会

---

① 张进峰.家庭教育重要性的哲学新论[J].教育理论与实践,2005,25(1):52-57.

形成"文化反哺"现象,青少年自身高于长辈的生态素质也能带动整个家庭生态素质的提升。

什么是"文化反哺"?

由于社会的急速变迁,以及面对这种变迁亲子两代的适应能力不同,对新事物的理解和吸收快慢不同,在亲代丧失教化的绝对权力的同时,子代却获得了前所未有的"反哺"能力。二次世界大战以后,人们注意到,在社会化过程中出现了传统的受教育者(晚辈)反过来对施教者(长辈)施加影响的现象。这种"反向社会化"现象的出现,说明在急速的社会变迁背景下,不仅文化传承的内容有了极大的变化,而且亘古不变的文化传承的方向和形式也有了变化。

——资料来源:周晓虹. 文化反哺:变迁社会中的亲子传承[J]. 社会学研究,2000,15(2):51-66.

3.2.2 生态素质教育场域

根据实施教育的主体不同,生态素质教育场域也存在差异。本节简要介绍三个主体的主要教育场域。

一是学校生态素质教育场域。学校生态素质教育受其主体自身固定性等特性影响,其教育场域主要集中于学校及周边。具体来说,包含以下四个场景:①教室课堂。教室作为学校教学的主要单元,是学科型生态素质教育的核心场所,也是各类生态素质教育活动组织、讨论与交流的空间。教师在课堂上结合各自学科内容,传授给学生学科所蕴含的生态思想与生态知识,组织学生对地方的生态现象、问题与相关活动进行讨论交流,设计行动方案,反馈收获心得。②学校生态素质教育专门场所。主要指学校内规划的专门性的生态实验室、生态实践地、生态农场等实践、教育、研究场所,学生可以在该场所接受、体验到更专业、更具导向性的生态素质教育活动。③校园内其他自然环境。学校的池塘山坡、灌木花丛、一片空地,都是学生接触自然、观察自然的窗口。在缺乏生态素质教育专门场所的学校,这是开展室外生态素质教育的关键场所。学校依托此地可以开展各类生态接触、观察与实践。④学校所在"地方"①。学校所在地域是重要的生态素质教育资源。无论是对

———————————

① "地方"含义见 3.2.3 中"在地型生态素质教育"。

于生态知识的学习、生态文化的传承,还是对于生态行为的应用、生态问题的反思与解决,"地方"都是最为契合、便利的来源。

当然,除去以上场景,学校生态素质教育可能还包括更广阔的场域,如某些学校会组织生态研学活动、举办跨地域合作交流等,但受资金、人员等条件限制,该种场域并未形成主流,目前来看,普遍的学校生态素质教育场域仍以学校为中心,以其资源多少、能力大小决定向外扩展的范围。

二是社会生态素质教育场域。具体来看,包括以下四个场景:①社区。社区是个人日常生活最为熟悉的场域,具备了开展在地型生态素质教育的基础。社区内的生态文化、现象、问题及自然环境等是生态素质教育的优良资源。②自然保护区、国家公园等自然型旅游单位。各类自然保护区、森林公园、国家公园等自然资源丰富的旅游单位,是个人尤其是城市居民深入、全面接触自然、沉浸自然、拥抱自然的好去处,在这里,个人能一次性接触到极为丰富的自然资源,在此场域中开展的生态素质教育,能够极大扩宽个人的生态认知和增加其知识储备,激发个人生态好感及对生态教育的兴趣。③山寨、乡村等人文-自然融合型文旅目的地。普遍情况下,乡村古寨等较之城市,拥有更多未被破坏的自然环境。生态素质教育与兴起的乡村旅游相结合,结合当地自然资源,丰富旅行经历,使个人在享受慢节奏乡村生活、体验古老人文风俗的同时,学习生态知识,感受生态文化,接受潜移默化的生态素质教育活动。④动、植物园等人造型观览场所。动物园、植物园、城市公园等主要由人工构建的参观游览单位,是大部分城市居民接触自然的便捷选择。其承担的生态素质教育功能也最为明确:集中向个人展示地区乃至全球的生态构成,讲解宣传不同物种乃至整个生态的奥秘。这些单位也是众多青少年进行生态启蒙、产生生态关注的首要场所。

三是家庭生态素质教育场域。由于教育模式的不确定性和教育内容的基础性,家庭生态素质教育难以确定固定的教育场域,主要根据家长选择的模式不同而产生变化。家庭生态素质教育场域大致包括家庭所在地、各类生态旅行观览场所等。家庭所在地即家庭居住地及周边,生态旅行观览场所即上述生态主题旅行目的地与景观、设施。家长结合日常生活及休闲旅行中接触到的生态环境,引导儿童及青少年接触与探索自然、开展生态科普与实践,对儿童及青少年生态情感与生态认知的启蒙起到重要作用。

3.2.3　生态素质教育模式与途径

综合国内外生态素质教育实践与相关研究,本书认为,当前生态素质教育存在三种主要教育模式,即在地型生态素质教育模式、学科型生态素质教育模式和体验型生态素质教育模式。每种模式又分别以两种主要途径达到教育目的。

（1）在地型生态素质教育

什么是在地型生态素质教育？在地型生态素质教育即围绕三个关键词——地方生态问题、地方生态实践与地方生态文化展开的生态素质教育活动。地方生态问题通常指受教育者所在地方存在的生态问题或生态困境；地方生态实践是指结合受教育者周边资源及生活相关场域,开展生态相关实践教育活动；地方生态文化是指受教育者所在地方口头相传的、书籍记载的、风俗传承的生态友好型文化与习俗。在地型生态素质教育的"在地"指的是"地方"或"在地一方",是个人成长与生活最熟悉、最亲近的环境,但也是最容易忽视的环境。因此,"地方"可以是受教育者所在社区、城市,乃至所在民族或国家,但前提是必须与受教育者的生活与成长息息相关、命运与共。一个人的生态情感、认知与行为通常产生于"地方"、依托于"地方"、作用于"地方"。在地型生态素质教育也是生态素质教育中最关键、最重要的一种模式。

在地型生态素质教育模式主要通过生活实践式和文化反思式两种途径展开。生活实践式致力于发现与解决地方生态问题、开展生态友好区域的设计与建设。教育者引导受教育者发现当地存在的生态问题,讨论成因、影响与解决方案并付诸实践；结合当地自然形成或人为创造的生态场所,使受教育者接触自然、认识自然；在实践中检验生态知识与生态认知,进行农耕种植、物种观察等；与受教育者的日常生活进行串联,结合受教育者日常生活场景营造生态教育场景。结合相关实践,本书认为该途径旨在：①以地方生态问题启发受教育者的生态保护意识；②设计项目或活动尝试解决地方生态问题,锻炼或培训受教育者的生态行为；③通过熟悉场景,拉近受教育者与自然的关系,促使其与自然近距离接触；④通过实践引导受教育者关注自然,并将对一方水土的热爱扩展为对整个生态系统的关怀；⑤强化受教育者的动手实践与操作能力,增强个人体质、心理健康程度与社会生存力。

案例 3.1　生机勃勃的东条河：一次学校在地生态实践活动实录

2000 年，日本的兵库县加东郡东条町立东条小学的一次活动实例，生动展示出以学校为主体开展的在地生态实践的全貌。

首先，活动的主题设定为"生机勃勃的东条河"，这是因为伴随着东条町的经济发展，环境污染日益严重，位于东条町的东条河因受到污染，鱼的数量和种类急剧减少。生活排水、化肥、农药、位于上流的水坝成为东条河污染的原因。学校开设"特别活动"（1、2 年级）、"综合学习时间"（3～6 年级）课程，就东条河污染问题进行了环境教育实践活动，目的是使学生意识到不能再让东条河受到污染，要挽回失去的清澈河流。对各个年级的学生，拟定不同的活动主题和活动内容。具体为：1、2 年级学生活动的主题为"在东条河上尽情玩耍"，使学生感受到大家一起在河上玩耍的乐趣；3 年级学生活动的主题为"感受不同季节的东条河"，教师在不同季节带领学生到东条河上玩耍，让学生感受不同季节的东条河，观察河边的生物，体验在大自然游玩的乐趣；4 年级学生活动的主题为"从东条河的上游到下游"，引导学生观察东条河上游到下游的地形、水流；5 年级学生活动的主题为"探究东条河污染的原因"，引导学生通过向周边居民发放问卷、提问、调查等方式，弄清东条河受到污染的原因；6 年级则分为两组，主题分别是"与东条河共同生存""从东条河的鱼看东条河"，让学生观察河中的鱼、水中的昆虫，引导学生思考：要想挽回清澈的河流，保护河流中的鱼类，我们人类应该怎么做。此次活动符合不同年龄段儿童的心理，激发了学生的兴趣，加强了学生在活动中的参与意识，不同程度地提高了学生的表现力，使其能够有意识地将在学校学到的知识运用到实际生活当中。

——资料来源：申永斌.日本学校环境教育政策与实践探析[J]. 长春教育学院学报,2013,29(11):80-81.

文化反思式主要是在教育者引导下，开展地方生态文化挖掘、反思、传承与再实践。如历史风俗回顾，长辈讲述生活经验，展现人与自然互动的历史、文化与智慧等。结合相关实践，本书认为该途径旨在：①挖掘与宣传相关地方生态文化，借文化认同感与自豪感启发受教育者的生态认识与生态意识；②借由文化规范与习俗要求，塑造受教育者的生态行为与实践。

案例 3.2　开展原住民教育：学会与自然联结

原住民教育包含与西方教育截然不同的要素。其中三大核心要素是：学习的精神体(learning spirits)、具身化学习(embodied learning)、共生的情境化学习(symbiotic and contextual learning)。这三个要素是相互联系的,直接关联到一种参与式关系,以及一种对自然界的深入理解,这种理解奠定了一种不同于西方文化的身份认同、归属感和目的感。此外,这些元素有助于照见人们对一方水土天然的归属感,也有助于培养人们守护自然的好管家精神(正是周围的自然界为我们提供了生命的养料)。这些教育实践根植于扎根一方水土的学习,其核心是掌握如何在一个地域的生态约束下和谐生活的真知。在这些相互关联的核心要素上,原住民教育因地域和文化的具体差异而表现出丰富的多样性。但是,它们彰显了一个共同点:当人们聆听土地(及其祖先)的"精神之声",发挥其全部的才能,并在栖居的土地上和共生的社群中践行文化价值观和环境伦理时,就能充分展现其整全而巧妙的学习力。很多这样的"土方法"可以纳入非原住民教育项目中,以帮助所有学生更好地发展整全学习能力,更好地与自然世界联结,这也将帮助他们适应即将步入的反乌托邦社会。

原住民教育从根本上说是环境教育,这一点是很明确的。它首先是一种宇宙论的取向,即着眼本土地理(山川河流)和生态(动植物)与太阳、月亮、星星的相互关系,在这种基础上,原住民创造了生态文化景观和神圣之所。本土学习总是情境式的,恰恰要从你所在的地方开始,包罗宇宙学、地理学、生态学、文化学和历史学,这要从尊重学习之地的一方水土和人们开始。在许多传统的礼仪中,人们必须征得土地、它的精神体以及居住在那个地方的原住民的同意,才能在一个特定的地方学习。为了获得同意,人们通常要举行敬拜礼(offering),这片土地可以教给我们很多东西。

——资料来源:梅丽莎·K.尼尔森. 第八火焰教育:原住民的文化之根与学习之道[J]. 许斌,译. 世界教育信息,2020,33(6):7-14.

(2)学科型生态素质教育

学科型生态素质教育是以学校或专业机构提供的专门性、系统性学科培训为基础,挖掘不同学科生态内涵,开展跨学科合作的生态素质教育活动。它通常发生在校园内,或依托于学校开展。随着各国义务教育的普及,学校成为绝大部分青少年活动的主要场域。学校学习阶段是个人价值观、世界观、知识体系建构的核心阶段,是实践操作能力培养的重要时期。对于青少年来说,生态素质教育不能脱离学校开展;对于社会与人类发展来说,学校不能缺少生态素质教育。学校聚集大量专业人才与专业教师队伍,能够提供专业且系统的学科教育,以及更为专业、科学的生态知识和能力培训。

学科型生态素质教育模式主要通过课程延伸式、融合扩展式两种途径展开。课程延伸式主要集中于中小学教育阶段。教育者挖掘各学科内部的生态意识、逻辑、知识,并将其传授给受教育者,指导受教育者运用所学组织、参与各类生态实践。结合相关实践,本书认为该途径旨在:①通过学科教育中的生态取向,唤醒受教育者的生态意识与情感;②结合学科延伸,拓展受教育者的生态知识广度和深度,建立生态逻辑思维;③将专业性知识付诸实践,理解、解决面临的生态问题与困境。

案例 3.3　中国语文教材与生态意识建构

语文教育兼具人文性与工具性的特点。生态意识的培养是人文教育的重要内容;生态行为的养成是生态意识的外在表现。语文教材选纳了古今中外的名篇佳作,是语文课程的重要组成部分。语文教育是围绕着语文教材中的文本而展开的,无论是诗歌、散文还是科技文,都蕴含着作者本人的内在价值取向,语文课本中选纳的文本篇目将深刻地影响到青少年的世界观、人生观、价值观。

语文教材中的生态文本,或是描写人与动物的友爱,或是感慨大自然的神奇壮丽,抑或揭示环境污染带来的灾害,这些作品或深或浅地暗含着人类生活与自然环境之间的关系。"未来的社会更需要美,需要对美的发现、追求和创造,语文具有重要的审美教育功能。"学生通过对生态文本的学习,能够跨越现实的鸿沟,在审美教育的过程中体会自然的美、人与自然和谐的美,实现对美的感受,从而改变自我对待世界的方式。语文课程目标在"阅读·鉴赏"环节提到,"在阅读中,体味大自然和人生的多姿多彩,激发热爱生活、珍爱自然的感情",对于传统的经典作品,要"用现代眼光审视作品的思想倾向,评价其积极意义与局限"。这些思想体现出对文学作品解读的多元价值取向。语文教材中有很多生态文学作品,如陶渊明的《归园田居》、海明威的《老人与海》、巴金的《小狗包弟》等,它们都是生态文本的典范,学生在审读经典的过程中,可以感悟其中蕴含的生态意识。

——资料来源:郑亮,程静. 语文教材对学生生态意识建构的可能及不足[J]. 教学与管理(中学版),2015(12):46-48.

融合扩展式主要集中于高等教育阶段。学校组织跨学科生态项目与研究,将不同专业背景的学生组织起来,让他们运用各自专业知识,发现并尝试解决生态问题、维持生态系统稳定、研究可持续生活路径,建立跨学科生态导向的专业或课程,培养具有某一生态领域专业知识和技能的人才。结合相关实践,本书认为该途径旨在:①在跨学科实践中,通过实践促进参与者生态意识与认知的发展;②跨学科培养具备专业能力的高生态素质人才,扩大生态素质在全社会的影响力。

案例3.4 美国俄勒冈大学跨学科合作项目:可持续城市孵化活动

可持续城市孵化活动(Sustainable Cities Initiative,简称SCI活动)作为俄勒冈大学先行倡导的可持续发展实践活动,其实践智慧是培育公民意识、凝聚优秀师生、加强社区联系、融合教育与研究四方面策略的重要体现。

可持续城市年度项目(Sustainable City Year Program,简称SCYP)是SCI活动的具体实践方式,每年的SCYP均有来自俄勒冈大学10~15个学科超过35门课程的20多位教师和500多名学生参与到20~30个可持续发展系列项目,投入共6万多个小时的相关工作,帮助合作伙伴城市、机构或社区提升可持续发展的水平。

——资料来源:黄健文,朱雪梅,海佳. 环境教育模式转型下的校园内外联动发展策略与实践:以美国俄勒冈大学的探索为例[J]. 考察与研究,2019(6):116-120.

(3)体验型生态素质教育

体验型生态素质教育即受教育者在陌生场域中,以文旅体验、夏令营、活动小组等为载体,结合当地自然风光、生态文化、环境问题,主动或被动接受的生态素质教育活动。体验型生态素质教育通常是短期的。该教育模式不追求从受教育者日常生活与成长经历入手,更强调通过短期、积极、新奇的体验,打破受教育者原有生态素质边界,扩展其生态素质上限。所以,体验型生态素质教育通常所依托的环境与受教育者日常生活环境差异较大,所传授的生态知识与观点往往超出受教育者的生态知识储备与生态认知,所带领的实践活动也通常是受教育者成长与生活中未体验或不熟知的。

体验型生态素质教育模式主要通过文旅结合式和项目参与式两种途径展开。文旅结合式,即依托林木公园、自然保护区、江河湖海、山庄乡村等自然资源丰富的旅游目的地,在旅行过程中开展物种讲解、生态课堂、自然体验等生态素质教育活动,让受教育者对于陌生的自然生态有更细致和全面的认知。

案例 3.5　英国康沃尔伊甸园的环境解说

伊甸园工程(Eden Project),是位于英格兰西南部康沃尔郡(Cornwall)的一个生态群工程,建在一个深60米、占地约13.7公顷的废弃采石场上,由几个巨大的温室组成,是世界上最大的温室空间,有35个足球场之大。这一工程耗时10年,耗资1.3亿英镑(约合人民币16.9亿元),于2001年3月正式对外开放。伊甸园是目前世界上最大的用于植物科普和环保教育的植物园,可以说是"人类与植物和谐共生的真实展示"。在网架结构的巨型温室空间里,汇集了地球上5 000多个品种、100多万株植物,形成了世界上最大的半人工自然生物群落。

环境教育是伊甸园的核心功能之一。伊甸园提供的环境解说对于游客来说充满趣味,同时无形中也提升了自身的生态素质,尤其具有代表性的是其中的植物解说。

植物解说是伊甸园环境教育解说系统中最为重要的一部分,主要以解说牌、人员解说、宣传手册以及视听媒体等多种方式来实现。解说重点在于植物的生态学特征、生物习性、植物栖息地特征,以及与植物相关联的生物多样性、生态系统多样性保护的知识。解说目的在于借由植物让不同的文化有交流的机会,并展示出植物的生长过程、环境以及与人类的关系。在伊甸园内,趣味性和启发性的解说牌随处可见,比如在橡胶树的旁边,读到的是"几世纪前,南美洲的印第安人把橡胶涂在脚上,这就是世上最原始的靴子"。这些乍看轻松易读的解说文字,其实正是伊甸园推广环境教育的策略之一。

——资料来源:付振兴,曾红鹰. 英国康沃尔伊甸园的环境教育和环境解说[J]. 环境教育,2020(5):68-73.

项目参与式是"在地"的教育者在其熟悉的、自然资源较为丰富或存在生态问题的地区,针对距离该环境较远的"非在地"受教育者,设计各种生态主题的实践体验与教育项目,使受教育者了解或体验到自己不熟悉的自然环境、自然现象,发现新的生态问题。

案例 3.6　南京红山动物园生态夏令营项目

南京市红山森林动物园为丰富孩子们的暑期生活,创意性地推出"城市森林科考夏令营——神奇的动物在哪里"公益主题夏令营活动,邀约孩子们担当"野生动物科考员",亲近自然。

活动中,参与夏令营的孩子们来到各个动物的场馆,了解大熊猫、亚洲象、金丝猴、长臂猿、獐子、小鹿等动物的生活习性,聆听饲养员的专业讲解。孩子们手持相机、手机,用镜头捕捉森林里的"动物世界",体验"野生动物科考员"的工作日常。为了更加了解动物们的生活状态,饲养员还带领孩子们来到动物们的"后厨",近距离观察它们的喂养情况。

"野外动物救护,就在我们身边。"在野生动物救护培训营里,救护人员为孩子们讲解科学救护方法,进行专业演示,教会大家如何正确关爱身边的动物朋友。活动期间,园方还组织孩子们参与"夜行动物课堂"互动教学,让孩子们了解萤火虫、蝙蝠的生活规律。除了探秘野生动物救护中心,此次夏令营还穿插手工、游戏、手偶剧和情景游戏等项目,让孩子们在游戏和手工体验中学习"自然知识",培养"创造力"。

——资料来源:南京红山森林动物园"城市森林科考"公益夏令营项目介绍。

体验型生态素质教育两种途径的区别主要体现在形式上,结合相关实践,本书认为,它们都旨在:①通过与众不同的体验,让受教育者感受自然生态的多样性,欣赏自然之美;②扩展受教育者生态认知的广度与深度;③结合新奇的实践与活动,引导受教育者发现生态行为的意义与价值,培养与固化其生态实践。

通过上文,我们可以对目前生态素质教育现状形成初步的认知,归纳如表3.1所示。概括而言,在地型、学科型、体验型三种教育模式在主体上各有侧重。学科型、在地型生态素质教育主要由学校主导,体验型生态素质教育主要由社会主导,同时,社会教育也开始探索在地型生态素质教育的发展。三种教育模式在生态素质的要点上也各有侧重。总体来看,无论国家、社会,还是团体、个人,对于生态素质教育的重视程度都日益增长,生态素质教育呈现积极乐观的发展态势。

表 3.1　生态素质教育模式对比

模式		途径	教育主体	侧重点
在地型教育	生活实践式	结合当地自然环境、生态问题等开展教育与实践,如农耕种植、物种观察、河流治理等	学校社会家庭	生态情感生态行动
	文化反思式	重建与实践地方生态文化,如原住民文化、节气文化等	学校社会家庭	

续表

模式	途径		教育主体	侧重点
学科型教育	课程延伸式	挖掘专业课程内的生态取向,如结合语文、物理、英语学科展开生态素质教育等	学校	生态意识 生态知识
	融合扩展式	跨学科融合建立生态导向专门学科或实践项目,如开设环境类专业等	学校	
体验型教育	文旅结合式	以旅游活动为载体,开展生态素质教育活动,如自然保护区生态讲解等	社会	生态情感 生态知识
	项目参与式	以生态教育为主题设计并开展的项目,如动物夏令营等	社会	

3.3 生态素质教育的不足与困境

虽然全球生态素质教育已取得丰硕的成果,但是也面临着不少挑战。就国内生态素质教育来说,其主要面临三个层面的困难:学校层面,教学资源和师资力量不足;社会层面,政策支持与参与质量有限;家庭层面,家长生态意识与能力缺失。

3.3.1 学校:教学资源和师资力量不足

生态素质教育是对传统学校教育提出的全新补充。已经习惯传统教育模式的学校普遍面临准备不足的情况,具体表现为教学资源[①]和师资力量的不足。

教学资源不足主要表现为三个方面。首先是教材和教辅材料不足。生态素质教育的实施需要大量的相应专业教材和教辅材料来支撑。当前,教材市场缺乏适合生态素质教育的教材和教辅材料,这限制了教师开展生态素质相关教学。其次是实践教学的设施和场地不足。生态素质教育的核心之一是实践教学,需要有适合的场地和设施来支撑,例如学校农场、生态实验室等。由于资金和技术等方面的限制,很多学校并不具备这一条件,导致无法开展相关的观察、体验及实践教学活动。最后是信息化教育资源不足。随着

---

① 教学资源,是指一切可以帮助学生达成学习目标的、物化了的、显性的或隐性的、可以为学生的学习服务的教学组成要素,主要包括教学材料、教学环境及教学支持系统。

科技的发展,信息化教育资源已经成为教育的重要组成部分。多数学校缺乏适合开展生态素质教育的数字化教育资源和平台,无法满足学生和教师的需要。

师资力量是生态素质教育中不可或缺的关键要素。然而,当前生态素质教育的师资力量并不充裕。一方面,生态环境领域的复杂性和跨学科性,要求具有相关学科背景和跨学科素养的教师来教授生态相关课程。但大部分中小学校园中并没有具备专业生态知识的教师,缺少专业人才来挖掘现有课程的生态内涵、开展生态相关课程的教学。另一方面,生态素质教育教学也更加注重实践、探究和实验的方法,这就需要教师具备相关实践和实验的技能和经验。目前大部分教师缺乏生态素质教育所需的专业知识和技能,难以支持教学工作的开展。

3.3.2 社会:政策支持与参与质量有限

社会力量参与在生态素质教育中起着非常重要的作用,可以作为桥梁和纽带,促进学校、家庭、社会资源的共享和优化,推动生态素质教育向纵深发展。然而,在实际的教育过程中,政策支持与规范标准较弱,教育质量也不能得到保证。

政策支持与规范标准不够全面。生态文明建设已成为中国的重要发展战略,生态素质教育理应成为其中重要的基础性工作。但是,当前政策支持与规范标准尚不完善。一方面是政策支持不足。虽然政府已经在国家层面制定了《中华人民共和国环境保护法》等相关法律法规,以及一些教育部门的指导性文件,如《中国公民生态环境与健康素养》等。但是,相关政策较为笼统,操作性、参考性、约束性较弱。由于生态素质教育的特殊性和综合性,通常需要跨部门、跨领域的支持,因此,政策的贯彻实施还存在着不协调的问题。另一方面是规范标准尚未统一。国内生态素质教育的规范标准目前还没有得到完善与统一。无论是对于学校开展生态素质教育的标准,还是对于社会组织参与生态素质教育的要求,都未达成系统性、规范性的标准体系,这导致了生态素质教育在内容、质量、目标、评估等方面参差不齐。

社会力量参与生态素质教育是生态素质教育发展的必备条件。但是,社区、社会组织在资源、投入等方面的不足难以保障教育质量。首先,社会组织的资质和能力分化严重。当前,社区、社会组织参与生态素质教育的领域都是自发性的,缺乏相关的资质认证和权威认证机构的评估,而生态素质教育需要丰富的教育资源和专业的教师团队来保障教育的质量。有些社会组织缺乏相关的师资和教育资源,缺乏相关的专业知识和经验,其提供的生态素质教育的质量难以保障。其次,社区、社会组织参与的组织形式单一。社会组织参与生态素质教育的组织形式主要包括项目体验、科普讲座、活动游戏等。这些组织形式虽然能够起到一定的生态素质宣传和普及作用,但是缺乏深入和全面的教育内容。在实践中,由于缺乏有效的组织形式和手段,很多社区、社会组织乃至政府仅仅是开展零散的宣传和活动,难以进行系统且有针对性的教育。最后,经费和资源不足也制约着生态素质教育的质量。开展生态素质教育往往需要投入一定的人力、物力和财力。如果社会组织自身的生存出现困难,就会影响教育质量。

3.3.3　家庭:家长生态意识与能力缺失

在生态素质教育中,家庭参与是一个十分重要的环节,能起到辅助、启蒙等重要作用。然而,家庭生态素质教育也受家长自身生态意识、生态实践能力不足的影响,难以有效开展。

一是家长自身生态意识不足。绝大多数家长没有接受过正规的生态素质教育,其生态意识与态度仅仅停留在生活常识阶段。因此,家长很难在家庭教育中培养青少年的生态意识、环保意识。而且,大部分家长认为,青少年的学习任务已经足够繁忙,没有太多的时间和精力来关注"额外的"环境保护和可持续发展问题。他们把生态素质和文化素质对立起来,而不是把他们看作有机统一、相互成就的。因此,缺乏环保意识的家庭环境限制了青少年在家庭中得到生态素质教育的机会。另外,家长生态意识的不足也会导致子女的生态责任感薄弱。随着社会化教育的发展和完善,许多家庭将青少年的教育交给了学校和社会,生态素质教育也包括在内。这种责任的转移,使得家长对青少年生态素质的关注程度降低,让青少年在家庭中接受的相关教育减少。在互联网时代背景下,青少年很方便接触到网络信息,但也使得家长无法对其进行有效的监管,难以对其错误的生态认知进行纠正。

二是家长生态保护与实践能力不强。家长自身生态实践能力的缺失也是家庭生态素质教育的短板。由于生态系统的复杂性,个人对生态行为的判断能力也存在差距。多数家长没有系统的环保知识和方法,无法为青少年提供合适的环保指导,这使得家长无法在青少年日常生活中提供专业的环保指导和支持,限制了青少年在家庭中参与生态素质教育的机会。没有生态自觉的家长也就做不到以身作则,身先示范。德国教育家弗里德里希·威廉·奥古斯特·福禄贝尔(Friedrich Wilhelm August Fröbel)认为,父母是孩子的第一任老师。埃里克森人生发展八阶段理论①也强调父母行为对于青少年未来成长与行为养成的重要性。家长如果只是口头教育青少年要践行环保行为,而自身在日常生活中不能贯彻执行,就难以起到实际的教育作用,也难以养成青少年良好的生态素质。

扩展讨论

生态素质教育作为全社会参与的教育活动,其教育主体的广泛性、教育场地的复杂性、教育模式与手段的多样性等,并非仅通过一个章节的内容就可全面展现。本书对于生态素质教育现状的介绍是概括性的、重点性的,对于不同形式中可能运用哪些手段以达到教育目的、教育活动的前期准备与后期延续等许多细节,本章并未详细介绍。同时,随着人类科技、认知等的进步、发展,生态素质教育也在不断"迭代升级"。仅计算机科学领域,网络教育兴起、AI技术飞跃等,都对当前与未来的生态素质教育产生巨大影响。所以,本章对于生态素质教育现状的介绍,旨在给读者建立一个关于生态素质教育的大致印象,启发读者对于生态素质教育活动本身的兴趣与关注,从而能够自主去探索、挖掘生态素质教育更多细致的、新颖的内容与领域。

思考题

1. 你参与过哪些生态素质教育活动或课程? 有什么收获吗?

2. 就你了解或参与的生态素质教育而言,你认为有什么不足?

3. 如果你是组织者,你想策划一次什么样的生态素质教育活动?

---

① 埃里克森(Erik H Erikson,1902—1994)是美国现代著名的精神分析理论家,是新精神分析学派的重要代表人物。埃里克森认为人的自我意识发展是终生的,他把自我意识的形成和发展过程划分为八个阶段,每个阶段的失误,都会给一个人的终生发展造成障碍。

第 4 章
生态素质教育的功能与价值

在生态问题愈发突出、社会环境愈发复杂的当下,生态素质教育得到越来越多的关注和重视,这与其特有的功能与价值密切相关。在青少年成长过程中,生态素质教育在生理健康、心理健康、社会适应三大核心层面发挥着积极影响;在社会可持续发展上,无论是面对当下的环保问题,还是在引领未来的绿色发展方面,生态素质教育都扮演着积极角色。本章围绕个人与社会两个层面,简要阐述生态素质教育的功能,并结合相关研究与案例,展现生态素质教育在个体与集体中的作用与影响。

4.1 生态素质教育的功能

生态素质教育在青少年保持生理和心理健康、促进社会适应方面具有积极功能。青少年时期是个人世界观、价值观、人生观等各种观念形成及行为习惯养成的重要时期。生态素质是个人素质的重要组成部分,它在青少年健康成长过程中发挥着独特的作用。

4.1.1 对青少年生理健康的促进功能

生态素质教育强调个人与自然积极接触,在自然界中锻炼和成长。与自然的亲近可以改善人体心脑血管以及神经系统的机能、增强机体免疫力、改善人体亚健康状态等。生态素质教育对青少年生理健康的促进作用也体现在三个方面。

一是提高青少年心脑血管系统机能。中国体育总局运动医学研究所运动医务监督研究中心副主任张剑梅指出,超过 98% 的青少年没有达到完整的心血管健康理想状态①；神经系统问题（如脑出血）在青少年群体中出现的频率也在不断上升。生态素质教育的部分形式或手段，在一定程度上可以调节青少年的血压、心率，起到提高其自主神经系统调节能力等作用。例如生态素质教育的重要组成——与自然接触，被认为可以改善血压，降低心率②③，增加副交感神经对心脏的调节能力，提高整体的自主神经系统调节能力，从而有效地起到预防心血管疾病的作用④。

二是增强青少年免疫力。生态素质教育的亲自然属性还可以增强青少年的机体免疫能力，增强免疫细胞活性等。德国联邦自然和森林幼儿园的主席尤特·舒尔特·奥斯特曼（Ute Schulte Ostermann）曾表示，大量的室外活动反而会让孩子更健康，可减少患感冒和流感的风险。生态素质教育倡导的室外活动与自然参与，在一定程度上发挥着增强体魄的作用，强健的身体对于外界各类疾病等具有更强的免疫力。也有研究表明，多参与在自然环境中开展的活动可以增强人体重要的免疫细胞——自然杀伤细胞（NK）⑤的活性，增加 NK 中的穿孔蛋白、颗粒酶 A 和颗粒酶 B 等抗癌蛋白，降低应激激素水平，增强人体的免疫力水平⑥。

三是改善青少年肥胖、失眠、近视等亚健康状态。肥胖、失眠、近视等亚健康状态已经成为众多青少年的"常态"。在肥胖方面，《中国居民营养与慢性病状况报告（2015 年）》显示，6～17 岁青少年超重率为 9.6%，肥胖率为 6.4%，比 2002 年分别上升 5.1 和 4.3 个百分点，呈现出上升的趋势。在近视方面，国家卫健委数据显示，2020 年我国青少年总体近视率达 52.7%，幼儿园（数据仅覆盖大班）近视率达 14.3%，小学阶段为 35.6%，初中阶段为

① 顾宁.适当运动有助于青少年心血管健康[N].中国体育报，2022-12-08(6).

② MARKEVYCH I，THIERING E，FUERTES E，et al. A cross-sectional analysis of the effects of residential greenness on blood pressure in 10-year old children: results from the GINIplus and LISAplus studies[J]. BMC Public Health，2014，14(1)：477.

③ BOWLER D E，BUYUNG-ALI L M，KNIGHT T M，et al. A systematic review of evidence for the added benefits to health of exposure to natural environments[J]. BMC Public Health，2010，10(1)：456.

④ 龚梦柯，吴建平，南海龙.森林环境对人体健康影响的实证研究[J].北京林业大学学报（社会科学版），2017，16(4)：44-51.

⑤ 自然杀伤细胞(NK)是体内不同于 T 细胞和 B 细胞的一群大颗粒淋巴细胞，在机体抗病毒感染及肿瘤防御方面发挥重要作用。

⑥ LI Q，KAWADA T. Effect of forest environments on human natural killer（NK）activity[J]. Int J Immunopathol Pharmacol，2011，24(1 Suppl)：39S-44S.

71.1%,而高中阶段达 80.5%①。在失眠方面,《2021 年运动与睡眠白皮书》显示,近 3 亿中国人睡眠质量差,国民平均睡眠时长仅为 6.92 小时。由此可见,青少年的身体素质不容乐观。生态素质教育通过有组织地开展更多的室外活动、强调亲近自然行为,可以改善青少年亚健康状态,有效地遏制青少年肥胖,增强其睡眠质量,降低其近视患病率等。多参加亲自然、室外型活动,能够将青少年从久坐的"陷阱"、网络的"诱惑"中拯救出来,身体得到更多运动和锻炼的机会,必然能够降低部分肥胖的风险。研究也表明,亲自然活动有助于减少甚至抵消可能与较高的近视患病率相关的因素的影响②。亲近自然环境、参与环保活动等也可以提升参与者的睡眠质量。在一份有代表性的美国成年人样本中,接触自然环境降低了参与者睡眠不足的可能性③。

4.1.2 对青少年心理健康的调节功能

生态素质教育活动与理念对于青少年心理健康的积极作用已经得到大量实验与调查结果的支撑。生态素质教育对于青少年心理健康发展的影响主要体现在缓解抑郁、孤独等消极情绪,改善压力过大、注意力难以集中等情况和提升青少年积极情绪与生命力三个方面。

一是缓解青少年抑郁、孤独等消极情绪。有研究者分析全国范围内超过三万名青少年的调查④数据后发现,14.8%的青少年可能有一定程度的抑郁表现(有"轻度抑郁风险"和"重度抑郁风险");四成左右的青少年有时和经常缺少伙伴、感到被冷落或与人隔开⑤。抑郁、孤独对青少年社交、学业等多方面产生负面影响,不利于青少年的日常生活和健康成长,甚至已成为青少年自杀的核心因素之一。

---

① 李牧鸣,史金明. "数"说视觉健康:守护孩子的眼,要知更要行[EB/OL]. (2021-10-14) [2023-03-04]. http://www. news. cn/mrdx/2021-10/14/c_1310244548. htm.

② FRENCH A N, ASHBY R S, MORGAN I G, et al. Time out doors and the prevention of myopia[J]. Experimental Eye Research, 2013, 114:58-68.

③ JOHNSON B S, MALECKI K M, PEPPARD P E, et al. Exposure to neighborhood green space and sleep: evidence from the Survey of the Health of Wisconsin[J]. Sleep Health, 2018, 4(5):413-419.

④ 本次调查利用网络平台在线收集数据, 2022 年 3 月至 6 月共收集青少年问卷 33 249 份,有效问卷 30 746 份。调查对象分布于 29 个省(自治区、直辖市),调查对象年龄范围为 10~16 岁,包括从小学四年级到初中三年级的小学生和初中生,平均年龄为 12.79±1.49 岁。

⑤ 傅小兰,张侃. 中国国民心理健康发展报告(2021—2022)[M]. 北京:社会科学文献出版社, 2023:30-40.

生态素质教育能有效缓解青少年抑郁、孤独等消极情绪。生态素质教育通过运用各种教育手段拉近青少年与自然的距离，让其能有排解孤单、抑郁情绪的更广阔的空间和对象。前文所提及的"生态自我"的形成，便发挥着重要作用。青少年的自我认知一旦扩展到"生态自我"层面，个体就具有更广阔的心理边界，能够将自然界的花草树木、鱼虫走兽乃至山川河流纳入自我范围之内。随着自然界的"朋友"增多，个体的孤独感愈少，人与自然的紧密关系反过来又会促进社会性自我的感知。生态自我的形成不仅意味着个体将自然纳入自我概念中，还意味着被自然接纳，从自然中获得较多的归属感和安全感。实验研究也表明，与自然联结，可以有效降低孤独感，提升个人自尊，从而缓解青少年的抑郁情绪[1]。

什么是"自然联结"？

自然联结是近年来环境心理学领域的热点之一。在英文文献中，研究者对这一概念的命名并不一致，包括 Connectedness to Nature、Inclusion with Nature、Nature Relatedness 等。而且，对这一概念内涵及其外延的研究还在探索和深化的进程中。

综合目前研究者们对自然联结概念的理论解释，自然联结反映的是人与自然之间的一种亲密关系，个体从情感上对自然产生依恋，从认知上将自然与自我合为一体，从身体体验上感受到自然的吸引力，愿意与自然共处。

——资料来源：李一茗，黎坚，伍芳辉. 自然联结的概念、功能与促进[J]. 心理发展与教育，2018，34（1）：120-127.

二是改善青少年压力过大、注意力难以集中等情况。随着社会竞争愈发激烈，青少年面临的各种压力也不断增加，使得青少年往往陷入精神上的高度疲惫，难以集中注意力和精力。注意恢复理论与压力减少理论认为，自然的丰富与美丽，本身便具备释放压力、恢复注意力的效果，沉浸在自然环境中可以有效缓解压力[2]。对于那些具有压力或倦怠综合征的人来说，在真实自然环境中仅花费三十分钟，就能体验到强烈的和谐感；即使只是与自然有关

---

① 王财玉，雷雳. 大学生自然联结现状及对抑郁情绪的影响[J]. 黑龙江高教研究，2018（2）：89-93.

② Thompson C W, ASPINALL P, ROE J, et al. Mitigating stress and supporting health in deprived urban communities：the importance of green space and the social environment[J]. International Journal of Environmental Research and Public Health，2016，13（4）：440.

的声音(如鸟鸣声、流水声),同样具有减少压力的效果①。生态素质教育建构青少年的生态友好认知,强化青少年自然接触行为,能够引导青少年进入自然环境、参与自然活动,从而调动自然自带的"疗愈力",带走精神上的"陈疴"。

注意恢复理论认为:在某些环境中,注意对象往往缺乏吸引力,需要持久地使用有意注意;长时间耗费较大的心理资源,会产生注意疲劳,使解决问题的能力降低,并导致易怒情绪,增加犯错误的概率;在一些特定的环境中,注意对象具备足够的吸引力,此时人的注意多为无意注意,这将有利于使有意注意从疲劳状态中恢复。这类特定的环境必须具备四种特质:距离感(being away),即从生理或心理上远离日常生活的环境;丰富性(extent),即这种环境是丰富和连贯的,能使心灵愉悦并促进探索;吸引力(fascination),这意味着只要环境中的信息无须努力便能获得个体注意,那么它就被认为是有吸引力的;兼容性(compatibility),就是环境与个体倾向和目标相匹配。同时拥有以上四种特质的环境便是复愈性环境。许多城市环境严重缺乏其中一个或多个特质。

——资料来源:陈聪,赖颖慧,吴建平. 不同环境下有意注意恢复及反思的复愈性[J]. 中国心理卫生杂志,2011,25(9):681-685.

压力减少理论:当个体面临压力时,可能会出现消极情绪、短期生理变化和行为失常,而在某些环境中,如中等复杂、存在视觉焦点、包含植物和水的自然环境中,个体的注意力容易被吸引,从而阻断消极想法,抑制消极情绪,激发积极情绪,并且使受到干扰而失调的生理运行恢复平衡,当积极情绪被充分激发后,人的认知和行为能力就随之恢复。

——资料来源:苏彦捷. 环境心理学[M]. 北京:高等教育出版社,2016.

三是提升青少年积极情绪与生命力。生态素质教育在提升青少年积极情绪、主观幸福感、生活满意度,扩展自身生命力与生活动力上同样也起到重要作用。生态素质教育能给青少年带来快乐等积极情绪。有研究人员将自然和建筑环境数量的变化作为启动刺激,将面部表情的再认作为目标刺激进行研究。研究结果发现,环境中自然和建筑的数量影响了人们对面部表情的

---

① ALVARSSON J J, WIENS S, NILSSON M E. Stress recovery during exposure to nature sound and environmental noise[J]. International Journal of Environmental Research and Public Health, 2010, 7(3):1036-1046.

再认。自然环境能够提高积极情绪①,提升个体的快乐感与惬意感。生态素质教育旨在将生活在"钢铁丛林"中的青少年重新带回自然。无论是"在自然中教育"还是"教育自然",都需要不断接触自然、探索自然,在此过程中源源不断地给青少年带来积极的情感体验。

生态素质教育还能拓宽青少年满足感、幸福感来源,增进生命活力上限。当前社会,物质生活的增长成为越来越多青少年满足感与幸福感的主要来源。但是,当物质满足超出适当水平后,财富和消费的增加并不一定能带来等量的快乐。快乐和幸福的阈值越来越高,不仅让青少年越发难以感到快乐,其对于生活的热情愈发降低,也给环境、资源等带来巨大压力。而非物质性的快乐与幸福往往被青少年忽视,其中人与自然的和谐相处是重要组成部分。生态素质教育强调科学的生态认知和亲自然的生态情感。在教育中,青少年能从自然中收获到独特的满足与幸福,从而产生对美好生活的追求,从局限的物质生活扩展到无限的自然生活中,生活的动力也将从自然中得到持续的补充。

4.1.3 对青少年社会适应的助推功能

青少年的成长过程就是适应社会的过程,而生态素质教育可以起到助推作用。在分工愈加细致、合作愈加密切的现代社会,没有人能脱离社会独立生活。对于习惯校园生活、接受现代教育的青少年来说,其社会适应能力发展尤为重要。生态素质教育主要起到促进青少年智能发展、改善不合理行为与提升未来工作能力及生活品质的作用。

一是促进青少年智力、想象力、创造力等能力发展。生态素质教育可以推动青少年的自然智能发展,培育好奇心、想象力及创造力。1996年,美国著名教育心理学家加德纳在原先七种智能的基础上补充了第八种智能——自然智能,并指出自然智能是人类对植物、动物和自然环境中其他部分的感知能力,如对云或岩石等的认知能力。它通过青少年积极在自然环境中进行思考、想象和创造等亲自然活动,培养青少年敏锐的感受能力、观察能力和捕捉变化的能力。在好奇心与想象力方面,在生态素质教育引导下,青少年在探索自然的过程中以自己的方式认识自然,而认识方式源于自身的想象力。因为好奇而追问,因为追问而进行观察和想象,青少年在与自然的亲密互动中

---

① 苏谦,辛自强.恢复性环境研究:理论、方法与进展[J].心理科学进展,2010,18(1):177-184.

实现各种感官的最大运用,自然中也有足够的原料供他们进行各项创造性的活动①。

案例4.1　森林教育:生态素质教育引导青少年能力发展的积极实践

森林教育是指在林地环境里,为青少年提供亲身体验的机会,以此来培养他们自信心和自尊心的一种户外学习过程与实践。森林教育的实施场地并不局限于森林或者林地,对于缺少这些资源的城市,可以利用仿真森林,或者学校附近的大面积草地或空地作为开展森林教育的场所。森林教育重视的是户外的教育内容,而非"森林"的形式。森林教育颠覆了传统教学中过分灌输学科知识而忽视孩子的实践的理念,它注重让孩子从直接经验中获取知识,并在此基础上整合学科知识。

经过多年的教学实践,森林教育取得了很好的教学效果:英国与日本多年的跟踪研究发现,受过森林教育的青少年比未进行过森林教育的青少年在自信心、注意力、学习积极性、语言能力、交流能力、行为习惯与主动思考和身体素质方面表现更为突出。德国的研究表明,森林教育对身患疾病(比如唐氏综合征,紧张焦虑,言语障碍,自闭症等)的孩子的注意力、毅力、合作和积极的学习生活态度都有很大的改善与提高。

——资料来源:万瑾,陈勇. 发达国家森林教育的发展及其教育启示[J]. 外国中小学教育,2013(8):35-38,27.

二是矫正攻击性、冲动性等不合理行为。生态素质教育在降低或矫正青少年不合理行为方面也发挥着一定作用。在生态素质教育倡导下,青少年有更多与自然相处的机会与意愿。在与自然的相处中,青少年更容易把自己与自然看作是一体的,从而在情绪上和心境上更加平和,达到抑制个体冲动性的效果,有效提高自我控制的水平②。一项前瞻性的研究指出③,多与自然互

---

① 范燕燕,章乐.儿童的自然缺失症及其教育对策[J].教育科学研究,2018(5):67-71.

② TAYLOR A F,KUO F E,SULLIVAN W C. Views of nature and self-discipline:Evidence from inner city children[J]. Journal of Environmental Psychology,2002,22(1-2):49-63.

③ 该研究仅做相关性讨论,发现城市社区绿地与青少年攻击性行为减少有关;作者同样指出,还没有完全了解其潜在的机制,但提出了几种可能的途径来解释绿色空间和攻击性行为之间的关系。首先,许多研究表明,母亲的压力和抑郁会增加儿童行为问题的外部性,而接触绿色空间可以通过降低压力水平和缓解抑郁来改善心理健康。其次,自尊心低下与儿童和青少年的攻击性行为有关,干预研究发现,改善绿地可以促进青少年参与体育活动,并提高其自尊。最后,最近的流行病学研究表明,环境空气污染和环境噪音可能会增加攻击性行为,绿色空间可以降低空气污染水平,并作为环境噪音的缓冲。

动可以减少青少年的攻击性行为[①];另一项研究也发现,更多沉浸在自然环境当中,个人能降低对于物质的追求,个体感受到的自然沉浸感,将鼓励个人将注意力集中在他们的内在渴望[②]上,以促进人际关系和社区利益,而不是个人利益,个人会对他人表达出更多善意,表现得更加慷慨无私[③]。

三是提升青少年未来工作能力与生活品质。生态素质教育还可以拓宽青少年未来择业广度与提升工作能力,建立个人多元价值体系与生活理念。在拓宽择业广度和提升工作能力方面,生态素质教育发展的科学认知与生态实践给予个人更多的知识储备与技能,使个人在面对不断细化的职业分工时具备更广阔的选择资本。在生态素质教育中养成的敏锐力、想象力、执行力、创造力对于提升工作能力也具有重要作用。

在建构个人多元价值体系、提升生活品质方面,青少年将来步入社会会面对贫富差距较大、晋升资源稀缺等问题,如果人生过于追求物质财富而忽视精神世界,精神世界的贫瘠就容易使人异化为工作或金钱的"奴隶"。青少年时期接受的生态素质教育,有助于形成对精神价值、生态价值的认同,可以极大程度上阻止精神的颓丧。将外部的生态要素内化为个体精神力量时,生命将从自然中汲取能量,个人的生命也将变得更具意义。

4.2 生态素质教育的价值

生态素质教育在集体层面的价值在于推动可持续社会的形成,打造一个由高生态素质公民构成的社会。这不仅对于当下的环保工作具有重要意义,对于未来社会的绿色发展也影响深远。

---

① YOUNAN D, TUVBLAD C, LI L F, et al. Environmental determinants of aggression in adolescents: role of urban neighborhood greenspace [J]. Journal of the American Academy of Child& Adolescent Psychiatry,2016(7):591-601.

② 内在渴望和外在渴望:内在渴望与基本的心理需求(如个人成长、亲密关系、社区交往等)有关。外在渴望集中在外在价值的商品上,这些商品本身并不是回报,而是被寻求的、从他人那里得到积极的尊重或奖励(如金钱、形象、名声等)。

③ WEINSTEIN N, PRZYBYLSKI A K, RYAN R M. Can nature make us more caring? Effects of immersion in nature on intrinsic aspirations and generosity[J]. Personality and Social Psychology Bulletin,2009,35(10):1315-1329.

4.2.1 生态素质教育是当下环保事业的基础

环保是全人类必须参与的行动,每个人都应承担自己的环保责任,尽到自己的环保义务。但实际情况往往是:人们不清楚环境影响和环保责任,没有寻找到最合适的实践途径和方式;对环保的目标与途径无法取得共识……这就要求个人具备生态素质。生态素质教育对环保的动机、方式、落实这三个关键流程都产生积极影响。

一是生态素质教育培养自主环保行动的情感基础。生态素质教育强调培养个人与自然的亲密接触和情感连接,而这是培养自主环保行动的情感基础。没有与自然的接触,就难以激发能自主进行环保活动的情感。积极的环保主义者把他们的环保热忱归因于青少年时代对特定地方的热爱。自然保护对于患有"自然缺失症"的现代人来说,是一个伪命题。人类尤其是青少年,本身就具有与自然亲近的天性。但当二者相隔绝时,青少年只能够在环境教育中学习到保护自然的重要性,却不能对之产生内在的认同感。当代教育实践已经包含了对个体环境保护意识的培养,但是当个人缺乏对自然的情感基础,自然保护意识的培养也只能浮于表面,人将缺失对自然的亲近感和"一体"观念,缺失对自然所负有的道德责任。只有与自然情感相通,才能够真正唤醒根植于人类内心的爱护之情。

二是生态素质教育提供环保事业的科学指南。生态素质教育包含的生态科学认知为环保事业提供专业指导。科学认知包括基本的生态常识与生态思维逻辑,指导人类善待自然、敬畏生命,全面了解自然生态价值。生态认知也要求个人用系统性视角看待生态,了解可持续发展的含义,了解人与自然的关系,从生态学的角度把握事物的总体联系和发展的一般规律。这是环保行动开始前必备的"装备",能够指导行动不出现谬误,避免环保意图与实际结果南辕北辙,消除对自然产生的负面影响。

案例 4.2 盲目放生:生态科学认知不足的"为环保"行为

近年来,随着生态保护意识的提高,放生活动也越来越常见。放生被很多人理解为"善举",科学放生水生物种还能起到净化水质、美化环境的作用,但是盲目放生却会给生态造成不良影响。2020 年 12 月 23 日,徐某在江苏常州的长荡湖放生了上万斤①一种名为革胡子鲇的热带鱼类。这种鱼原产于非洲尼罗河水系,虽然适应性强、生长快,但耐低温能力较差,当水温降至8℃至10℃时,会被冻伤,当水温降至7℃以下时,则开始死亡。徐某放生的时间正值冬季,因此出现了大量鲇鱼死亡的情况,严重破坏了长荡湖的生态环境。随后,相关部门开始组织工作人员连续打捞了10余天,累计打捞出死亡鲇鱼2万余斤。假使这些鱼没有死亡,对长荡湖而言也是一场灾难。革胡子鲇系外来物种,是偏肉食性的杂食鱼类,生长速度快,繁殖能力强,具有较强的入侵能力,几万斤这样的"生态杀手",一旦入侵成功,其对当地水生态系统造成的损害可想而知。

放生行为的初衷是好的,但盲目放生可能危害生态安全、公共安全,让放生变成杀生,善念成了恶行,得不偿失。盲目放生行为屡屡发生,主要原因在于:其一,放生人士对盲目放生的危害性认识不足,缺乏对相关法律法规和放生常识的了解,缺乏对生态系统、生物知识的科学认知;其二,"捕捉—放生—再捕捉"产业链的推波助澜,使放生成了一门生意。

——资料来源:马付才. 盲目放生变"杀生"被判赔偿并罚款[N]. 民主与法制时报,2023-02-17(4);李方向. 盲目放生要不得[N]. 江西日报,2023-02-09(11).

科学认知还鼓励把善恶、正义、公平等道德观念扩大到人与自然生态的关系上,关怀生态弱势族群,保持生态正义、生态公平观念。环保是全人类共同的事业,科学认知让我们明晰个人间、社会间、国家间、代际间在环保责任、义务上存在差异,而处于不同背景下的个人开展环保实践也将存在差异。如靠掠夺资源发展的发达国家与后发的发展中国家,在环保中必然扮演不同的角色,发达国家公民与发展中国家公民在某些层面的环保责任、义务与能力也不能一概而论。

三是生态素质教育可以推动环保实践。生态素质教育强调生态理性,推动环保行动践行。环保实践的意义大于口号,理性的生态环保实践才是环保工作的绝对核心。实践是检验真理的唯一标准,在生态系统中,自然发展和进化永远是非线性的,人类无法完全预测或控制自身行为的后果,设想的环保行为或理念也并非绝对完美,因此,一个可持续发展的、具备高生态素质的社会只有通过开展不同的、持续的环保实践才能推动环保事业的发展。

---

① 1斤=0.5千克。

对个人而言,生态情感与认知仍停留在浅层次的思想意识层面。只有将生态理念、思维等贯彻到实际生活中,个人生态素质才能进一步发展。环保实践能够提高个人环境保护的实践能力和对生态知识、理念、技能的应用能力。而个人也在环保实践中学习,有效强化了个体的生态友好观念,从而反作用于实践,持续推动生态文明建设。

4.2.2　生态素质教育是未来绿色发展的关键

当前,全球正在绿色低碳转型。自 2018 年以来,欧盟、日本、美国均陆续制定绿色增长、碳减排或温室气体零排放等战略。绿色已经成为未来发展的主流,绿色发展同样离不开生态素质教育的引导与推动。生态素质教育在绿色发展过程中发挥的主要作用体现在营造社会认可与共识、强化相关理论技术及人才储备、增强国家的影响力与竞争力三个方面。

一是营造社会认可与共识。近年来,国家在各领域不断强调绿色发展的重要性。为推动形成共识,国家层面发布清晰的指导方针:要推动经济社会发展绿色转型,协同推进降碳、减污、扩绿、增长,创造条件加快能耗"双控"转向碳排放"双控"制度,持续深入打好蓝天、碧水、净土保卫战,建设美丽中国①。"绿色发展"如果仅见于相关文件或报道中,则并不能自动转化为个体的内在动力。只有营造为社会认可与社会共识,才能让全社会真正为"绿色未来"付诸自觉行动,生态素质教育在这一方面能发挥积极作用。生态素质教育传递生态文明主流价值观,将"可持续""绿色""环保"等关键词,通过自然认知教育、生态情感联系等途径,"刻入"个人与社会的"潜意识"。生态素质教育向全社会倡导勤俭节约、绿色低碳、文明健康的生产生活方式和消费模式,唤起向上向善的生态文化自信与自觉,为正确处理人与自然关系、解决生态环境领域突出问题、推进绿色社会转型提供内生动力。

生态素质教育正在进行时

在习近平生态文明思想指导下,长江经济带各省(市)政府、社区、企业单位等积极组织开展生态文明宣传与生态文明教育工作,主要包括生态文明理念宣传、生态环保知识科普教育、生态环保行为培育等内容,以组织宣传与实践活动、创作主题宣传作品、张贴标语图画、举办线上线下科普教育等形式开展。例如,巴中市实施习近平生态文明思想学习传播工程,开展绿色志愿服

---

① 习近平.当前经济工作的几个重大问题[J].求是,2023(4):4-9.

务、绿色社区创建、绿色出行,试点开设中小学校生态环保教育课。2018年湖南省在长沙举行"六五环境日"国家主场活动,以"美丽中国,我是行动者"为主题,设计制作"六五环境日"海报、标识、歌曲和微视频系列主题宣传产品,在全社会广为传播。2021年上海、江苏、浙江、安徽共同启动长三角宣传教育联动工作,发出关于"长江大保护"的倡议书,开展探索区域生态环境一体化、加强生态环境保护舆论引导、提升生态文明建设宣传水平、推进绿色转型发展的矩阵传播等工作。

——资料来源:长江保护与绿色发展研究院,江苏长江保护与高质量发展研究基地.长江大保护与高质量发展(2021)·社会卷[M].南京:河海大学出版社,2022.

二是强化相关理论技术及人才储备。随着现代技术的发展,人们具有了更大的改变自然环境的力量。过去,盲目追求经济社会的快速发展导致了生态环境的恶化。如今,随着绿色发展理念的提出,技术创新与相关人才成为生态文明建设的重要力量。科学技术虽然是一把双刃剑,但科学技术本身并不会造成生态环境的破坏,反而落后的技术会导致资源浪费、废物过度排放。因此,在未来绿色社会发展的过程中,绿色理论、绿色技术与绿色人才必不可少。生态素质教育引起了国家、社会对于生态的关注与重视,使各方投入更多资源支持相关理论研究、技术发展,吸引更多人才与投资进入该领域,极大地促进研究的深化和实践的发展。

绿色理论与绿色技术在目前已经得到越来越多的个人、团体、国家的重视。如在城市发展理论上,人们寻求高效、生态友好、可持续的城市发展道路。19世纪末,霍华德提出的"田园城市"概念成为理想生态城市理论的开端;20世纪"生态城市""健康城市""绿色城市""可持续城市"概念先后被提出,并发展成为研究热点;进入21世纪,人类对于生态环境的关注和重视,将"低碳城市"、"低碳生态城市"和"绿色生态城市"等理念推向新的高地。当前中国主流生态城市相关研究主要包括平衡发展与保护的"两山"理论、强调自然与人文结合的"山水城市"及"花园城市"理论、以降低碳排放为目标的"低碳城市"理论等。这些理论普遍建立在循环经济、可持续发展、绿色治理、自然融合等关键词基础上,强调生态城市应把生态文明理念融入城市发展和城市生活,促进工作与生活在空间上和谐、文化与建筑在心理上和谐、人居与自然在生态上和谐、基础设施与功能设施在需求上和谐。这些理论的发展引领着城市绿色发展与转型的浪潮。

——资料来源：长江保护与绿色发展研究院，江苏长江保护与高质量发展研究基地. 长江大保护与高质量发展（2021）·社会卷［M］. 南京：河海大学出版社，2022.

在绿色人才储备上，生态素质教育引导更多青少年关注自然、亲近自然。青少年更早、更全面地得到生态知识与生态视野的普及，就越容易对生态产生兴趣和关注，并因此致力于不同领域的绿色发展与进步。生态素质教育为绿色发展人才提供成长的土壤，为绿色理论、技术进步及社会可持续发展提供动力。

三是增强国家的影响力与竞争力。生态素质教育在多方面、多领域作用于国家的影响力和竞争力的提升。从国家层面来看，生态素质教育培育的高生态素质的公民，因为具备生态友好观念、拥有绿色发展技术、践行绿色生活，使得该国更能开发和使用清洁能源技术，提高能源使用效率，形成更强的绿色经济影响力和竞争力。正如"绿水青山就是金山银山"理念所传达的，可持续发展就是未来国家发展与竞争的核心优势。资源节约、环境宜人的国家，在国际竞争中更具有优势，在国际上也更具有影响力与话语权。

地球命运与人类命运是一体的。自然是人类赖以生存发展的基本条件，只有尊重自然、顺应自然、保护自然，人类才能走上可持续生存和发展的道路。生态素质教育能够让人类认识到人与自然是生命共同体，保护生态、绿色发展，就是在保护和发展人类自身。

思考题

1. 结合自身经历，你认为生态素质教育对青少年成长还有什么影响？

2. 本章主要讨论了青少年生态素质教育的功能，那么你认为，生态素质教育对于成年人的个人发展有什么作用？

3. 结合你感兴趣的领域或学科专业，思考国家与社会为什么需要发展生态素质教育。

第 5 章
生态素质教育传播

生态素质教育需要传播主体、媒介和平台。生态思想、理念、知识及行动的普及都离不开各种媒介、各类主体的参与。本章分析生态素质教育传播的兴起与发展、内涵、传播内容、传播主体与传播媒介，讨论生态素质教育传播在媒体形态、文本类型以及传播设置中的表现，展现政府、传媒机构、公众以及社会团体在生态素质教育传播中的角色、功能与媒介使用偏向。

5.1 生态素质教育传播概述

教育的目的是明是非、通知识、落行动。所谓明是非，即通过教育，让人们明辨是非对错，确定求真、向善与审美的价值观念；所谓通知识，即通过教育，让人们获得知识，掌握专业技能，掌握自然规律与社会规则；所谓落行动，即通过教育，让人们自修其身，发挥个体在社会中的积极作用。生态素质教育传播就是以传播的力量提高民众的生态素质，普及环境知识，推动环保行动，使生态意识深入人心。

5.1.1 生态素质教育传播的兴起与发展

20 世纪 30 年代后，人类进入工业扩张和人口膨胀的阶段。此时大量资源被急速消耗，同时产生大量的工业废料、废气和生活垃圾，但当时废弃物处置技术滞后，成本居高不下，因此造成了严重的环境污染和生态破坏。一场场生态危机震惊世界，逐渐唤醒了人类的环保意识。

20 世纪 60 年代，美国首先爆发了一场由社会各界参与的全民环境保护运动。越来越多的民众意识到破坏环境的严重后果，对环境信息的公开和沟通提出了新的要求,环境概念和环保范围被大大拓展,环境问题被提上了社会议程,现代环境保护运动由此兴起①。

1962年,蕾切尔·卡逊的《寂静的春天》问世,标志着现代环保主义的诞生。这位美国海洋生物学家从污染生态学的角度,阐明了人类同地球诸多元素如海洋、河流、土壤、动物、生物之间密不可分的关系,揭露了人类为追求利润滥用农药的真相,揭示了环境污染对地球生态系统的影响和对人类生存与发展的致命后果。当环境问题成为人类生存问题时,人们对它的关注就达到了前所未有的高度。一个人,一本书,以及众多的媒体参与,共同开启了人类环境运动的新时代。由此,卡逊也被称为"环境运动之母"。1970年,《时代》杂志将环境问题列为年度问题。同期,西方发达国家爆发了大量与环境相关的公民运动,媒体随之进行了大量的报道,环境问题成为此后媒体的常态性热点话题。不久,中国现代意义上的环境保护运动和传播也拉开了序幕。1973年,中国第一个环境保护文件《关于保护和改善环境的若干规定》通过,环境报道也开始逐渐增多。1984年1月,第一份全国性的环境新闻专业报纸《中国环境报》诞生,中国环境传播迈开了重大的一步。1986年,中国环境新闻记者协会成立。1988年,新华社、《人民日报》《光明日报》《经济日报》以及一些广播电视媒体被吸收为新一届国务院环境保护委员会成员。

进入20世纪90年代,发展中国家加入了国际环境与发展合作的队伍。1992年6月,联合国环境与发展大会通过了《里约环境与发展宣言》,充分体现了人类可持续发展的新思想,反映了关于环境与发展领域合作的全球共识和最高级别的政治承诺。此后,全球环境保护合作广泛开展,人类的环保意识全面觉醒。中国的环境保护传播也在更宽阔的天地里开展。从1994年开始,"中华环保世纪行"每年组织各级媒体针对不同的环保主题开展大型宣传活动。新闻界设立"地球奖""环境好新闻奖"等,用于鼓励记者投身于环境理念传播中。新媒体兴起后,环保组织、政府职能部门以及媒体创办网站,开设社交媒体账号,大力传播环保知识和理念,为我国生态素质教育传播作出持续贡献。

5.1.2 生态素质教育传播的不同主体

人类进入高速发展的工业社会已经数百年。随着改造地球能力的增强,

---

① 张洁,张涛甫. 美国风险沟通研究:学术沿革、核心命题及其关键因素[J]. 国际新闻界,2009(9):95-101.

人类也进入了环境高风险阶段。环境危害增多,环保呼声也日益高涨,生态文明成为人类纠正自己发展之路的一个新目标。政府、非政府组织、公众、媒体机构都被视为生态文明建设的推动者,在生态素质教育传播中扮演着各自的角色,共同担负着这一重大使命。

环境传播具有公共性,"一方面是指环境的公共性,另一方面是指媒介的公共性,两者互相结合、互相作用,最终才能提升社会中的公共环保意识,促进生态环境的发展"①。集中社会全体力量去关注环境危机,传播环保意识,建设生态文明,是环境风险得以缓解的基本路径。生态素质教育传播中的不同主体有着各自的偏向。政府希望公众理解并支持其政策和决议,媒体引导议题进程与监督环境破坏行为,公众诉求利益实现,企业关注环境治理措施,非政府组织着力达成环境共识。他们的环境传播目标具有共性,那就是规避环境风险,倡导绿色生活,提升生态素质,在全社会提倡人与自然的和谐相处,倡导环境正义,促进各方积极参与环保活动,推广绿色生活方式,建设生态文明。

在传播议题上,虽然政府、公众、企业、环保社会组织、意见领袖在议题选择、框架使用、话语结构、叙事策略和主体角色等方面存在明显差异②,但都会利用各类传播平台,积极建构环境议题,揭露环境污染事件,监督环境公共政策的有效落实。在传播节点上,生态素质教育传播主体一般会抓住三个重要时机:一是重要的与环境相关的节日,如"世界地球日""世界环境日""国际生态多样性日""世界水日"等;二是在有关环境保护的法律法规颁布前后;三是在环境事件发生后,一般包括公共环境突发事件和国际国内召开的一系列高峰论坛或会议前后。在传播形态上,生态素质教育传播主体广泛使用各种媒介手段,虽各有偏重,但随着媒介技术的发展以及社会媒介化的深入,微博、微信、短视频平台等均成为政府、传媒、企业、社会组织以及公众频繁使用的传播渠道。形式多样的文本形态也为不同传播主体所用,新闻报道、专题短片、电影、纪录片乃至互动小程序与游戏等都成为生态素质教育的媒介载体。

5.1.3　生态素质教育传播的主要内容

生态素质是指人们具备了一定的环境保护意识和环境保护能力,能够主

---

① 贾广惠. 中国环保传播的公共性构建研究[M]. 北京:中国社会科学出版社,2011:53.
② 高卫华,周乾宪. 中国环境议题建构及议程互动关系分析:以"PM2.5议题为例"[J]. 当代传播,2014(1):47-50.

动参与到环境保护和生态文明建设中来的一种素质。接受生态素质教育的人们将具备环境保护意识、环境保护知识、环境保护能力并形成环保行为习惯等。生态素质培养需要教育传播的参与。一般看来，生态素质教育传播包括环保意识的传播、环保知识科普以及环保行动的媒体实践等。

环保意识的建立是生态素质教育的目标。"环保意识是人们通过一系列心理活动过程而形成的对环境保护的认识、体验与行为倾向。它由环保认知、环保体验以及环保行为倾向三种成分构成，其中，环保认知是环保意识产生的基础，只有在对有关人与环境之间关系以及对环境保护的重要性、紧迫性有所理解的基础上才有可能形成"①。意识是认知与行为的基础，它本质上是"一套构建公众对环境信息的认知与接受，以及人与自然环境之间内在关系的实用主义驱动模式"②所制造的产物。意识不是生而有之的，而是被建构的结果。环保意识是现实危机和媒介传播的产物，而且它是公众能够具备生态素质的基础。

生态素质教育离不开环保知识科普。环境保护知识的获悉与环境风险感知之间的关系是双向而非单向的。媒介作用既可以通过科学知识和风险感知各自单独的中介效应对亲环境行为发生影响，也可通过媒介使用→科学知识→风险感知或媒介使用→风险感知→科学知识的多重中介效应发生影响③。媒介积极进行环境科普，公众获知与掌握越多的环境知识，对环境风险的敏感性越强，对环境的关注度也越高。环境知识的科普可以帮助人们了解到环境问题的严重性，增强对环境保护的意识和重视程度。人们只有了解了环境问题的根源和影响，才能真正意识到保护环境的重要性，并主动学习更多的知识和技能，参与环境污染治理。人们只有了解环境问题的根源，才会更加意识到技术创新的重要性，才会积极投身环境科技领域，以科技解决环境问题。

环保实践活动是生态素质教育传播的落点与延伸点。媒介在生态素质教育传播中发挥着巨大作用。日常环境信息的传播，比如空气指数等，不但便利人们的生活，也增强了公众的环保责任感。媒介报道环境热点，把公众

---

① 李宁宁. 环保意识与环保行为[J]. 学海，2001(1)：120-124.

② COX R，Environmental Communication and the Public Sphere[M]. 2nd ed. Los Angeles：Sage Publications，2010：19.

③ 周全，汤书昆. 媒介使用与中国公众的亲环境行为：环境知识与环境风险感知的多重中介效应分析[J]. 中国地质大学学报(社会科学版)，2017，17(5)：80-94.

的视野引向日益严重的环境现实;新技术媒介平台拓宽了环保活动的传播路径。除了依托媒介的传播,组织形态下的环保实践活动也发挥着生态素质教育传播的积极作用。生态环境保护从职能部门或精英阶层的责任意识,实实在在地走到了普通人的身边,渗入人们的日常生活,向广大民众传递环保理念,促进社会环保意识的觉醒。

5.1.4 生态素质教育传播的媒介因素

在"万物皆媒"的时代,媒介参与塑造了人类社会的全新方式。"以传播为中心的媒介逻辑正上升为建构社会现实的存在"[①],对环保意识的普及和生态素质教育的质量提升,也发挥着越来越重要的作用。

生态素质教育离不开媒介。各个环境传播或环境运动的行为主体都需要借助大众传媒让生态问题得到广泛关注,使生态意识深入人心。媒体是传递环境理念的发声主体,也是推动环保行动的重要力量。一方面,大众媒介与科学话语合作,建立了让人信服的科学传播体系,告知公众生态环境风险,报道和讲述已发生或正在发生的环境事件,也将隐性的环境风险以及有效的预防和改善方法传递给受众。另一方面,媒体提供开放渠道,汇聚各种信息,聚合各方力量,可以短时间内形成号召力和影响力,开展环境公益活动,持续输出环境理念,从而起到教育公众、提升生态素质的作用。

媒介在生态素质教育传播中起到了至关重要的作用,尤其是大众媒体。媒体担负着报道社会状态、监测社会环境、协调社会关系、传承民族文化和传播外来文化、提供娱乐以及教育大众等功能。大众知识传播、公众素养形成离不开媒介,媒介提供了社会教育场景。在环境传播中,媒介作为重要的信息沟通渠道,充当了传播推进器的角色,是环境信息的发布者、环境事件和环保举措的舆论引导者、生态素质的培养者。

5.2 传播媒介与生态素质教育

无论是传统大众媒体还是新媒体都在积极关注环境问题。生态、环境保

---

① 郭小安,赵海明. 媒介化治理:概念辨析、价值重塑与前景展望[J]. 西北师大学报(社会科学版),2023,60(1):59-67.

护、生态文明、生态素质等已经成为人们日常生活中的常用词汇。传播媒介以多样的形式将环境相关的日常词汇转为可被阐释的概念,并不断赋予其新的意义,不断拓宽它们的运用领域。传播媒介通过媒介建构为环境议题赢得了广泛的关注与讨论,从而影响公众观念,促使公众行动。

5.2.1 媒体形态

生态素质教育传播的媒体形态主要包括传统媒体与新媒体两种形式。传统媒体就是报纸、电视、广播等大众媒体形式。这些传统的媒体形式仍然是大众获取信息的重要途径,尤其是在一些落后地区,电视、广播等媒体仍然是主要的信息来源。新媒体就是互联网、手机、社交媒体等形式,正在快速普及。它们具有传播速度快、传播范围广、传播方式多样等优点,是推广生态素质教育的重要途径。

现代社会的环境传播由报纸开始。相对于其他类型的媒体,报纸具有信息量大、报道详细、解说深刻、可供反复阅读思考、易于保存等优点。无论是官媒报纸、都市类报纸还是专业环境类报纸,环境新闻报道一直备受关注。比如《人民日报》专门设立环境采访室,负责环境生态方面的宣传报道,同时负责编辑《人民日报·人与自然》专版,从 2003 年到 2009 年发稿近 2 000 篇,其中包括头版头条 18 篇、评论员文章 20 篇,总字数超过 100 万字①。《南方周末》创办《绿版》,通过每周四个版深度报道环保、低碳、能源和城市四个领域的新闻,以赢得中国政府官员、工商界人士以及其他社会精英的关注,从而推动中国的绿色进程,而且为《绿版》成立了专门的采编机构——绿色工作室。

广播的传播速度快,内容时效性强,收听方便。广播在环境传播中更适合扮演"信息告知者"的角色。作为一种传统的媒体形式,广播具有独特的声音和文化价值。广播电台主持人的声音可以给听众带来温暖、安心、陪伴等感受,也可以传递更多的情感和思考。比如,近年来热播的《我的家园》,电台主持人娓娓道来,用动听的声线生动地讲述环境保护故事,向公众传递环保知识,宣传环保行动,无形间增强了公众的环保意识,也鼓励了更多的人参与到环保行动中来,共同建设美丽家园。

20 世纪 50 年代,电视记者开始报道环境公害的真相,拉开了电视参与环

---

① 网易探索.人民日报环境采访室:6 年发表 100 万字环保报道[EB/OL]. (2009-09-27)[2023-05-02]. https://www.163.com/news/article/5K7AHC0N00013ONH.html.

境传播的序幕。70年代，美国掀起"世界地球日"运动，各类媒体竞相参与，其中电视媒体最为积极，除了新闻报道外，还以专题片、访谈节目等形式向社会揭示环境危机，宣传环保意识，电视成了最有效的环保宣传阵地。在中国，电视参与环境传播始于20世纪80年代，标志是电视环境新闻的出现。此后从中央到地方，环境类电视节目大量出现。各类节目主题、形式不一，有以介绍历史上自然灾害为主的，如中央电视台的《地球故事》；有以环境危机信息传播为主的，如福建电视台和河北电视台的《绿色家园》；有以介绍自然环境状态、展示人与自然关系为主的，如《人与自然》；有以专题报道为主的，如辽宁电视台的《社会大观·绿色家园》和广西电视台的《生存空间》。此外，新闻类节目和经济类节目也多有环境新闻专题报道，如《焦点访谈》和《经济半小时》等栏目经常做关于环境方面的舆论监督报道，《新闻联播》曾经就"中华环保世纪行"开辟同名栏目。在相当长的时间里，电视在中国的环境传播中占据着不可替代的地位。

生态素质教育传播的新媒体形态主要包括网站、论坛、社交媒体。其中网站包括专业环境网站、综合性的新闻类网站和门户网站，一般以类别频道或者专题栏目的形式出现。不同形态的网络介质，主要以三种传播方式实现环境信息的传递、环境问题的建构与生态素质的教育。第一种是门户式传播。所谓"门户"，即所有信息的出入口及集散中心。各类网站与绿色频道均属此类，其最大的特色是信息内容全面、信息发布及时、信息体量巨大、信息形式丰富。第二种是搜索式传播。网民通过各种形式的论坛和讨论组，对环境问题进行探讨，就某一环境事件进行信息补充和真相挖掘，对破坏环境的行为进行监督，通过发帖、转帖实现公众对于环境议题的参与，从而使更多环境问题被曝光和得以解决。第三种是聚众式传播。这是新媒体时代最主要的传播方式，各类社交媒体均属此类。社交媒体整合所有传播介质，可以获取环境新闻与环境动态信息，进行人际沟通、问题探讨与争论，发布环境信息、利益诉求与自身经历等。数字媒体技术跟随互联网和现代信息科学技术的发展而不断发展，对现在与未来的生态素质教育传播势必产生深远影响。尤其是虚拟现实技术对视觉、听觉、触觉等感官的逼真模拟让环境视觉影像有了更多的表现形式和传播形态。公众在虚拟世界的沉浸式体验中将产生强烈的环保情感，进而助力真实的环保行动。

5.2.2 文本类型

媒介影响力的本质就是它作为资讯传播渠道给受众的社会认知、社会判断、社会决策及相关的社会行为所打上的属于自己的"渠道烙印"。从传媒的社会能动属性来看，"渠道烙印"就是通过对资讯的选择、处理以及解读分析，注入自己的立场主张，由此影响受众。从媒介的物质技术属性来看，广播、电视、报纸、杂志以及新媒体等诸多传播形态在传播时打上各自的物质技术烙印，并由此产生影响。从文本的属性来看，新闻报道、短视频、影视作品、广告、游戏等以自己的话语表达、叙事结构与美学风格打上各自的表达方式烙印，由此产生影响。

环境新闻报道可以揭示环境问题的真实情况，让公众了解环保事业的紧迫性和重要性，进而促使公众采取相应的环保行动。环境新闻报道曝光水污染、空气污染等问题，引起公众的关注和讨论，也促使政府和企业采取相应的措施来改善环境质量。环境新闻报道不仅可以告诉公众环境问题的现状，还可以传递环保知识和技能，帮助公众了解如何保护环境。例如，环保新闻报道介绍如何减少塑料污染、如何节约能源等实用的环保知识，让公众了解环保行动的方法和技巧。

视觉传播通过图片、视频等形式，向观众呈现环境问题的现状、危害和解决方案，促使观众形成环保意识并采取积极行动。与文字形式相比，视觉文本更加吸引人们的眼球。它能够通过直观的图像和场景，将复杂的环境问题简化并呈现给观众，这不仅能够提高信息的传递效率，还能够增强观众的理解力和记忆力；它能够通过情感化的表达方式，引起观众的情感共鸣和情感投入，从而激发观众形成环保意识并采取积极行动。视觉传播具有直观、形象、生动等优势，它通过图像、色彩、音乐等多种元素的组合，将信息呈现给观众，使观众更容易理解和接受这些信息。视觉文本还具有普遍性和跨文化性，能够跨越语言和文化的障碍，可以实现环境信息与环境理念的全球传播。此外，短视频是一种新的内容传播形式。近些年来，短视频平台蓬勃发展，抖音、快手、B 站等短视频社区涌现出越来越多的优质视频创作者，他们专业性高、说服力强、具备一定粉丝基础，这些视频账号所进行的环保相关知识和理念的科普宣传，具有很强的受众黏性，能够达到较好的传播效果。

环保影片通过各种表现方式告诉人们：保护环境，我们每个人都责无旁贷，要从我做起。与电影的虚构性和故事性不同，纪录片是以现实世界的原始形态来展现人与社会的关系。纪录片被称为"人类生存之镜",现实的境遇更能勾起人们的环境危机意识与环保冲动①。一些著名的生态电影,如《海豚湾》《迁徙的鸟》《难以忽略的真相》《后天》《永不妥协》等,不但直击环境问题,展现环境灾难,警示环境危机,而且具备相当高的美学价值。

环保广告也是一种重要的文本类型。环保广告大多属于公益广告。它针对环境保护、生态平衡等问题,通过电视、报纸、互联网、户外橱窗、移动屏幕等向社会公众传播当下的环境信息。环保广告以其醒目、简洁、时尚、大气的特质,指导公众对待环境的态度和行为,有助于培养公众的环保意识,改善环保态度。自 20 世纪 80 年代始,中国的环保广告一直很活跃,在内容、语言、表现形式、制作主体、投放方式上与时俱进,新颖、有创意,寓教于乐,数字化技术运用纯熟,互动性不断增强,成为生态素质教育的重要手段。

5.2.3　传播设置

传播学中有议程设置(Agenda Setting)假设,即认为媒体可以通过预先设计好的流程,加强或者减弱某些对象的显著度,从而影响人们对关注对象的选择以及对事物重要程度的判断,媒体也可以"通过信息本身的结构来影响人们对某一对象的某些属性的判断,从而影响人们思考问题的框架"②。议程设置理论的渊源为李普曼在其《舆论学》中引自柏拉图《理想国》的"洞穴影像"隐喻,即人们头脑中的图景由何而来的问题。而议程设置的概念化灵感则来自伯纳德·科恩的著名论述,即媒介并不能告诉人们对事情的看法,但却能成功地告诉读者该认真考虑些什么。议程设置分为三级,即:一级议程设置(基础议程设置),以事件、政治人物及其他事物的显著度为切入点,关注媒介议程对公众议程的影响;二级议程设置(属性议程设置),以事物属性的显著度为切入点,关注媒介议程对公众议程的影响;三级议程设置(关联网络议程设置),关注媒介和公众议程在事件及其属性之间的显著度。在互联网时代,新闻媒介具有为受众认知网络建立新联系或加强现有联系的能力,一系列议题所形成的事件网络影响着受众的整体认知体系。受众通过组合不同碎片信息的方式,最终形成对现实世界的认知,完成被塑造的后果。最能

---

①　郭小平.环境传播:话语变迁、风险议题建构和路径选择[M].武汉:华中科技大学出版社,2013:188.

②　黄河,刘琳琳.环境议题的传播现状与优化路径:基于传统媒体和新媒体的比较分析[J].国际新闻界,2014,36(1):93.

引起公众关注的话题并不是其真实性得到最好证明的或在现实中影响最大的话题,而是向公众推出的最有效话题。环境保护与治理的重要性毋庸置疑,但如何使这个在政府工作和经济发展中举足轻重的事务在公众中形成巨大的影响力? 如何使生态保护意识根植于公众头脑与行为中?

在生态素质教育传播中,不管是文字、新闻图像还是科学报告,甚至是艺术装置,都隐含了与环境相关的社会审视与人性观察,激发着投入环境保护的情绪与行动。因此,符号互动功能在绿色公共领域中表现为引发社会对于环境问题的讨论和唤起公众对环保活动的参与。而将符号的意义结构运用到传播场景之中,除了符号的文本功能之外,媒介与社会实践功能与效果也得以加入,从而产生了更为系统的话语机制。新闻话语建构理论认为,任何话语都必须被同时看作是包含文本、话语实践与社会文化实践的整体系统。文本是最基本的层面,主要生成语义;话语实践牵涉文本的生产、分配与消费,主要由媒介负责运行;而社会文化实践主要是将话语与社会意识形态联系起来。环境传播主体通过一定的环境话语生产机制,增强环境保护、绿色发展等话题的社会关注度,增强环境传播媒介场域的情感动员力和舆论引导力,促进绿色公共领域的生成与健康发展,促进国民生态素质的提升。

现今,"整个社会信息传播中主要包含了三部分内容:一个是整体性的信息需求所涉及到的那部分共性需求的内容;二是群体性信息所涉及到的分众化内容;三是个体性信息所涉及到的个性化信息的内容"[1]。随着互联网媒体的兴起,传统的人工编辑审定日益被机器取代。基于智能算法的内容分发所占的比例越来越大,并成为当今社会性传播中最重要的一个特征。尽管算法看起来是一套计算机程式,大部分人也都将它看作不涉及价值的技术工具,但算法并非中立的,而是由行动者共同建构出来的,算法的设计研发、更迭等过程受到许多社会性因素的影响。有学者总结出 Facebook 内容推荐算法的九大价值要素,分别是朋友关系、用户公开表达的兴趣、用户先前的参与、用户含蓄表达的偏好、发布时间、平台优先级、页面关系、用户的负面表达、内容本身的质量[2]。而国内的新闻平台,其算法推荐的价值观也被视为体现在用

---

① 喻国明. 人工智能与算法推荐下的网络治理之道[J]. 新闻与写作,2019(1):62.

② DEVITO M A. From editors to algorithms: a value-based approach to understanding story selection in the Facebook news feed[J]. Digital Journalism,2017,5(6):1-21.

户偏好、社交关系、公共议题、场景、差异化和平台优先级六个维度①。算法可以基于个性推荐用户感兴趣的内容,可以实现更有效便捷的社会交往,可以向受众推送本地内容以及基于特定情境推送相关内容,可以优先推送主流媒体账号发布的新闻资讯。对于环境这一公共议题,平台、用户、资本与规定相互影响,在某种程度上也形成了一种新的对公众的资讯接收、态度形成、观念达成以及素质养成等的传播设置。

5.3 多元主体与生态素质教育传播

不同主体在生态素质教育传播中,角色不一,各有偏重。政府宏观引导,重在权威信息发布;传媒机构专业引导,着力大众议题关注;公众广泛参与,重在利益诉求;非政府组织助力参与,着力达成环境共识。政府、公众、传媒机构、非政府组织虽有偏重,但目标一致,那就是培养公众的生态责任感,提高公众的生态素养,在全社会牢固树立生态文明理念。

5.3.1 政府

生态素质教育是一种具有公共利益、整体利益和长远利益等特征的社会性活动,政府是开展此项活动的重要主体。现代政府应该承担起培育公民生态素质的任务,发挥倡导、推广和组织作用,统筹协调各方资源,干预培育的进程和效果。"生态文明意识培育具有一定的跨区域性甚至跨国界性,政府的参与和主导,具有其他组织与个人都无法比拟的合法性;大多数公民视政府为自己依靠的依赖型政治文化环境,更需要政府在生态文明意识培育中居于主导地位和发挥主要作用"②。

政府机构围绕环境议题提出的核心观点及行动主张通常在国家环境话语系统中占主导地位,代表着国家环境工作的总体思路与战略安排,影响环境保护工作全局。从环境污染问题的关注到环境治理的政策,再到环境保护的共同行动,世界各国政府的环境议题在与人类社会发展的对立统一中不断得到强化。中国政府一直致力于全民生态素质的提升,尽心于生态文明建设

---

① 温凤鸣,解学芳. 短视频推荐算法的运行逻辑与伦理隐忧:基于行动者网络理论视角[J]. 西南民族大学学报(人文社会科学版),2022,43(2):160-169.

② 宫长瑞. 当代中国公民生态文明意识培育研究[D]. 兰州:兰州大学,2011:135.

的推进,也取得了斐然的成绩。新中国成立初期,中国政府以"爱国卫生运动"宣传为主;20世纪70年代,聚焦"三废"污染与环保意义宣传,帮助环保工作独立起步;改革开放后,强调政府环境管理职责,注重培养公众环保意识;进入21世纪,政府的环保传播走向了推动多元主体共建"美丽中国"的阶段。伴随生态文明国家战略的提出,政府环保观念与环境治理话语的价值理性转向愈发清晰。

政府进行生态素质教育传播,有节有度。一般来说,政府可以采取三种方式。一是借力媒体。早期主要是通过各种纸质宣传材料、宣传车及各种宣传讲座等。进入21世纪,政府开始重视利用网络媒体、智能手机等介质,加大宣传力度,促进公众的积极参与。二是依托社区。依托社区、环保组织及传统媒体三个主体介质的合力来达到对公众进行环境教育的目标。比如进行"垃圾分类"的宣传活动,社区居委会在小区入口的告示牌、干道两旁的宣传栏贴上一些图文并茂、简单易懂的新闻报道或宣传海报,发放印有垃圾分类标识的垃圾袋,使用流动宣传车来进行宣讲活动,与环保组织合作开展志愿者队伍建设、绿色社区营建等环保活动。这种身边传播的方式有利于提升传播的频次与接触度,使公众在日常生活中耳濡目染地接受生态素质教育理念。三是打造政务新媒体。生态环境政务微博、公众号、短视频账户既是一种对生态环境保护的宣传方式,也是一种治理生态环境的行政手段,更是生态素质教育传播的主要阵地。

5.3.2　公众

现存政治结构与自上而下或自下而上的社会运动之间的联动关系正在形成,就像电子民主与借助互联网力量的底层动员的发展,使得公民参与的传统形式也充满活力①。新媒体具有高度参与性和互动性,在技术上给公众提供了最大限度的信息平等机会。公众既是信息的接受者,也是内容的生产者,更重要的是公众可以将自己的利益诉求、观点意愿等在媒介平台上表达出来。随着环境问题的日益突出和环保意识的日益增强,公众议程深刻地影响着环境议题的推广和深入,进而影响社会舆论和政府环境决策的走向。公众成为集施教者、受教者、推进者及践行者多重身份于一身的生态素质教育

①　查德威克. 互联网政治学:国家、公民与传播新技术[M]. 任孟山,译. 北京:华夏出版社,2010:52.

传播主体。

公众主要通过将环境议题纳入公众议程的方式,获得生态素质教育传播主体的身份。近年来发生的环境热点舆情事件中,由网友首先曝光的事件占据了较大的比重,微博、微信、短视频平台成为环境议题传播的重要渠道。公众通过直接发布与网络围观的方式积极主动地对社会生活中的公共权力或重大环境事件中的责任方进行监管,要求环境信息公开,并对环境问题背后的深层制度根源进行追问。社会化媒体为立场各异的环境知识拥有者提供了表达和对话的机会,通过微博、微信、短视频平台,关注环境问题,传播环境知识,表达环境立场。随着新媒介逐渐嵌入人们的日常生活,新的媒介环境正逐渐构建起来,由利益或兴趣聚合起来的个体和社群形成微议程,已成为议程设置不可忽视的显性要素①。基于趣缘的网络社群具有一定的环境专业知识和较强的组织能力,在环境议程设置和生态素养教育方面具有不可小觑的能量。

公众借力大众媒体与网络媒体平台实现生态素质教育的传播。20 世纪80 年代,公众参与环境传播需要借助大众媒体,报纸、电视等是公众参与环保事业并表达环境正义诉求的重要平台。以《人民日报》为例,"读者来信"就是公众参与的一种媒体形式。这些信息源既有群体,也有个体,既有普通村/市民、企业员工,也有媒体从业者和专业人士,甚至还有政府官员、政协委员等。尽管他们反映的具体问题有差异,但共同表达了生活空间免受有毒有害物质污染的环境正义要求②。基于互联网传播的信息资源创作与组织模式,用户生成内容(UGC)成为公众参与生态素质教育传播的主要方式。用户创作的文字、图片、音频、视频成为生态素质教育的主要承载体,比如环境科普类短视频。这是短视频平台迅速崛起、内容愈加丰富多元背景下的产物,从内容层面满足用户需求,为知识下沉提供渠道,成为接触科学的新手段,拥有较高的关注度。这些内容的生产者不但有科学院的院士,也有普通环保主义者。特别值得一提的是,志愿者作为生态素质教育传播中的一个不可或缺的群体,其传播力不容忽视,因为教育讲求"知行合一",基于实践的传播具有更强的感召力和推动力。

---

① 高宪春. 微议程、媒体议程与公众议程:论新媒介环境下议程设置理论研究重点的转向[J]. 南京社会科学,2013(1):100-106,112.

② 赵月枝,范松楠. 环境传播理论、实践与反思:全球视角下的环境正义、公众参与和生态文明理念[J]. 厦门大学学报(哲学社会科学版),2020(2):28-40.

5.3.3 媒体机构

涵化理论认为,媒体尤其是大众媒体借助"象征性现实"潜移默化地影响并塑造人们对于现实的认知和理解。随着信息技术和数字技术的发展,互联网以及各类新媒体从接收方式到影响方式均发生了质的变化,但是"媒体影响公众认知与培养公众素质"这一论断依然适用。媒体报道的环境问题、发布的环境政策与信息、树立的环境保护榜样、总结的环境保护方面的经验教训、建构的生态文明意识等会潜移默化地影响受众对于环境问题的判断和环境观念的建立,对他们的生态素质培养发挥作用。

媒体在生态环境保护中主要发挥监督功能,以监督力形成制约力,促进环境风险的降低。媒体也发挥着舆论引导功能,以议题设置形成影响力,促进受众生态意识的增强。在监督与引导中,媒体以客观性的姿态与专业性的能力,发挥社会教育功能,推动公众生态素质的提升。

国内媒体机构通常分为官方媒体机构和非官方媒体机构。以生态新闻报道为例,官方媒体形象严肃、权威,其新闻报道注重硬性题材,以官方信源为主导,风格大气,关注的问题也较为宏观,承担引导社会舆论的功能。非官方媒体由社会组织、传媒企业等运营,体现出很强的地方化色彩和平民意识,关注民生具体领域的环境问题,重视民众的立场与视角,所传播的信息内容具有很强的实用性和服务性。在生态素质教育传播中,两种媒体可以共同作为。一方面,以官方主流媒体为引领,从宏观层面关注生态环境问题,强调政府积极行动,引导生态保护的普遍实践,为生态素质教育提供正确的价值导向。另一方面,以非官方媒体为发散点,将生态保护引入日常生活,补充争议与讨论,以情绪感染、动员公众参与,为生态素质教育提供必要的实践动力。

5.3.4 环保社会组织

环保社会组织是依法成立的,以保护环境为宗旨,以实现人与环境的共同可持续发展为目标,不以经营为目的,不具有行政权力,并向社会提供环境公益服务的组织。当前的环境传播涵盖了政府、商业机构、环保社会组织和公民的多元利益表达,跨越了新媒体和传统媒体的媒介场域①。环保社会组织作为行为体或权益方,在环境问题治理与传播中扮演了重要的角色,发挥

---

① 高芳芳. 环境传播:媒介公众与社会[M]. 杭州:浙江大学出版社,2016:138.

了积极的作用。

当社会组织倡导的各种新理念通过各种话语形态传播出来时,这种所谓的新社会运动"是在原有社会结构中留下的空白处(组织空白、话语空白)重新形成的一种社会力量"①。因而,环保社会组织是社会系统中有着自己独特功能的传播主体,其形成是对政府与市场的有益补充。环保社会组织一方面通过开展环境运动生产绿色话语,另一方面借助各类媒体和公众平台,把绿色问题带向公众,利用媒体与政府沟通互动、表达意见。环保社会组织的传播有着自己的独特性,以具有浓重哲学导向和文化色彩的生态话语为主,常常将环境问题归因到个人的道德层面或法律层面,突出以环境教育为主的低政治性环境实践,而定位于让公众亲近自然、修复自然、保护自然等基本层面。

环保社会组织已经成为推动全球环境保护发展与进步的重要力量,推动和帮助政府实施环保政策,监督和帮助企业落实环保责任,教育和引导公众,促进公众参与,为生态素质的提升作出了积极贡献。

思考题

1. 生态素质教育传播经历了哪些阶段?

2. 为什么说"生态素质教育传播"离不开媒介? 各类媒介在培育公众生态素质方面分别有什么优势?

3. 在生态素质教育传播中,如何发挥媒体的"议程设置"作用?

4. 生态素质传播有哪些主体? 分别发挥着怎样的作用?

---

① 李岩.媒介批评立场、范畴、命题、方式[M]. 杭州:浙江大学出版社,2005:236-238.

实践篇

第6章
中小学生态素质教育实践

中小学生是祖国的花朵、祖国的未来。加强中小学生态素质教育,是贯彻落实新发展理念的必然要求,是推进中国式现代化、促进可持续高质量发展的必然要求,是推动社会发展和实现人的全面发展的必然要求,是实现中华民族伟大复兴的必由之路。

6.1 中小学生态素质教育现状

中小学生群体是未来社会的行为主体,其生态素质状况将直接关系全社会的生态素质水平,也关系着国家和民族的文明程度。中小学校的生态素质教育状况决定着中小学生群体的生态素质状况。因此,了解中小学生态素质教育的制度规定、教学安排等现状和中小学生的生态意识、知识、态度、行为等生态素质现状,对于深刻理解中国特色社会主义生态文明发展以及塑造国家、民族、社会的未来生态文明形态,都具有十分重要的意义。

6.1.1 中小学生态素质教育的相关制度

中小学生态素质教育与经济社会发展的历史阶段和特点息息相关,也是在中国特色社会主义制度框架内逐步兴起、发展和完善的。

一是生态文明建设战略指导。1983 年 12 月,国务院首次明确"保护环境是我国现代化建设中的一项战略任务,是一项基本国策"。2007 年,党的十七大首次提出"生态文明"概念,作为"实现全面建设小康社会奋斗目标的新要求"之一,并要求"基本形成节约能源资源和保护生态环境的产业结构、增长方式、消费模式";通过了《中国共产党章程(修正案)》,在总纲经济建设部分写入"建设资源节约型、环境友好型社会"。2012年,党的十八大提出"五位一体"总体布局,且独立成篇论述生态文明蓝图,将生态文明建设写入党章并作出阐述,使中国特色社会主义事业总体布局更加完善。2014年,全国人大常委会修订《环境保护法》,进一步明确了政府对环境保护的监督管理职责,完善了生态保护红线等环境保护基本制度,强化了企业污染防治责任,加大了对环境违法行为的法律制裁。法律条文也从原来的47条增加到70条,增强了法律的可执行性和可操作性,被称为"史上最严"的环境保护法。2017年,党的十九大将"坚持人与自然和谐共生"作为新时代中国特色社会主义思想"十四个坚持"之一,并深刻指出"建设生态文明是中华民族永续发展的千年大计"。2018年,"生态文明""美丽中国"被历史性地写入宪法。经过多年的法律制度建设,生态文明建设顶层设计的"四梁八柱"日益完善,生态文明发展态势迅猛,为生态素质教育提供了坚实基础。

二是生态素质教育政策。1996年,全国人大首次提出"实施可持续发展战略","搞好环境保护宣传教育,增强全民环保意识"。随后相关部门发布《全国环境宣传教育行动纲要》,提出创建"绿色学校"。环境保护的重要性愈来愈被民众特别是广大教育工作者所认识。教育工作者深刻体会到在基础教育阶段,要把环保意识作为公民的基本素养来加以培养。各地中小学校积极行动,把环境教育作为提高学生素养和改进校园环境管理的切入点,在中小学课程中增加了人口、资源、环境和可持续发展等内容,积极创建"绿色学校"。① 2017年1月,国务院印发《国家教育事业发展"十三五"规划》,把"增强学生生态文明素养"作为"全面落实立德树人根本任务"的七项任务之一,在学校生态文明教育层面,要求"将生态文明理念融入教育全过程",具体实现途径是鼓励学校"开发生态文明相关课程",课程内容侧重"资源环境方面的国情与世情教育""生态文明法律法规和科学知识";在生态文明意识层面,要求尊重、顺应和保护自然;在生态文明行为层面,要求厉行节约、反对浪费,践行勤俭节约、绿色低碳、文明健康的生活方式。②

三是生态素质教育措施。2018年7月,教育部学校规划建设发展中心发

---

① 环保总局、教育部关于印发解振华、王湛在全国创建绿色学校活动表彰大会上的讲话的通知[EB/OL]. (2001-01-04)[2023-01-24]. http://www.moe.gov.cn/jyb_xxgk/gk_gbgg/moe_0/moe_7/moe_445/tnull_6312.html.

② 国务院关于印发国家教育事业发展"十三五"规划的通知[EB/OL]. (2017-01-10)[2023-01-24]. https://www.gov.cn/gongbao/content/2017/content_5168473.htm.

布《创建中国绿色学校倡议书》,倡导学校强化生态文明教育,贯彻绿色循环低碳理念,开发相关课程,鼓励研究性学习①。2019 年 10 月,教育部办公厅等四部门印发《关于在中小学落实习近平生态文明思想增强生态环保意识的通知》(教材厅函〔2019〕6 号),要求各级教育行政部门和中小学校在相关学科教学、课内课外活动以及学校管理各个环节中充分体现勤俭节约、绿色低碳消费理念,使学生切实增强生态环保意识、提高生态环境保护能力②。2021 年1 月,生态环境部等六部门联合印发《"美丽中国,我是行动者"提升公民生态文明意识行动计划(2021—2025 年)》,明确要求:"将生态素质教育纳入国民教育体系,将习近平生态文明思想和生态文明建设纳入学校教育教学活动安排,培养青少年生态文明行为习惯。"针对中小学的具体部署是:组织、鼓励和支持大中小学生参与课外生态环境保护实践活动,将环保课外实践内容纳入学生综合考评体系;充分发挥研学实践基地、生态环境宣传教育基地、生态环境科普基地等作用,为学生课外活动提供场所、创造条件③。

综上所述,中小学生态素质教育,从活动倡议到规划再到行动计划提出明确要求,已被正式纳入国民教育体系。从以学校为主到社会各界共同参与,从倡导理念、培养意识到建设学科、培养人才、完善法律规范、建设场馆,从宏观管理到明确年度任务,等等,这些都充分表明与中小学生态素质教育相关的意识、课程、学科、人才、制度、场馆等软硬件条件、制度流程都更加系统、规范。中小学生态素质教育日益成为中国特色社会主义生态素质教育体系的重要组成部分,成为国民义务教育的"规定动作"。

6.1.2　中小学生态素质教育的教学安排

学校是中小学生获得生态保护知识的主渠道之一。中国教育科学研究院马毅飞的调查显示:认为"非常有必要"或"比较有必要"开展学校生态素质教育的学生占 94.77%;学生生态保护知识的首要来源是学校组织的活动(占22.82%),之后分别是网络新媒体(占 18.95%),宣传栏、海报、标语等(占

① 王莹思.生态文明国际论坛、教育部发出《创建中国绿色学校倡议书》.(2018-07-08)[2023-01-24].http://www.gog.cn/zonghe/system/2018/07/08/016683177.shtml.

② 通知来了! 教育部办公厅与生态环境部办公厅等四部门:加强小学生生态环境保护教育[EB/OL].(2019-10-24)[2023-04-06].https://m.thepaper.cn/baijiahao_4800913.

③ 生态环境部等.关于印发《"美丽中国,我是行动者"提升公民生态文明意识行动计划(2021—2025 年)》的通知[J].环境教育,2021,240(Z1):12-19.

18.65％），读本、书籍（占 16.66％），广播电视（占 10.18％）[1]。另一份调查则显示了中小学生了解生态环境知识的途径，其中，60.40％的中小学生通过网络，57.11％的中小学生通过学校课程，55.58％的中小学生通过电视、广播，41.94％的中小学生通过身边开展的各种相关活动，另有 3.32％的中小学生则通过阅读书籍、报刊或者和父母、同学、朋友交谈等途径[2]。虽然两项调查的问卷设计的目的和方式方法不同，调查数据结果有差异，但均得到了同一个结果：学生认可学校生态素质教育的必要性。基础教育学校开展生态素质教育的目的和任务是通过课堂教学、校园文化、生态实践活动等方式，培养学生具有正确的生态理念、强烈的生态意识、良好的生态情感、坚定的生态信念和规范的生态行为，向社会输送大批"理性生态人"[3]。

首先，在教学性质方面，中小学生态素质教育主要被归入德育，即生态道德教育（简称"生态德育"），并已纳入国家政策。2017 年，教育部印发《中小学德育工作指南》，将生态文明教育列为"德育内容"的第四类，并提出小学中高年级应"具备保护生态环境的意识"[4]。2019 年 10 月，中共中央、国务院印发《新时代公民道德建设实施纲要》，明确提出：学校是公民道德建设的重要阵地；积极践行绿色生产生活方式，开展创建绿色学校等行动，引导人们做生态环境的保护者、建设者[5]。中小学生态德育是在生态伦理学的指导下，着眼于人与自然相互依存、和谐相处，引导学生为了人类的长远利益更好地享用自然、享受生活，自觉养成爱护自然环境及生态系统的生态保护意识、思想觉悟和相应的道德文明行为习惯[6]。因此，中小学生态德育是针对人与自然关系的道德教育，是公民道德建设的重要组成部分，是新时代生态文明建设的基

---

① 马毅飞. 中小学生态文明教育的现状与发展策略：基于全国八万余名学生的问卷调查[J]. 中国德育，2022(20)：30-34.

② 彭妮娅. 中小学生参与生态教育意愿强烈：中小学生生态教育现状调查报告[N]. 中国教育报，2017-10-19(12).

③ 所谓"理性生态人"是生态伦理学家提出的一种新的人类行为模式，它基于对传统"经济人"概念的批判，要求人们在社会生活中，除了成为某一行业的专家外，还应具备与其职业活动及生活方式相关的自觉的环境保护意识。参见：杨鲜兰. 生态文明与人的发展[J]. 思想政治教育研究，2009(2)：10-13，17.

④ 教育部. 教育部关于印发《中小学德育工作指南》的通知[EB/OL]. (2017-08-17)[2023-01-26]. http://www. moe. gov. cn/srcsite/A06/s3325/201709/t20170904_313128. html.

⑤ 中共中央. 国务院印发《新时代公民道德建设实施纲要》[EB/OL]. (2019-10-27)[2023-01-25]. https://www. gov. cn/zhengce/2019-10/27/content_5445556. htm.

⑥ 向长征，谭国锋. 中小学生态德育：原因、内容及途径[J]. 基础教育参考，2010(10)：17-20.

础性工程。

其次,在教学活动方面,学校开展生态素质教育的形式多种多样。中小学生喜欢参加的生态素质教育形式主要包括:学校主题活动、校外实践活动、学校生态校园建设或绿化校园、班会、环保方面的校本(选修)课程、渗透在其他学科中来教学、学校广播站广播、单独开设专门的必修课程以及其他等。

——开设校内课程。学校生态素质教育在课程建设上包括两个方面:一是设置单独的生态素质教育课程,讲授生态知识;二是在自然、生物、地理等课程中以学科渗透的形式涉及生态相关知识。采用以上两种形式进行生态素质教育的超过七成①。一项调查显示,51%的学生表示学校单独开设了生态素质教育课,59%的学生表示学校发放或推荐了专门的生态素质教育读本②。

——开展学校主题活动。学校主题活动是学生十分喜欢的教育形式之一。中小学校开展的各类生态素质教育活动主要包括以下形式:绘制手抄报(黑板报)、垃圾回收、听讲座或观看视频、植树、绿色校园建设、生态书画展或手工创意展、外出旅游、参加公益活动、节能宣传、参加生态知识竞赛、社会调查等③。

——开展社会实践活动。调查显示,参加过学校和校外生态主题实践活动的学生分别约占40%、22%,此外还有约37%的学生没有参加过任何生态实践活动④。另有调查显示,43.60%的学生表示经常参加学校组织的与生态文明有关的社会公益活动,36.63%的学生反馈所在学校经常组织学生到专门的环保教育基地(如博物馆、科技馆、农场等)开展相关教育活动⑤。大致可以判断,总体上有60%~80%的学生参加过各种校内外生态主题实践活动。

6.1.3 中小学生态素质现状

中小学生态素质现状是衡量生态素质教育成效的重要指标。目前,我国尚未在政府层面定期开展全国中小学生态素质教育普查,因而无法做到完

---

① 彭妮娅.中小学生态教育的现状及发展对策[J].中国德育,2019(14):14-18.

②③⑤ 马毅飞.中小学生态文明教育的现状与发展策略:基于全国八万余名学生的问卷调查[J].中国德育,2022(20):30-34.

④ 彭妮娅.中小学生参与生态教育意愿强烈:中小学生生态教育现状调查报告[N].中国教育报,2017-10-19(12).

整、全面、准确地了解和掌握中小学生态素质教育现状。我们可以从一些具有一定代表性的抽样调查①中了解当前中小学生态素质教育的现状。

一是生态意识普遍觉醒。约93％的中小学生认为生态环境重要；近94％的中小学生表示会认真阅读或大体浏览报刊书籍中的生态环境报道，其中很认真地阅读和大体浏览的分别约占65％和29％；50％的中小学生表示对生态素质教育相关概念和内容比较熟悉、对相关内容有一些了解，38％的中小学生虽不太熟悉但听说过相关概念和内容，12％的中小学生第一次听说这个概念。此外，大多数中小学生会积极留意生活中的生态环境知识。

二是具备一定的生态知识。被访者中约有81％的人表示非常愿意学习生态知识，18％的人对生态知识学习的意愿一般、取决于具体学习内容，86％的受访中小学生认为学校应该开设生态素质教育课程进行教学。近97％的受访者表示很开心参与调查、会认真如实回答问题；88％的受访者表示对生态素质教育比较熟悉和有所了解。这些都反映出中小学生对生态素质教育不陌生、不拒绝接触，且接受度也比较高。

三是在对生态环境的态度上表现得更有主见。调查显示，约62％的被访中小学生表示对生活的周边环境"很满意"和"比较满意"（分别约占31％、31％）；近38％的被访者认为周边环境"一般"和"不满意"；76％的人认为周边环境最需要改进的是生活垃圾，分别有66％和65％的人认为绿化需要改进、噪音问题比较严重，认为水污染问题比较严重、野生动物生存环境有待改进的分别约59％、46％；对于有人乱扔垃圾，约53％的学生会上前阻止并纠正其行为，36％的学生会捡起垃圾丢到垃圾桶，还有8％的学生觉得不应该、但不做任何行动，2％的学生当作没看见。由此可见，广大中小学生已经有明确的生态意识，并将其融入对日常生活环境的评价中，他们对周边环境的满意度总体不高，希望改善其周边的生态环境。79％的被访中小学生表示如有机

---

①　目前调查规模较大的主要有：①中国教育科学研究院马毅飞在2021年开始进行"中小学生生态文明素养的结构模型及评价指标研究"，采用随机抽样方式对全国31个省（自治区、直辖市）和新疆生产建设兵团的中小学生进行问卷调查。该研究共回收有效问卷82 438份，其中高中占23.5％，初中占36.05％，小学占40.46％；城乡学生比例为6∶4。详见：马毅飞.中小学生态文明教育的现状与发展策略：基于全国八万余名学生的问卷调查[J].中国德育,2022(20):30-34.②中国教育科学研究院彭妮娅开展的"我国中小学生生态教育现状研究"，于2017年3月至6月采取网络调查的形式，选取全国不同省份多所学校的小学、初中和高中，发放并收回7 174份有效电子调查问卷。详见：彭妮娅.中小学生参与生态教育意愿强烈：中小学生生态教育现状调查报告[N].中国教育报,2017-10-19(12)；彭妮娅.中小学生态教育的现状及发展对策[J].中国德育,2019(14):14-18.本节调查数据主要引自上述调查报告和研究成果。

会愿意参加环保志愿者活动,近90％的学生看到有人乱扔垃圾时会采取明确行动。

四是中小学生态素质存在年龄年级差异。这种差异首先反映在生态文明知识的获取途径方面,小学生主要依赖学校教育,而高年级学生更多借助网络媒体等。随着年级升高,学校和学生对生态素质教育的重视程度均降低。例如,小学四年级约有77％的同学认为学校"非常有必要"进行生态素质教育,到了初一这一比例降到75％,高一则进一步下降到不足70％。小学四年级认同单独开设生态素质教育课的被访者比例高出初一2.35个百分点,高出高一10.53个百分点。总体来看,年级越高、年龄越大,生态素质教育的受重视程度和实践程度就越低。

6.2 中小学生态素质教育问题分析

中小学生具备良好的生态素质,这是符合时代要求的趋势所在。1977年,《第比利斯宣言》确定了环境教育的五大目标[①]。中国特色社会主义进入新时代之后,新的社会现状对生态素质教育提出了新要求,主要包括:筑牢新时代生态文明的道德根基,夯实学生生态道德意识,提升生态道德素养,促进个体人性完善[②]。虽然近年来我国中小学生态素质教育取得长足进步和阶段性成绩,但与时代提出的要求相比,当前和今后一个时期还存在着发展不平衡不充分、不同年龄段受教育者的需求多样、教育管理者的思想认识不足、教师开展生态素质教育的能力欠缺以及生态素质教育方式方法单一等一系列主客观条件限制,导致中小学生态素质教育还存在这样或那样的问题,需要高度重视、科学分析、深化研究。

6.2.1 生态素质教育的客观条件

教育按其本性来说,属于生产关系的范畴[③]。因而,教育的发展必然受制于生产力的发展,生态素质教育的发展也必然受到经济发展阶段的制约。从

---

① 即:①环境觉知/意识(Awareness),对环境的敏感度,意识到要关注环境;②环境知识(Knowledge),了解与环境相关的知识;③环境态度(Attitude),对待环境的价值观,环境伦理;④行动技能(Skills),掌握了一定的技能;⑤行动经验/参与(Participation),行动力。

② 王德胜. 学校生态德育的时代诉求与实践进路[J]. 中国德育,2022(20):5-10.

③ 周可真. 试论教育是第一生产关系[J]. 苏州大学学报(哲学社会科学版),1998(4):8-10.

国际和国内生态素质教育发展历程来看,一般而言,经济发达国家和地区的生态素质教育起步较早、体系比较完善,欠发达国家和地区的生态素质教育则起步较晚、体系不太完善。从时间上看,中国生态素质教育萌芽于20世纪70年代,经历半个世纪的发展,虽然取得了一定成效,但是广泛、系统的生态素质教育仍然处于一个水平较低、体系不完善的阶段。国内的生产力仍然存在发展不平衡不充分的问题,特别是人口众多,给生态素质教育带来巨大挑战。公民的受教育程度仍然总体偏低,特别是部分"老少边穷"等欠发展地区,首先面临物质生活水平提高的发展难题。对于生态素质教育,不少地方还停留在"说起来重要,做起来次要,忙起来不要"的境地。

一是受制于不同年龄段对生态素质教育的多样化需求。生态素质教育是自然教育,自然教育应该遵循青少年的自然本性,在大自然中开展[①]。不同年龄段的孩子对生态环境的认知度、敏感度,以及感兴趣和所能接受的生态素质教育内容差异明显。比如,2~6岁儿童的兴趣点更集中于外观特征、食物、生活习惯等,比较容易接受拟人化的讲解以及简单的感知体验;10~12岁儿童可以更深入地了解动植物的生存环境,感受自然环境变化与人们生活的联系[②]。因此,生态素质教育天然地需要进行精细化操作。目前,国内基础教育系统开展的生态素质教育还大多处于"大水漫灌"阶段,缺乏针对不同年龄段特点的"精准滴灌"式生态素质教育。国家层面已经意识到这种状况并开始采取行动。2022年12月,教育部印发《绿色低碳发展国民教育体系建设实施方案》,明确了在各个教育阶段开展绿色低碳发展国民教育的方式和希望达到的目标。其中,学前教育重点是通过绘本、动画,启蒙幼儿形成生态保护意识,养成绿色低碳的生活习惯;基础教育重点是通过学科教学(政治、生物、地理、物理、化学等),普及碳达峰碳中和的基本理念和知识;高等教育重点是通过学科融会贯通,建立覆盖多领域的碳达峰碳中和核心知识体系[③]。这些措施总的原则是增强系统性、科学性、针对性、有效性,依据不同年龄段青少年的心理特点和接受能力,分阶段开发课程、编写教材、设计教学、改进教育。

---

① 刘黎明.自然教育:理论内涵与价值意蕴[J].武汉科技大学学报(社会科学版),2022,24(6):667-673.

② 程卓然.华基金自然教育项目探索[J].世界环境,2016(3):64-66.

③ 中华人民共和国教育部.教育部关于印发《绿色低碳发展国民教育体系建设实施方案》的通知[EB/OL].(2022-10-26)[2023-01-26].http://m.moe.gov.cn/srcsite/A03/moe_1892/moe.630/202211/t20221108_979321.html.

这表明中小学生态素质教育开始走向精准化,但反过来也说明当前中小学生态素质教育还没有达到精准化。

二是受限于师资水平。当前,国内中小学的生态素质教育大多处在边缘学科位置,相关教师大多由所谓的"副科"教师兼任。教学上多半采取渗透于其他学科或寓教于乐的方式,甚至不少学校还没有将生态素质教育列入正式的教学活动,而仅停留在"课外活动"的层次上。现有教师队伍生态素质教育的意识、认识、知识、能力、素养等与迅速崛起的中小学生态素质教育需求还有巨大的差距,不少教师还缺乏生态理念、生态意识、生态道德、生态情感、生态行为等必备素质。比如,许多任课教师本身对于生态素质教育的理解并不透彻,理论储备匮乏而仅有实践经验,也就难以对学生做出合适的引导。理念的匮乏导致许多教师将生态素质教育简单地类比为环境教育、环保教育、资源教育等,让生态素质教育流于形式,教学方法也多为照本宣科。

6.2.2 中小学校对生态素质教育的主观认识

在教育指导思想方面,中小学校的生态素质教育尚未全面适应新时代高质量发展对生态素质教育的需要。现代教育指导思想是在与现代工业文明相互影响、相互促进中形成和发展的,现代教育的定位也是为工业发展和工业社会服务,教育的性质、功能、内容、方式等都带有强烈的"工业化"色彩。我国教育也不例外,表现在长期以来重技术治理、轻人文思想,重工具理性、轻价值理性。正如习近平总书记所说:人类可以利用自然、改造自然,但人类归根结底是自然的一部分,必须呵护自然,不能凌驾于自然之上①。我们只有从根本上转变教育指导思想,从根本上认识、从感情上认可人与自然是共生共荣的生命共同体,才能培养出生态理念正确、生态意识强烈、生态情感浓厚、生态信念坚定、生态行为规范、生态人格健全的生态人。

在教育认知方面,中小学校尚未完整、全面、准确地理解生态素质教育的内在要求。国家规定了学校在生态素质教育方面的有关职责和一系列具体任务,但学校在管理和教育实践过程中还存在一些思想认识上的偏差。一方面,在课程认知上,将生态素质教育与环境教育、自然教育画等号,简单地将环保教育的内容套入生态素质教育之中。另一方面,在课程定位上,把对社

---

① 习近平.携手构建合作共赢新伙伴 同心打造人类命运共同体[G]//中共中央文献研究室.十八大以来重要文献选编:中,2016:697.

会、个人发展如此重要的生态素质教育,长期作为一门"副科"。学生将其视作"主课"之外的放松,老师则竭力阻止其对于"主科"成绩的影响。此外,还有部分学校甚至地方教育主管部门把生态素质教育仅仅作为剑走偏锋的特色名片,重形式轻内容,重宣传轻实效,重盆景轻风景,重教材轻教学,重活动轻德育,学校生态素质教育的认知亟待纠正、作风亟待转变、实效亟待增强。

在教学安排方面,学校生态素质教育的计划性有待进一步加强。虽然学校是青少年生态素质教育的主渠道,但是学校生态素质教育在一定程度和一定范围内存在自发性、随意性。在思想观念和教育理念上,没有把生态素养看作素质教育的必需要素;在学校生态素质教育的方式方法上,形式不够丰富,没有系统、科学地规划开发生态素质课程和实践活动;在教育的侧重点上,偏重于普及生态知识、引导学生养成生态文明意识,而对学生的生态情感、生态行为关注不足;在具体贯彻落实上,还存在知行分离、知行不一等现象,执行力度也有待加强;在教育成效上,还远不能满足社会和时代发展对学校生态素质教育的要求①。

6.2.3　生态素质教育的方式方法

生态素质教育的实施必须凭借有效的教育策略。生态素质教育的方式方法就是教育策略在技术层面的具体体现。生态素质教育的方式方法既要遵循一般教育规律和教学原则,又要重视在实践中探索优化生态素质教育方式方法的路径,切实提高生态素质教育的成效,以达到良好的教育目的和效果。当前,我国中小学校生态素质教育的方式方法还存在一些问题。

在教育内容方面,当前的生态素质教育重视生态知识、生态法规等内容的教授与普及,忽视生态素质原理、生态道德意识、生态责任观念等价值观的培育。教育内容狭隘,缺乏专业的教材和资源,学生在接受生态素质教育时难以获得全面、系统、科学、深入的知识。还有一些学生生态意识淡薄,甚至对生态素质教育存在抵触情绪,不愿意参与生态素质教育课程、拒绝阅读生态素质教育内容、抗拒参加环保志愿活动。缺乏情感认同的生态素质教育,必然导致实践参与度的不足。学校生态素质教育还呈现出认同度高、践行度低的特点。虽然中小学生对生态素质教育的重要意义有普遍共识,但学校的

---

　　①　马毅飞.中小学生态文明教育的现状与发展策略:基于全国八万余名学生的问卷调查[J].中国德育,2022(20):30-34.

生态素质教育实践仍显不足。

在教育层次方面,当前生态素质教育尚停留在较浅的层面,离树立系统、全面的生态价值观还有一定的距离。生态素质教育还停留在教大家领会何为生态价值观的知识教育层面,仅属于生态素质教育的第一个层面,而对于生态素质教育的较深层面,如遵循生态价值理念的教育方法和模式,将生态价值观贯穿于教育全过程,以及用生态价值观将教育系统与社会生态系统里的其他因素紧密联系,从而实现全面可持续发展等内容则少有涉及。生态价值观的教育也停留在微观层面,即只关注于自然生态和环境系统的价值认识,而对于"两山"理论①的时代性、历史性、哲学性的思辨和教育还有待加强②。

在因材施教方面,生态素质教育以填鸭式教学为主。已经开展生态素质教育的中小学校,多数采取讲授、传授知识为主的教学方法,简单灌输、机械教育较多,较少采用有针对性、个性化的教育方法。由于每个学生的成长环境、家庭背景、知识基础、学习能力以及个体身心发展特点等都存在差异,生态素质教育必须结合不同学生的实际情况,引导学生设置不同的目标,分配不同的任务,进行适当的分层,开展有效的分类教育,采用不同的教育方法,提升教育效果,而"大呼隆"式、填鸭式的灌输教育必将适得其反。某省调查显示,仅约12%的学生乐于接受课堂环境道德教育,21%的学生乐于接受课堂环境科技教育③。可见,灵活的因材施教对于生态素质教育至关重要。

在因地制宜方面,生态素质教育须体现地方性和灵活性。生态素质教育水平确实与地区资源条件密切相关。地区教育资源如教育科技设备、实践基地、专职教师、教学经费等越多,生态素质教育就开展得相对越好。生态资源丰富、多样,或者拥有生态产业的地区在生态素质教育方面也拥有天然的优势。因此,城市、发达地区的中小学校的生态素质教育相对比较成功,而广大农村地区虽然拥有更好的自然环境与资源,但教育成效不够显著。同时,我们也不得不指出,优越的教育资源并不是开展生态素质教育的必备条件。生态素质教育可以随时随地、因地制宜地开展。河流、湖泊、草原、森林、戈壁、沙漠、石漠、水田、菜园、天空等场景均可以作为生态素质教育的空间和素材。

---

① 其完整内涵是:"我们既要绿水青山,也要金山银山。宁要绿水青山,不要金山银山,而且绿水青山就是金山银山。"这是习近平2013年9月7日在哈萨克斯坦纳扎尔巴耶夫大学演讲时的表述,更早的观点是习近平于2005年8月15日在浙江安吉提出的。

② 彭妮娅. 中小学生态教育的现状及发展对策[J]. 中国德育,2019(14):14-18.

③ 霍丽,李靖靖,姜巧娟. 学生生态环境教育现状探析[J]. 经济研究导刊,2014(27):223-224.

当前最大的受制因素是缺乏能够将生态资源转化为教学资源、将自然场景转化为生态元素的师资力量。

6.3　中小学生态素质教育经验

当前,中小学生态素质教育在全球得到较为全面的发展与实践,各种新模式、新方法、新理论等层出不穷。已经成功的、积极的实践活动反作用于该领域,为后续的创新与发展提供经验和动力,值得我们学习、总结和反思。

6.3.1　绿色学校和生态校园

1996 年 12 月,我国发布《全国环境宣传教育行动纲要(1996—2010 年)》(下文简称《纲要》),首次提出创建"绿色学校"。"绿色学校"的主要标志是:①学生切实掌握各科教材中有关环境保护的内容;②师生环保意识较高;③积极参与面向社会的环境监督和宣传教育活动;④校园清洁优美①。《纲要》印发之后,全国不少地方环保和教育部门以及学校开始重视创建"绿色学校"活动,将其作为开展环境教育、提高学生素养的切入点和改善校园环境的重要工作抓手,增加人口、资源、环境和可持续发展等课程教学内容,"绿色学校"成为学校实施素质教育的重要载体和新形势下环境教育的一种有效方式②。环境保护教育被纳入九年义务教育之中。仅四年之后,全国已有140 所高校、上百所中等专业学校及职业高中开设了环保专业;大、中、小学开展了创建绿色学校活动;各级党校和行政学院开设了环保教学内容③。

上海是创建"绿色学校"的代表城市。上海创建"绿色学校"的主要经验是:把创建"绿色学校"作为实施生态素质教育的牵头抓总工作,系统谋划,在全市范围统一开展,多级联动、整体推进,发挥优势、发展特色。

---

① 国家环境保护局,中共中央宣传部,国家教育委员会. 全国环境宣传教育行动纲要[EB/OL]. (1996-12-10)[2023-04-10]. https://baike.baidu.com/item/全国环境宣传教育行动纲要.

② 环保总局、教育部关于印发解振华、王湛在全国创建绿色学校活动表彰大会上的讲话的通知[EB/OL]. (2001-01-04)[2023-04-13]. http://www.moe.gov.cn/jyb_xxgk/gk_gbgg/moe_0/moe_7/moe_445/tnull_6312.html.

③ 环境和资源综合利用司. 国家环境保护"十五"计划[EB/OL]. (2004-03-24)[2023-04-13]. https://www.ndrc.gov.cn/fggz/hjyzy/hjybh/200507/t20050711_1161185.html.

案例 6.1　上海以创建"绿色学校"为抓手实施生态素质教育

上海以"绿色学校"创建为抓手,建立生态素质教育工作长效机制,打造上海市学校生态文明建设亮点。至 2022 年底,上海超过 80% 的学校获得"上海市绿色学校"称号。其主要做法包括以下方面①。

一是顶层设计、构建体系。《上海市绿色学校创建行动方案》(下文简称《行动方案》)和《上海市绿色学校创建评价标准》两份文件,将绿色文化、绿色环境、绿色行为、绿色管理等纳入量化评价指标,设置了 3 项一级通用性指标、15 项二级分项指标和 60 项具体评价条款,从"精神文化层面"考察学校是否厚植绿色发展理念,从"物质条件层面"考察学校是否重视环境建设投入,从"行为管理层面"考察学校是否加强绿色学校制度体系建设和宣传教育。以"绿色学校"创建为基础,再叠加以"生态文明建设示范学校"创建为引领,以单项认证评选为特色,形成"1+1+n"的上海教育系统生态文明建设整体创建工作架构。

二是三级联动、共同发力。市、区、校三级积极联动,参与"绿色学校"体系建设。各区教育局、中小学、中职校、高校共同行动起来,在《行动方案》的指导下,结合实际制定本区、本校创建工作计划,因地制宜、因校施策,协同推进创建工作实施。比如,虹口区在第一批创建周期内 100% 完成 67 所学校创建任务,应创尽创,涌现出 11 所超 100 分的高分校,取得区平均分 95.96 分的成绩,示范引领、比学赶超,形成了虹口区教育系统绿色发展的新风尚②。

三是因地制宜、特色发展。在创建过程中,各校广开思路,涌现出许多优秀案例和特色典型。比如,上海市嘉定区第一中学附属小学"纸造嘉艺"课程以"环保小纸匠"社团为核心,通过看、听、说和做等活动,了解中国四大发明之一的造纸术;通过废纸的收集、原材料的加工、技术的改变等,激发学生探究、实践的兴趣;通过课程体验学习,学生将废纸通过古法造纸技术,生成新纸,新造的纸由美术社团的学生进行艺术再创造,成为新的作品;一张张"废纸"华丽转身变成新的成品,学生在收获成功的喜悦时,也明白了资源再

---

① 李蕾. 校园盛行低碳风,上海超八成学校将变"绿色学校"[EB/OL]. (2022-11-01)[2023-03-03]. https://export. shobserver. com/baijiahao/html/545084. html.

② 奉贤教育系统积极创建"绿色学校"[EB/OL]. (2022-11-08)[2023-04-13]. https://mp. weixin. qq. com/s?__biz=MzA4OTU0MzA5Mg==&mid=2661339562&idx=1&sn=731390cbc154c499f7d0d66141746809&chksm=8b4d2971bc3aa067f0c5c5b5fc14ca6c15681c26585100c34ab5780e9a54bc35c7f520ef6a20&scene=27.

利用、再创造的重要性，在此过程中不断提升自己的环保意识。

四是对接国际、开放拓展。上海市充分发挥国际都市对外开放优势，积极创建国际生态学校①。国际生态学校是一个专门为学校设计的，实施可持续发展教育以及开展环境管理并授予生态学校绿旗的项目。

——资料来源：上观新闻网。

在绿色学校和生态校园建设过程中，除了政府和社会组织，企业也是一支非常重要的参与力量。企业积极参与绿色学校或生态校园建设，是为了彰显在环保方面的社会责任和正面形象。在 ESG 评价体系②下，企业履行环境责任情况是吸引投资的重要指标。涉及生态环保产品或被公众怀疑破坏生态环境的企业，为了摆脱不利的生态环保形象，在生态环保相关活动方面最为积极。

案例6.2　推进核电科普进校园——中广核集团开展企校共育的经验

核电是清洁高效能源，但核电站建设却面临巨大争议。因此，积极稳妥有效地与公众保持沟通是核电发展的关键。中国广核集团有限公司（简称中广核）以科学的策略和方法，积极识别、分析关键利益相关方，以积极行动回应公众关切，确保沟通过程足够开放和透明，做好信息公开、媒体合作、公众参与和对话、学校教育、旅游展览等工作，其中学校教育是中广核集团开展生态素质教育的重要途径。中广核组建了核电科普讲师队伍，组织举办"魅力之光"核电科普知识竞赛，2015 年全国总计超过 20 万人参与，内容阅读量超过 2 000 万人次。中广核将核电科普与学校教育紧密结合，编写寓科学性与

---

①　国际生态学校项目（Eco-Schools, ES）是国际环境教育基金会（FEE）在全球推展的五个环境教育项目之一，是当今世界上面向青少年的最大环境教育项目，被联合国教科文组织和联合国环境规划署评为"联合国可持续发展教育十年计划"杰出范例。国际环境教育基金会是一个非政府和非营利性质的组织，其目标是通过环境教育（正规的学校教育、人员培训和一般的意识提升等）促进可持续发展，主要通过五个环境教育项目来开展行动：蓝旗、生态学校、环境小记者、森林学习和绿钥匙。其中，国际生态学校的建立遵循"七步法"：第一步，建立生态学校委员会；第二步，开展环境评审；第三步，制定行动计划；第四步，监测和评估；第五步，与课程建立联系；第六步，社会宣传和参与；第七步，生态规章。

②　ESG 是 Environmental（环境）、Social（社会）和 Governance（公司治理）这三个英语单词的首字母缩略语，是一种关注企业环境、社会、治理绩效而非财务绩效的投资理念和企业评价标准。基于 ESG 评价，投资者可以通过观测企业 ESG 绩效，评估其投资行为在促进经济可持续发展、履行社会责任等方面的贡献。截至目前，全球 ESG 投资持续攀升，已达 35.3 万亿美元，超全球总投资资产三分之一；根据彭博数据，截至 2025 年，全球 ESG 资产有望增长至 53 万亿美元以上（相关投资数据详见：https://static.nfapp.southcn.com/content/202107/19/c5539217.html）。

趣味性于一体的核电科普教材,争取地方政府的支持将之纳入项目所在地的初一年级校本课程,开展正规的核电科普教育。该项目从红沿河核电基地起步,已推广至全国 9 个省份 100 所学校,超过 15 000 名学生参与。

——资料来源:娄云. 开放透明,架起核电与公众的畅通桥梁:2015 年中国核电行业公众沟通实践及经验刍议[N]. 中国能源报,2016-05-02(12).

6.3.2 生态素质教育课程

生态素质教育课程是中小学生态素质教育的核心工作抓手,其关键在于因校制宜、因地制宜、因事制宜、因时制宜、因人制宜。只有做到这些"制宜",即根据不同情况制定适宜的方式方法,生态素质教育课程才有持久旺盛的生命力。从国内外实践来看,生态素质教育课程主要形成了下面几种模式。

一是"生态＋调查研究"课程模式。此类生态素质教育课程通常基于学校周边丰富的动植物资源,以热爱保护自然为出发点,以研学课程为着力点,以动植物调查研究为切入点,把生态理念、动植物知识、科学方法、互动交流等融合起来,形成独具特色的生态素质教育实践。

案例 6.3　苏州科技城外国语学校"爱鸟爱自然"师生共研特色课程

苏州科技城外国语学校地处太湖湿地区域,以"生态化"作为办校的四大宗旨之一。为培养未来生态型博慧人才,学校以"爱鸟爱自然"为主题的师生共研特色课程应运而生。学校组织初中学生开展针对毗邻学校的太湖湿地鸟类生物多样性调查活动,将爱鸟、护鸟生态理念落实到中学生的具体行动中,对于区域生态环境的保护具有重要意义。鸟"悦"太湖活动起于爱鸟,归于护鸟,共分为知鸟、研鸟、护鸟三个阶段。其中第一阶段是知识储备和确定调查方法,过程是通过科学的调查方法去研鸟,最后呼唤人们保护鸟类。学生们还到校外做调查和访问,了解人们爱鸟、护鸟的现状。随着课题研究不断深入,学生的情感也由单纯的喜欢鸟发展到了真正的爱鸟,并开始主动利用升旗仪式、爱鸟周、儿童节、休业式进行爱鸟宣传活动,吸引更多人去爱护鸟类。该课程的主要做法有三个方面。

一是以研促教,研学同行。学校采用师生共研的教育形式,这种教育形式能培养学生运用多学科融合思想去创造性地解决问题。其教育方式和学习方式都发生质的改变。学习内容的转变:从"知识清单"到"主题化研究任务单"。学习结果的转变:从"内化的知识"到"可视化的成果"。师生关系的转变:从"教师教学生学"到平行的"学习共同体"。学生在老师指导的基础上,提出自己的"爱鸟护鸟"系列想法,如:手绘形成爱鸟宣传品牌的 LOGO 设计,参与知鸟研鸟主题课程的设计。主题教育采用师生互动,共同制定学习方向、研究主题、活动内容和形式的方式,最大程度发挥每个学生的优势和潜力。有学生擅长研究,在教师点拨下积极推进研究进展。有学生擅长演讲,教师鼓励他们对公众进行爱鸟理念的宣传。孩子们的积极参与也给予了指导老师更大的信心和动力。

二是研、学、宣三位一体。每一次活动、每一次宣传交流的过程都让孩子们感受到生态文明宣传的神圣使命感。中学生走进小学生群体,现场讲解演示人工浮岛的原理和制作方法,并在老师带领下顺利将人工浮岛放进学校前面的小湖里。生动的环境保护现场"教学",将爱鸟理念的种子撒进更多的学生心里。

三是编制校级研学讲义或教材。将案例编成精品课程讲义或教材,将爱鸟护鸟的声音发送到更远、更广的地方,让更多的人了解鸟、爱护鸟。

——资料来源:杜晓丽,吴志兰.鸟"悦"太湖研鸟活动记[J].世界环境,2019(3):82-85.

二是"生态+问题项目"课程模式。好奇心和问题是驱动中小学生树立生态观念、获取生态知识、参与生态行动的最好动力。该课程模式以问题为导向,注重在实践中及时发现学生关心的问题,以问题为驱动力,科学设计相关活动和教学形式,引导中小学生参与发现和研究生态现象、获取生态知识和技能、提升生态意识和素养。

案例 6.4　西藏日喀则上海实验学校"小西瓜,大智慧"生态德育实践课程

西藏日喀则市上海实验学校(上海对口援建)把生态素质教育作为学校"立德树人"的重要抓手,纳入德育课程体系,形成生态德育实践课程。该课程以一次主题班会发现的学生在"节约粮食"方面存在认知与实践的差异为切入点和突破口,抓住学生感到疑惑的驱动性问题,围绕"日喀则什么农作物最不易种植"逐步讨论形成共识:西瓜最难种。然后以"日喀则能不能种植出西瓜"为驱动性问题,项目化设计实施"小西瓜,大智慧"生态德育实践活动,为学生提供一个真实的角色,激发其参与活动的主动性。让学生以小组合作方式参与分工、扮演角色,到真实世界以知促行、探寻答案、学习技能、解决问题,并整合学校、家庭、社会资源,建立育德整合、资源聚焦、平台搭建等育人支持机制,寓教于乐、寓教于行,帮助学生以实践提升认知,发展学生生态核心素养,取得显著效果。

——资料来源:陈杨明."小西瓜大智慧"德育活动设计与实践研究:日喀则市上海实验学校生态教育典型案例[J].西藏教育,2022(7):8-10.

三是"生态+文化科技"课程模式。生态文化是中华文明悠久历史孕育的丰硕成果之一,科技创新是推动人类文明进步的重要动力,现代生态素质教育既离不开中华优秀传统文化,也离不开科技创新。实践中,一些地方因地制宜地在追寻历史、继承传统、弘扬文化的基础上,探索历史文化与生态、科技融合发展的教育新路径,取得明显成效。

案例6.5 江苏吴江盛泽中学生态文化科技三融合教育经验

江苏吴江盛泽中学位于江南名镇"绸都"盛泽,聚焦生态与科技的关系,逐步形成"以保护生态环境为重点的科技教育"特色。

(1)在文化土壤中孕育特色发展。"水乡成一市,罗绮走中原",盛泽这个苏南小镇因丝绸闻名中外,人们栽桑、育蚕、缫丝、织绸,源远流长的丝绸发展史孕育了独特的丝绸文化。学校挖掘传统丝绸文化中"勤业""砺志""抱朴""和融"的精神特质,赋予传统丝绸文化以现代特色教育的内涵,提出了"生态丝绸文化"的概念,将其与现代科技发展相融合,构建"生态课堂"。

(2)在生态文化中开发校本课程。学校通过寻找绸都文化精神和普通高中生态素质教育的最佳"耦合点",改革教与学的方式,开发建设了"烟火味的蚕桑""体验蚕文化,感受慢生活""丝与诗的交织""丝绸的智慧""宋锦与'非遗'"等一系列生态文化科技教育课程,开展研究性学习和社团活动,让"人文与科学融合",奠定学生发展的"文化基础";让"责任与实践融合",提高学生的"社会参与度";让"学习与生活融合",实现人的自主发展。

(3)在生态德育中培养健全人格。该校的"生态素质教育"以"舒张生命力"为总目标,与传统人文教育、公民意识教育等有机结合,开展生活教育、生命教育,让学生学会学习和健康生活,展现人的独特价值,培养人文底蕴与科学精神,提升人的自然生长力和社会价值,催生积极向上的校园文化,凸显"生态德育"的价值。

2018年,该校"生态丝绸文化"课程基地成功立项为江苏省课程基地。该校以生态素质教育特色项目为基础,带动了数学、计算机、青少年航空、人工智能、"STEAM科创"等一系列综合课程建设,分获省市荣誉,逐步形成文化课程、传统学科课程和科技信息类课程相融合的发展趋势。

——资料来源:吴春良. 生态教育:走向综合课程建设的实践[N].江苏教育报,2022-10-28(3).

四是"生态＋专业教材"课程模式。生态素质教育课程使用生态方面的专业教材,体现了专业化程度,是生态素质教育发展到一定阶段的产物。依托生态素质教育课程,编写专业教材,既是师资队伍能力提升的表现,也是同行之间相互交流、学习、促进的重要抓手。专业教材将为新一代生态素质教育专业教师的成长奠定基础。

案例6.6　韩国立法保障学校生态素质教育的经验

韩国政府高度重视环境教育,设有《环境教育振兴法》,通过立法手段来提升环境教育的地位,并成立诸多环境教育的专业组织,如"环境教育协议体"等。韩国政府在学校环境教育方面的投入相当大,仅首尔市环境教育项目就有50多个。韩国学校设有专业的环境教育教师,他们都毕业于高校的环保专业,有良好的专业水准和理论水平。环境教育教师承担着学校环境教育教学任务。韩国目前有专门的中学生环保教材,中学每周设两课时,以选修课的方式由学生自主选择,不设考试,主要是普及环保知识、参加环保实践活动、学生根据兴趣参与一些研究项目等。韩国中学生们喜欢研究气候方面的问题,如雾霾、温室效应等。学校将选学环境教育课程的学生的学习情况记入综合评价"履行社会责任"中,努力推进学校环境教育。现在,韩国正在着手编写小学环保教程。

——资料来源:张孟华.韩国如何利用环境教育培养公众环境意识[J].世界环境,2017(5):76-79.

6.3.3　生态素质教育实践基地

实践基地是开展中小学生态素质教育的重要载体,世界上许多国家积极开展了生态素质教育基地建设。1996—2010 年、2011—2015 年、2016—2020 年三份全国环境宣传教育纲要先后提出建立国家级和省市级环境教育基地、建设中小学环境教育社会实践基地、积极推进中小学环境教育社会实践基地建设等要求。2012 年起,原环境保护部、教育部共同启动了全国范围内的中小学环境教育社会实践基地建设。2016 年,教育部等 11 部门印发了《关于推进中小学生研学旅行的意见》,进一步提出建设一批具有良好示范带动作用的研学旅行基地,并要求针对不同学段设定不同目标、开发多类型活动课程①。由此可以看出,实践基地是国家层面大力推动、内涵和形式不断丰富的中小学生态素质教育载体。

在国家统一部署下,各省市政府特别是环保、教育等部门广泛动员,鼓励有条件、有意愿的基地单位结合工作实际策划开展中小学环境教育社会实践基地建设活动,取得积极进展。各级各类学校也充分挖掘自身和社会资源,特别是利用具有地方特色的生态资源,积极参与、协同协作建设生态素质教育实践基地。

案例6.7　湖北省级中小学环境教育社会实践基地

自2016年起,湖北省环境保护厅会同教育厅每隔两年评选和公布一批省级中小学环境教育社会实践基地名单。这些基地分为四类:具有公众环境教育功能的博物馆、科技馆、文化馆、展览馆等A类基地,自然保护区、城市公园、森林公园、动物园、植物园、湿地公园、风景名胜区等B类基地,环境监测站、垃圾填埋场、污水处理厂、危险废物处理中心等C类基地,具有环境教育功能的科研院所、企业、场矿、社区、农村环境综合整治示范点、有机食品生产基地等D类基地。A类展馆类基地充分挖掘科教资源优势以及丰富的中小学生家庭受众资源优势,着力于面向中小学生的环境科学知识普及工作,采取组织环境科教展览、讲座、竞赛等活动,加强中小学环境教育力度。B类自然资源类基地发挥资源优势打造"自然学校",激发中小学生环境感知情感和环境保护意识,营造"自然环境中的教育"的良好氛围。C类环保设施建设类基地设计有面向公众开放的参观体验场所,可直观观摩环保仪器(机械)运行、污染物无害化处理、资源回收再利用的全过程。D类研学类基地注重中小学环境教育实践课程开发,与一日生活的养成教育相结合,培养青少年环境素养,引导其养成绿色生活习惯。

——资料来源:解东,陈果,宋小华.湖北省中小学环境教育社会实践基地建设现状与发展展望[J].世界环境,2019(5):82-85.

案例6.8　山东寿光依托高科技蔬菜博览园进行生态素质教育

山东省寿光市教育部门依托当地蔬菜种植的独特资源,建立了中小学生

---

① 教育部等11部门关于推进中小学生研学旅行的意见[EB/OL].(2016-11-30)[2023-4-13].https://www.gov.cn/xinwen/2016-12/19/content_5194947.htm.

高科技蔬菜博览园生态素质教育基地,举办相关的实践活动。每年组织全市的中小学生轮流到实践基地进行锻炼,参观学习蔬菜的标准化生产、新品种试验种植、现代化配套设施、智能化信息管理等,了解不同蔬菜的种植技巧和适宜的生长环境,学习传统农业与现代科技有机结合的契合点和关键点,认识绿色经济的发展过程中利用环境和保护环境的重要性。队员们走进大棚,与菜农交流,感受果蔬保鲜对菜农的重要性以及菜农各种各样的保鲜"土办法"。学生还围绕社会关注的果蔬保鲜和食用安全进行实践探究,如2016年以"家庭果蔬保鲜技术的探索与研究"作为研究课题。学生在实践中感受蔬菜与景观的结合,科技与文化的结合,开阔了视野,丰富了知识。

——资料来源:彭妮娅. 中小学生参与生态教育意愿强烈:中小学生生态教育现状调查报告[N]. 中国教育报,2017-10-19(12).

6.4 中小学生态素质教育现状反思与未来发展

目前,中小学生态素质教育处于快速发展阶段。其基本特征是机遇与挑战并存,中小学生态素质教育有待持续深化,需要边反思边探索。

一是教育机遇与挑战并存。开展生态素质教育成为新时代基础教育的必然要求和重要组成部分。随着受教育水平的普遍提高和生态文明理念日益融入人民群众日常生活,全社会的生态文明意识迅速增强。当前有利的一面是,中小学生参与生态素质教育的总体意愿强烈,学校理应发挥主力军作用。但是,时代也对生态素质教育提出了新要求。中小学生、教师、学校管理者等不同行为主体仍然有一些不适应,存在着意愿强烈与能力欠缺并存、形式丰富与形式主义并存、职责明确与认知偏差并存、城市较好与农村不足并存等一系列问题。今后必须抓住机遇、直面问题,及时总结国内外经验,持续深入推动中小学的生态素质教育迈上新台阶。

二是生态素质教育进入持续深化期。生态素质教育的发展历程与生态环境的破坏与恶化相伴相生。生态素质教育从20世纪70年代萌芽到现在,大致经历了起步摸索、引进探索、理论明晰、持续深化等四个阶段①。1970—1990年属于起步摸索期,我国开始重视环境保护和培养环境专业人才,但规模并不大。1991—2000年属于引进探索期,我国开始探索"具有生态自觉和

---

① 刘志芳. 我国生态教育研究:回顾、反思与展望[J]. 教学研究,2020,43(4):1-7.

生态能力的人才教育"①,以生态学原则认识和处理人和自然的关系,并开始培养具有生态意识、生态道德和生态能力的新型劳动者。2001—2011年属于理论明晰期,全国范围内大规模推行绿色学校建设,在校内开展生态课堂教育,在校外与社区联动、组织生态实践活动;生态素质教育从智力、智慧教育拓展到情感教育②,逐步呈现出系统化、体系化、实证化、本土化的发展趋势。2012年以后属于持续深化期,全社会开始倡导"生态素质教育",生态素质的内涵、特征、课程、教学方法、实践路径等更加清晰,生态文明理念被融入学校教育全过程,学校普遍开发生态素质教育的相关课程。

在实践层面,中小学的生态素质教育应注重以下五点。

一是尽早对中小学生进行全面系统的生态素质教育。中小学低年级的学生具有强烈的好奇心、探索欲和较强接纳力,对于生态素质教育表现出更强的学习意愿和参与意识。而随着年级升高,一些学生的课业负担加重,学生参与生态素质教育的意愿降低。因此,应该尽早对中小学生进行全面系统的生态素质教育,尽早引导和培养中小学生对自然开放、接受、好奇、求知的心态。

二是构建完整的青少年生态素质教育体系。完整的生态素质教育应包括生态文明观、生态知识、生态伦理、生态审美、生态体验和生态自我等方面的内容,使青少年形成生态意识、生态观念,掌握一定的生态技能。生态素质教育应与中华优秀传统文化、学校办学理念相结合,因地制宜建设绿色校园,倡导绿色行为规范,广泛开展各类生态素质教育课程和主题活动,对中小学生进行浸润式生态素质教育。生态素质的形成需要以大量的生态实践、生态体验为基础,因此,生态素质教育必须加大各类生态素质教育实践基地建设,开展丰富多彩的校园活动,鼓励、引导、支持学生从身边人、身边事做起,从日常生活开始,践行绿色发展理念。中小学应加强与社会资源的对接合作,发展拓展型生态素质教育,通过实地考察、调查研究、实验分析、团队研学、基地实习、志愿服务等各种方式,引导学生重参与、重过程、重实践。同时,学校应与家庭、社区、企业、社会组织等建立联系,整合资源,形成合力,尽可能给学生创造条件和机会。

三是打造生态素质教育专业优质教师队伍。青少年生态素质教育的主

---

① 杨东.生态教育的必要性及目标与途径[J].中国教育学刊,1992(4):38-39.
② 周海瑛.关于生态教育和培养问题的思考[J].黑龙江高教研究,2002(3):111-113.

要场所在学校,关键是教师。生态素质教育必须要有一支具有较高生态素质的优质教师队伍。生态素质教育的设计、实施、检查和评价都需要高素质的专业教师队伍参与,这支队伍直接关系着生态素质教育的成败。如何快速提升相关教师的教学能力,已经成为当务之急。首先,抓师资源头。师范类高校毕业生是中小学师资的主要来源,因此,应在师范类高校开设生态素质教育课程,甚至设置生态素质教育专业,使师范类学生都具有较高的生态素养。其次,抓关键环节。师范生和非师范生在 2015 年教师资格证考试改革之后都可以参加统一的国家教师资格考试,因此应在教师资格考试大纲(比如综合素质、教育知识与能力等必考科目)中纳入生态素质教育相关内容,这是快速增强生态素质教育师资力量的重要途径。最后,抓业务培训,中小学在职教师是生态素质教育的直接施教者,应针对在职教师强化培训,定期开展学习交流,分批集中进修,帮助他们快速建立完整的生态意识、理念、知识和能力体系。①

四是推进大中小学生态素质教育一体化建设。生态素质教育是一项长期工程,是影响人生的长周期教育,必须接力推进、阶梯上升。大中小学生态素质教育一体化建设主要有三个方面。首先是教材一体化建设。大中小学生态素质教育课程一体化是指中小学语文、自然、社会、地理、思想品德、综合实践等课程与大学阶段的环境、生态文明等课程相衔接,让各学段的生态素质教育依次递进、有序衔接、稳步过渡,防止生态素质教育内容脱节、交叉、错位,保证各学段生态素质教育教材的关联性和效果的连续性。其次是教科平台一体化。以区域为单位,搭建各学段生态素质教育相衔接的教学科研平台,使得资源全网覆盖、全线贯通、全程共享。大学教学科研平台应发挥对中小学教学科研平台的引领带动作用。最后实践活动一体化。大中小学可以互为生态素质教育基地,共享各自拥有的社会资源。大学拥有相对较多的产学研合作项目,能为中小学提供丰富的生态素质教育实践资源。中小学也可以为大学的生态科研成果提供转化应用的场景。大中小学可共同开展生态素质教育主题实践活动等。

五是完善生态素质教育保障机制。首先是法规制度建设。中小学校的生态素质教育不仅需要法规支持,还需要有明确的、可操作性的人、财、物的

---

① 郑雅文,张晓琴,范艺.我国中小学生态教育发展对策研究[J].南京林业大学学报(人文社会科学版),2019,19(5):33-41.

政策配套措施,防止在实际操作过程中被忽视。其次是优化管理机制。当前负责全国生态素质教育的主管部门是生态环境部宣讲教育司,可将其职责转移至教育部,或在教育部增设学校生态素质教育专责职能机构。生态素质教育需要建立健全认证制度,从人员、机构、场所、教材等方面进行评估考核,但也不宜标准化、一刀切,因为生态素质教育强调在地化、多样化。最后是强化内在监督。生态素质教育更需要内部监督,而不是外部监督。学校、学生和家长是生态素质教育中通力协作的共同体,生态素质教育质量评估需要三方共同参与、讨论、批评和改正,其中学校须承担更大的责任。

思考题

1. 我国中小学生态素质教育建立了哪些相关制度?
2. 中小学生态素质教育在教学安排方面主要有哪些措施?
3. 中小学生态素质教育主要存在哪些问题?
4. 中小学生态素质教育主要有哪些实践模式?
5. 你对中小学生态素质教育未来的发展有什么建议?

第 7 章
水生态素质与实践

水资源在全球范围内都是十分宝贵的,因为水是生命之源,万物都离不开水的孕育与滋养。水资源匮乏严重制约国家的经济发展,冲击社会的稳定和谐以及人们的日常生活安宁。联合国秘书长古特雷斯在 2023 年 3 月的联合国水事会议上指出,近四分之三的自然灾害与水有关,全球四分之一的人口无法获取安全管理的水服务或清洁饮用水①。水资源需要科学管理和节约使用,可以被人类所享受、欣赏,有的还可以改造成水景观。本章阐述节水、乐水(水中娱乐的简称)以及水景欣赏与营造中的原理和经验,以加深读者对水的认识、关联和保护。

7.1 节水原理及经验

中国的水资源是严重短缺的,人均水资源占有量仅占世界人均水量的四分之一,是世界上缺水的国家之一。我国的干旱及半干旱区约占国土总面积的一半。缺水带来的一系列弊端日益显现,不仅严重阻碍地区的经济发展,也使生态环境变得极为脆弱。为缓解水资源短缺态势,国家修建了多处水利工程用以提供优质稳定的水源,满足人们的用水需求。同时,各类节水举措也强化了居民节水意识,培养了居民节水习惯,推动全社会形成爱水护水的良好风尚。

7.1.1 生活节水产品

水资源短缺一直是我国的一项基本国情,在此背景下,水资源的节约和

---

① 徐胥.加强全球水资源治理迫在眉睫[N].经济日报,2023-03-25(4).

保护成为每个公民义不容辞的责任和义务。如今,在生态文明理念的大力影响下,人们对于水资源的保护意识逐渐增强,各类节水产品的应运而生也在一定程度上推动人们形成精细化节水、用水的生活方式。所谓节水产品是指在社会使用中与同类产品相比,具有可提高水的利用效率,防止水损失,能替代传统水资源等特性的产品①。节水产品的使用不仅使人们在水资源的利用上更加合理高效,而且对建设节水型社会具有十分深远的影响。

人们节水意识、环保意识的不断提高,促使节水产品在市场上的需求也不断增长。世界上绝大多数国家纷纷推出节水产品,其所推出的节水器具在节水功能上则应满足一定的要求。在我国,根据建设部《节水型生活用水器具标准》(CJ 164-2002),节水器具应该满足:在较长时间内免维修,不发生跑、冒、滴、漏的浪费现象;设计先进合理,制造精良,可以减少无用耗水量,与传统的卫生器具相比具有明显的节水效果。节水产品不仅可以减少家庭的总用水量,降低家庭生活成本,而且可以培养公民的节水意识,形成良好的节水习惯,促进水资源的可持续发展。下文将介绍日常生活中使用频率较高的节水类产品,其中包括节水龙头、节水马桶、节水洗浴器具及节水洗衣机。

其一,节水龙头。日常生活中经常能看到节水龙头的身影,如感应式水龙头、延时自闭式水龙头等,这类水龙头都能够控制出水流量,达到节约水资源的目的。节水龙头和普通龙头相比,在节水效果上是十分明显的。有实验表明,在同样位置、同等流速条件下,节水龙头开、关 100 次的水流量是普通龙头的 2/5。不仅如此,在一般的通用标准中,洗脸池龙头的流量都大于0.20 升/秒,即每分钟出水量在 12 公斤以上;而节水龙头的流量为 0.046 升/秒,即每分钟出水量只有 2.76 公斤。② 如果用普通出水龙头以捧水方式洗脸,时长半分多钟,洗脸用水量在 6 公斤左右,其中,实际捧起来用在洗脸上的水,总量约 1 公斤,就相当于白白流掉 5 公斤的水量。而用同样的方式和时间,节水龙头平均用水量仅为 1 公斤。③ 按照人均 30 秒的洗脸时间,使用节水龙头后,每次可节约 5 公斤左右的清水,由此可知,节水龙头产生的节水效益是十分显著的。

---

① 岳宗文.建立节水认证制度 科学推广节水产品[J].城市住宅,2009(2):100-101.
② 筱攸.高水价千呼万唤节水用具[J].建筑装饰材料世界,2004(4):26-27.
③ 鲁义杰,苏敬.家庭节水抓三样:马桶浴缸水龙头[J].住宅产业,2005(6):36-38.

小贴士　关于节水，我们能做的事

　　✚ 适量用水，用多少水放多少水，要有意识地控制水龙头流量；

　　✚ 将油污用废弃的纸巾或布擦掉，可使用水量大幅下降；

　　✚ 适量使用洗洁精，避免不必要的过度冲洗；

　　✚ 在洗漱时，可使用器皿盛水，如使用杯子刷牙、脸盆洗脸可节约用水；

　　✚ 不要开着水龙头直接冲洗餐具、蔬菜，应在盆槽内清洗或使用洗碗机等节水设备。

　　其二，节水马桶。目前，市场上6升马桶已非常普及，而9升及9升以上耗水型马桶的"身影"已很难见到，建议那些还在使用升数较大、耗水型马桶的家庭及时更换。节水马桶一般安装的是3升和4.5升的不同按钮，在保证冲洗效果的情况下，比普通马桶节约67%的用水量[①]。在节水马桶功能的体现上，压力阀门是关键核心。压力阀门替代了传统马桶水箱中的全部零件，使得水箱中平时不存水，彻底解决了因马桶水箱的零件破损或老化造成的马桶漏水问题[②]。节水马桶采用的是供水水压，其所使用的冲水系统是通过压缩空气所产生的压力将水排放至马桶，从而产生高速水流以抽走排泄物。节水型马桶具有3升及4.5升的分档冲水功能，可以根据需要选择适量的冲水档位。总之，节水型马桶具有耗能低、节水率高的优点，为家庭的生活节水作出重要贡献。

小贴士　如何正确挑选节水型马桶呢？

　　挑选节水型马桶也有小妙招。一看"水效标识"。目前市场在售的坐便器，全部要求张贴水效标识。而水效等级2级冲水量在5升以下的，就是节水型。二挑"工艺"。在同等水效的条件下，则优先挑选工艺。总体来说，陶瓷面的马桶光滑、配件质量优良，是挑选马桶的较好选择。此外，市面上直冲型和虹吸式马桶较为常见，二者也都各有优缺点。直冲型马桶优点为设计简单、路径短、直径大，冲水速度快，但存在容易脏的缺点；虹吸式马桶防臭、静音，但单次冲水量较大。因此，消费者在挑选马桶时，需要根据实际情况，综合外观、陶瓷釉面、冲力等因素来进行判断。

　　其三，节水洗浴器具。节水型淋浴器是指采用接触或非接触方式启闭，

---

　　①②　筱攸．高水价千呼万唤节水用具[J]．建筑装饰材料世界，2004(4)：26-27.

并有水温调节和流量限制功能的淋浴器产品①。在日常生活的使用中,较为常见的洗浴类器具为淋浴器及浴缸。一方面,在淋浴器的选择上,若选择细孔出水的花洒,则能在水流进入花洒后利用涡流增压促使水和空气充分混合,形成连续的大颗粒饱满水滴。膨胀的气泡水滴可增强水流,不仅增大了淋浴水花覆盖面积,提高用户体验感,而且增加了实际节水性能,大幅提升有效节水率,节省人们的用水成本。如一般淋浴器出水量需超过15升/分钟,在同等条件下,使用节水型淋浴器,则每分钟可以节省6升水量,若是洗澡15分钟就能节省90升水,换句话说,节约的水量有180瓶矿泉水之多。另一方面,在浴缸的选择上,如今市面上的浴缸大多考虑节水性能,依靠浴缸的循环水和容积量特性达到节水目的。节水浴缸的深度相较于普通浴缸要深,其设计也符合人体坐姿曲线,从而在一定程度上减少水损失,有效节水率达20%左右②。此外,在使用节水产品的同时,个体也要有意识地节约用水,形成良好的节水习惯,如采用淋浴时,避免过长时间淋浴,搓洗时可关闭喷头,做到短时淋浴,勤关勤开;在使用浴缸时,需要合理控制水温、水位,避免因水温调节造成的水浪费现象,同样,浴缸使用后的水也可有效收集,在用于冲厕方面倒不失为不错的选择。

其四,节水洗衣机。近年来,具有节水性能的洗衣机越来越得到商家和消费者的青睐,节水功能日益成为洗衣机市场的一大核心竞争力。而在这之前,大多数的消费者并未将节水作为购买洗衣机的核心要素,存在“水节约了,洗衣的洁净度是否能够保证”的顾虑。其实,随着科技的不断进步与创新,现在的节水洗衣机可同时兼顾节水与洁净度。所谓节水洗衣机是指以水为介质,能根据衣物量、脏净程度,自动或手动调整用水量,满足洗净功能且耗水量低的洗衣机产品③。人们使用节水洗衣机,一年到底可以节省多少水,为社会创造多少节约效益呢?有研究者以某节水洗衣机为例,选取同容量的普通洗衣机与节水洗衣机相比较,发现节水洗衣机的用水量比普通洗衣机少40%左右,若以每周2次、每次150升为标准进行估算的话,一个普通家庭每年在洗衣机用水上可节约6 240升,而这种节水效益若是置于全国,节水量是相当可观的。不过,值得提醒的是,在使用节水洗衣机时,仍然需要关注一些

---

① 佚名.资源节约型住宅适用技术体系研究[J].住宅产业,2007(9):45-49.

② 筱攸.高水价千呼万唤节水用具[J].建筑装饰材料世界,2004(4):26-27.

③ 付君萍.节水洗衣机未来市场的主角[J].电器制造商,2003(3):20-22.

注意事项,例如,在洗涤衣物时要适量投放洗衣粉、洗衣液等洗涤用品,这不仅是漂洗洁净的关键,也是节水、节电效能发挥的基础条件。此外,提前浸泡衣物或用温热水洗衣也是减少水耗的有效方式之一,在清洗前对衣物先进行浸泡,可以减少漂洗次数,减少漂洗耗水。

那么,作为一名消费者,我们在购买节水产品时该如何快速识别节水器具? 其实,识别方法并不难,在快速识别节水器具上,我们只要牢记"一禁止一观察"即可。"一禁止"指的是被国家明令禁止的器具坚决不用。依据国家发展改革委发布的《产业结构调整指导目录(2011年修正本)》,国家明令淘汰的用水器具名录有以下五类:其一,铸铁螺旋升降式水龙头;其二,铸铁螺旋升降式截止阀;其三,进水口低于水面的卫生洁具水箱配件;其四,上导向直落式便器水箱配件(自动冲洗高位水箱);其五,冲水量大于9升的便器及水箱。"一观察"即通过水效标识来识别器具的节水性能,在水效等级分类上自上而下分为3级:1级为高效节水型器具;2级为节水型器具;3级仅属于市场准入的用水器具。等级越高,其用水量就越高,在购买节水产品时应选择1~2级的节水型器具,以便更好地节约用水。

总之,随着社会的快速变化和技术的不断进步,节水产品也日益更新,不断朝着节水、环保、健康的方向发展。水资源保护是社会各界重点关注的领域,节水产品的使用无疑为科学节水的实现奠定了重要的物质基础。节约用水不是完全不用水,而是合理高效地使用水资源。同样,我们也应深刻地认识到,节水产品的使用并不是一劳永逸的,只有合理选择产品与规范自身行为有机统一,才能有效节约生活用水,从而有效保护水资源。

7.1.2 节水技术与工程

以节水为目的所实施的工程统称为节水工程。党的二十大明确提出"节水优先、空间均衡、系统治理、两手发力"的治水理念,推动水利工作的高质量发展。节水工程是维系一方水土平安,促进水资源平衡的重要举措。它可以提高水资源、水利工程的利用效率,也可以为水环境、水生态提供保障。根据节水领域的不同,节水技术与工程主要包括农业节水工程、工业节水工程及城镇节水工程。

农业节水工程主要有两种方式。一是末级渠系节水改造工程。末级渠系是指灌区水管单位水费计量点以下的各级输配水渠道,主要包括斗渠、农渠、毛渠①等,通常由乡镇(村)自行组织管理。末级渠系改造的关键是通过先进的灌水技术和工程措施发挥良好的工程效益,达到提高灌溉水利用率、推动节水农田水利建设的目的。二是农业节水灌溉技术。这方面主要包括低压管道输水灌溉技术、喷灌技术、滴灌技术等。低压管道输水灌溉是指灌溉水通过低压管道送至农田,也被称为"管灌"。管灌相比于土渠灌溉,具有灌水均匀、防漏防渗、省地节水的优点。喷灌技术是在压力的作用下,利用专门设备将水流通过喷头喷洒成细小水滴,使水能均匀地洒至土壤表面的一种灌溉技术,适用于旱作物、蔬菜、果树等。所谓滴灌技术是指将水或者肥料通过管道的流孔口或滴头均匀缓慢地浇灌在农作物根系的一种局部灌溉方式②。以色列的滴灌技术最高可节水 50%,有效保证了水资源的利用率。从目前中国推广应用一些节水灌溉技术的效果来看,低压管道输水灌溉可节水 20%~30%,滴灌可节水 70%~80%,喷灌可节水 40%~50% ③。

案例7.1 节水工程案例介绍——神奇的"坎儿井"

坎儿井是新疆吐鲁番市的一种特殊灌溉系统。它和万里长城、京杭大运河一起并称为"中国古代三大工程",有"地下运河"之称。坎儿井是存在于荒漠地区的一种特殊水利工程,在古代人们称之为"井渠"。它是劳动人民在开发地下水的实践中创造的一种古老的水平式集水设施,表面看似井状,实际上却是地下暗渠。坎儿井主要包括四个组成部分:竖井、暗渠(地下渠道)、明渠(地面渠道)和涝坝。它将地形坡度作为天然的运输带,巧妙地将地下水和冰雪融水带到人们面前,为吐鲁番"解渴"。

坎儿井的工作原理也体现着劳动人民的智慧和才干。首先,需要寻找水源,在山脚处找到由雪水汇集形成的地下潜流作为供水源头。其次,在保持一定间隔的前提下打下井口,再根据地势高低修通暗渠,让水流入形成地下河。然后,将水通过暗渠引入人口居住区域,再挖一条明渠与之相连。最后,在地面打下竖井,供居民取水。除此之外,先辈们还修建了大小不一的涝坝

---

① 注:干、支、斗、农、毛是水利工程中的专有名词,它们组成了农田灌溉的给水系统。斗渠指由支渠引水到毛渠或灌区的渠道;农渠是指从斗渠中将水引流到各个田块的渠道;毛渠是农渠的下一级输水灌溉渠道,是引水送到每块田地里去的小渠。

② 徐文静,王翔翔,施六林,等.中国节水灌溉技术现状与发展趋势研究[J].中国农学通报,2016,32(11):184-187.

③ 张红亚,王友贞.安徽省淮北地区节水农业的主要途径[J].安徽建筑工业学院学报(自然科学版),2003(4):49-52.

用以蓄水和调节水源。这样的运水方式，既保证水源免受污染，有效节约水资源，又为农田的灌溉提供了强有力的保障。

坎儿井在施工方面是最具环保意识的，它能够有效减少对地表的破坏，很好地防范水土流失问题，因此很大程度上保护了自然生态环境。这样的成功，是因为坎儿井的兴建充分结合了当地地形、地势。坎儿井因地制宜，用暗渠和竖井把地下水引出地面，这样就能有效地减少水源在地面上的蒸发，同时又能够使地下水得到充分的利用。这样一举两得的设计也深刻地体现了维吾尔族人民和大自然和谐相处、合理利用自然资源的意识。坎儿井也被视为绿洲植被的重要水源。经坎儿井水流淌过的地方，绿化面积能大大增加，由此生态环境便能够得到恢复。这也使得当地明渠、涝坝、草原的绿化面积明显扩展，区域小气候得到改善，小区域内的生态环境也朝着良性的方向发展。因此，在绿洲的生态发展上，坎儿井具有不可替代的作用。

——资料来源：阿不都沙拉木·加拉力丁，热依汗·依不拉依木. 古代吐鲁番坎儿井水利工程技术方法探讨[J]. 安徽农业科学, 2013, 41（3）：1301-1304.

工业节水工程主要采用锅炉冷凝水闭式回收和循环冷却水节水技术。锅炉冷凝水是一种清洁、高热能的水资源，其水质接近纯水，温度较高，可以极大提高给水温度，减少能源消耗。它也能够减少锅炉补给水量，极大提高水的利用效率，达到节约用水的目的。循环冷却水是指通过冷却水带走设备运行中所产生的多余热量，使设备在正常的温度下运转的水体。它所具有的鲜明特征为散热、降温。循环冷却水的损失主要有蒸发损失、风吹损失、排污损失和泄漏损失，其中蒸发损失和排污损失成为循环冷却水系统节水的主要方向，在提高节水效能方面具有重要作用[①]。

城镇节水工程主要是运用雨水利用技术和智能节水设备的基础设施建设项目，当前以"海绵城市"为综合实施形式。"海绵城市"是城市建设领域的专有名词，也被称为"低影响开发雨水工程"，即让城市像海绵一样，具有超强的蓄水能力，使城市遇到降雨能就地或者就近吸收、存蓄、渗透、净化、调节水循环；在干旱缺水时可以将存蓄的水释放出来，并加以利用[②]。"海

---

① 田京雷，刘金哲. 典型循环冷却水系统节水技术研究[J]. 河北冶金, 2018(8):42-44,56.
② 鞠茂森. 关于海绵城市建设理念、技术和政策问题的思考[J]. 水利发展研究, 2015,15(3):7-10.

"绵城市"的打造在一定程度上可以很好地解决因路面积水无法及时处理而产生的城市内涝问题,让地表本身就具有蓄水功能,减少城市排水管网压力,保持城市运转活力。如浙江省嘉兴植物园在对雨水的利用方面精益求精,十分重视能吸水的"海绵体"的修建。一方面,在"海绵城市"理念的影响下,让城市路面和绿地成为天然吸水"海绵",确保排水的高效便捷;另一方面,对于吸到"海绵"里的水也丝毫没有浪费,将其进行净化处理,成为补充景观湖水量的主要供水源。"海绵水"让城市能更好地节约用水,循环使用水资源。

二是应用智能节水设备。随着人们节水意识的不断提高,智能节水设备的应用也日益广泛。对于城镇居民普遍使用的自来水,其计算方式也正在朝着智能化趋势发展。智能水表系统的主要构成分为三部分,即智能水表、用户卡和后台管理系统。智能水表的工作原理是以具有微电脑装置的水表为计量载体,以用户卡为媒介,加装控制器和电控阀,在智能水表运行的过程中,用户可以自主进行预付费,节省缴费时间[1]。智能水表具有显示功能,在水表上可以直观地观察购水量、用水量及剩余水量。安装智能水表可以帮助用户随时查看水量的使用情况,起到提醒作用,不仅为阶梯水价政策的实施奠定基础,更在一定程度上增强居民的用水节水意识,改善水资源严重浪费现象,在全社会形成爱水、护水、节水的良好风尚。

案例7.2 德国多角度调控与多重利用雨水资源

目前,德国的城市雨水利用系统有四种:一是屋面雨水集蓄系统。该系统是指居民可将接雨器皿放置于自家的房檐下或房屋的落水管处进行雨水收集,收集的雨水可作为非饮用水使用,提高水资源的利用率。二是雨水屋顶花园利用系统。德国屋顶的设计式样繁多,将屋顶布置成花园不仅可以削减城市暴雨径流量、美化城市环境、调节建筑温度等,还可以作为雨水集蓄利用的预处理措施。三是雨水截污与渗透系统。在居住区内除了必要的人行道和车行道为水泥路外,其他的道路铺设采用透水性能强的砂石,保证水的快速渗透。四是生态小区雨水利用系统。德国居民小区表面植被有草皮,沿着排水道建有浅沟,供雨水流过时下渗,以达到优化小区水系统、显著削减城

---

① 王斌武.浅谈智能水表在农村饮水工程中的应用[J].甘肃农业,2018(12):54-56.

市暴雨径流流量、改善水环境和减少水涝等效果。

——资料来源：王文杰.可持续发展视域下大连建设节水型社会研究[D].大连：大连海事大学，2012.

7.1.3 节水经济政策

随着社会的不断发展，人们用水需求也发生了许多变化，但对水资源的保护意识不强，产生了很多浪费行为。为缓解水资源短缺的状况，国家修建了多处水利工程以提供优质稳定的水源。但是，水资源毕竟是有限的，难以满足人们的用水需求，因此，国家也会根据现实情况制定各种节水经济政策，约束人们的用水行为，为水资源可持续供给提供有力保障。节水经济政策是水资源管理的一项重要举措。它是政府利用市场调节机制，对水资源进行合理开发和利用的公共政策工具。节水经济政策表现在阶梯水价、"一提一补"水价调节政策和节水贷三方面。

（1）阶梯水价

阶梯水价是对用户的用水量分段收取费用的制度。其基本特点是：在确保居民基本生活用水量的基础上，水量超出越多，水价越贵。以南京市为例，2022年度南京自来水一户一表用户年用水量处于第一阶段（180吨以下）的水价为3.04元/吨，第二阶段（180吨到300吨）的水费为3.75元/吨，第三阶段（300吨以上）的水费则为5.88元/吨。阶梯水价政策是促进全国上下共同保护水资源的重要举措，也更能让节约用水意识深入每家每户。

（2）"一提一补"水价调节政策

"一提一补"水价调节政策是以水价调节为手段进行农业节水的政策。1997年，我国农业生产是1立方米水换2斤粮食，而世界先进水平是1立方米水换4~6斤粮食[1]。2005年8月，河北省衡水市桃城区水务局首创并实施"一提一补"水价调节政策。所谓"一提一补"包括提价和补贴两个方面，"一提"就是根据不同水资源的稀缺性和重要性分别提高不同的价格，"一补"就

---

[1] 王丙乾.全国人大常委会执法检查组关于检查《中华人民共和国水法》实施情况的报告：1997年12月27日在全国人民代表大会常务委员会第二十九次会议上[EB/OL].(2016-08-29)[2023-04-13].http://www.npc.gov.cn/zgrdw/npc/zfjc/zfjcelys/2016-08/29/content_1995972.htm.

是将提价多收的资金按用水单位(指耕地面积和人数)再平均补贴给用水者[①]。提价后,用水越多的农户交的水费越多,反之则少,从而达到"节奖超罚"的目的[②]。2005—2009年期间,桃城区实施"一提一补"水价调节政策后,共实施灌溉面积4 012.5公顷,节水26.5万立方米,平均每公顷用水量从3 615立方米减少到2 955立方米,平均每公顷节水660立方米。与此同时,农户的灌溉成本从每公顷1 585.5元降低到1 291.5元,真正实现了节水与增效双赢[③]。桃城区"一提一补"水价调节政策的顺利实施,带来了良好的节水效益。节水经济政策的调控及竞争节水机制的激励,增强了农户的节水意识,使农户从"要我节水"的被动状态转向为"我要节水"的主动行为,为长效节水制度的普及奠定了基础。

(3)节水贷

"节水贷"属于绿色金融贷款。其优势在于不仅利率低、额度高、审批快,而且贷款期限灵活、担保方式丰富[④]。例如,浙江为节水企业、节水项目和节水服务提供"节水贷"的金融支持。在浙江省水利系统和银企的共同努力下,全省已签约"节水贷"贷款合同总额近231亿元,已发放贷款额176亿元,受益节水型企业和节水工程项目达472个,年节约融资成本约1.16亿元。[⑤]"节水贷"一经推出,吸引了更多的社会资本向节水领域逐步靠拢,是提升全社会水资源保护意识的重要途径,更是新时代生态文明建设的重要表现。"节水贷"经济政策的实施,将节水理念渗透到全社会多个发展领域之中,实现节水治理主体参与的多样化、方式的灵活化以及发展的整体化。

7.2　乐水项目与环保经验

水与人类的关系密不可分。依托水所形成的乐水项目强调在自然的生态环境中释放青少年的天性,让青少年接受自然的滋养,以此恢复青少年与水的情感联结,提升青少年感知自然、体验自然、探索自然、享受自然的素质

---

①　刘静,陆秋臻,罗良国."一提一补"水价改革节水效果研究[J].农业技术经济,2018(4):126-135.

②　陆秋臻.河北省桃城区"一提一补"水价改革政策评价研究[D].北京:中国农业科学院,2018.

③　孙梅英,张宝全,常宝军.桃城区"一提一补"节水激励机制及其应用[J].水利经济,2009,27(4):40-43.

④　张智杰,陈莹.福建:"节水贷"助跑节水路[N].中国水利报,2022-03-30(1).

⑤　温婷婷.浙江"节水贷"金融助企成效显著[N].中国水利报,2022-09-07(4).

能力与审美体验。本节从人们对乐水项目的认知误区、乐水项目的简介及乐水过程中的环保经验角度出发,探索恢复人水关系,提高个体生态素养的路径。

7.2.1　对乐水项目的认知误区

水作为自然的基本组成元素,在人类文明的发展过程中扮演着重要角色,在中国的历史长河中留下浓墨重彩的一笔,无论是文人雅士还是迁客骚人都与水有着不解之缘。在《论语·雍也》中孔子就有"知者乐水,仁者乐山"的言论,这里的"乐"即为喜爱之意①。在此意的基础上进行延伸,本节中所指的"乐水项目"即为在自然环境中,以水为媒介而进行的游玩娱乐项目。如今,伴随着社会文化的高速发展,人们与水的关系正在逐步发生改变,对水的认知愈渐狭窄,导致青少年亲水自然化程度低,在自然环境中亲水、乐水的机会缺失或时长不足,而造成这一现象的根本原因是对乐水项目产生的认知误区。

一方面,人们对水的认知逐步"窄化",往往忽略水的多功能性。受惯性思维主导,大多数人对于水的认知更多地局限在其使用功能上,如生活用水、生产用水等具有明显功用效能的领域。乐水项目也难逃此命运,人们对乐水项目的"窄"化,主要表现为两个方面:其一,窄化乐水项目的数量。提到乐水项目,大部分人的第一印象是游泳、打水仗、水中嬉戏等较为常规的娱乐项目,对于其他类别的乐水项目存在认知盲区,例如,体能类的乐水项目、康养类的乐水项目等。其二,窄化乐水项目的空间。当今的游泳馆、水池、水上世界等已经成为人们亲水的主要场所,随着时代的发展及科技的进步,人工建造的亲水建筑也逐步出现在大众视野,如喷泉、人工湖等。在快节奏生活方式的压力下,人们慢慢将焦点置于这些既便利又可满足亲水需求的人工环境中,长期的依赖使大多数人逐渐将乐水项目窄化为只能在人工建造的空间中进行,从而忽略了存在于自然生态环境中的亲水场所,形成与水的割裂状态,这与人工建造水上设施的初衷是相背离的。

另一方面,人们对水的认知逐渐"异化",人为深化对水的恐惧心理。大多数人戴着有色眼镜去看水,认为自然水体是可怕的、恐怖的、不可接近的。水被赋予"妖魔化"形象,形成"只要远离就可安全"的错误认知。在家长眼

---

① 尹世英.“智者乐水,仁者乐山”之“乐”的辨析[J].湖北社会科学,2018(4):142-145.

中,水是危险的,因此乐水项目也不具有保障性,"去哪里玩? 玩什么水?""不行,那太危险了。"在青少年的耳边经常会充斥着此类话语,也正是这些明令禁止一步一步扼杀了青少年的亲水需求。同样,社会条件的局限性导致青少年不得不远离自然水环境。种种溺水事件的不幸,似乎在向孩子们传递着一种信号——靠近水就等于靠近危险,而在人工修建的场馆里进行有组织的运动似乎成为满足青少年亲水需求的理想形式。

水本无错,不能因为意外的发生就对它避之不及,造成对水的疏远、对乐水项目的刻板印象。只有正确地认识水、认识乐水项目,处理好水与人类的关系,方可于自然环境中感受水的美好,在乐水项目中感悟自然的无穷魅力。

7.2.2 乐水项目介绍

大自然在青少年的成长历程中发挥不可或缺的作用。著名意大利教育家蒙台梭利指出:"既然儿童的肉体生命必然需要大自然的力量,那么他的精神生命也必然需要心灵与天地万物的交融,从而可以直接从生动的大自然的造化能力中汲取养分。"①因此,在自然环境中去感受水、体验水,有利于培养青少年的个人感知能力,这种获取"新知"的过程也是青少年在劳动中发现自然、认识自我的过程。水的多功能性决定着乐水项目种类的多样性,乐水项目为青少年亲近水环境搭载良好的平台。乐水项目主要分为体能类、康复类、休闲旅游类及童年趣事类这几大类别。

其一,体能类的乐水项目。即指以增加体能、增强体质、减脂塑身为目的而进行的水中运动,借助水的独特优势,侧重训练人体机能。人在陆地上进行体育运动锻炼时,受地心引力的影响,身体仍处于部分紧张状态,这种持续的紧张状态会对身体各关节产生一定的压迫和冲击,这种冲击力会造成肌肉、骨骼、韧带等软组织的损伤,从而影响人体机能的正常运转②。而在水中进行运动,则可以避免这种伤害。由于受到水的温度、浮力和阻力的多重影响,人体在水中呈现放松状态,可将对肢体的冲击力降低到最低限度,从而有效减少运动损伤,保护自身安全。除了游泳、跳水、冲浪等常规运动项目外,水中健身作为一种新兴乐水项目,越来越赢得大众的青睐。它已被人们认为

---

① 刘斌.卡尔·威特的教育 蒙台梭利的教育 斯托夫人的教育[M].长春:北方妇女儿童出版社,2014:353.

② 温仲华.水中游戏和游泳是婴幼儿体育锻炼的最好项目[J].游泳,2010(3):54-56.

是一种健康、有效、无副作用、安全的塑身运动①。水中健身又包括水中芭蕾、水中瑜伽、水中普拉提、水中健身操等形式,其中水中健身操算是我国近几年较流行的时尚体育健身项目,它集安全有效、动感活力、强度适宜于一身,成为人们感受水中乐趣的新形式,受到大众的一致追捧和喜爱。

案例7.3　水中健身操

水中健身操是一种新型的有氧健身运动,其运动特点为结合不同节奏的健美操动作,达到健身的目的。目前常用的动作有:水中踏步、走步、前踢腿、水中侧踢腿、后踢腿、腰部侧屈、双手划水、摆臂及背展等。水中健身操充分利用了水的浮力、传热性及水流按摩等特性,相较于花样游泳,其难度要小得多,即使是不会游泳的人也可以轻松参与。与陆地健美操相比,水中健身操的运动强度低,动作简单易学,且能够有效减少运动损伤。对于因身体肥胖、年龄较大或膝踝关节有损伤而不能进行陆地训练的人来说,水中健身操不失为一个绝佳的选择。相关研究证明,对上述特殊人群来说,水中健身操的练习效果是明显的。在练习一段时间后,练习者身体的疼痛感慢慢减弱且身体也更加健康有型。此外,水中健身操对于调节人体姿势和脊柱生理弯曲亦有帮助,水的柔软特性能使人们放松身心,舒展身体,缓解身体长时间的紧张状态,因此,水中健身操也同样适合长期伏案工作的人群。

——资料来源:李阳,魏梅.近十年我国水中健身操发展趋势的研究[J].当代体育科技,2017,7(29):187-189,191.

其二,康复类的乐水项目。现代生活节奏的不断变化,使人们所承受的心理压力与日俱增。不同的群体需要找到释放压力的出口,各种各样的乐水项目成为一个不错的选择。除了能够缓解压力外,水对于身体机能的损伤也有实质性的康复作用。由于水的浮力作用,人体在水中处于近乎"失重"状态。假设你的体重为100千克,那么在水中的体重大约只有10千克。因此,在此条件下进行有针对性的力量及柔韧练习,能够显著减轻承重关节的负荷,减轻疼痛状况,从而获得良好的康复效果。在我们的日常生活中,因运动方式不当或过度运动产生的运动损伤现象屡见不鲜,除了常规的修复治疗,康复类乐水项目也提供了一种恢复运动损伤的新思路。例如,慢跑是最易进

---

① 吴晓丽.水中健身运动的价值及开展可行性研究[J].吉林体育学院学报,2009,25(1):145-146.

行的运动方式,在慢跑中形成的小腿拉伤主要是由于小腿在运动时肌肉紧张所致,选择水中慢跑项目不仅能放松小腿肌肉,增加小腿肌肉的灵活性,而且还能促进周围肌肉的愈合,因此在缓解由慢跑形成的肌肉伤害上效果显著[1]。除了常规的牵拉、踢腿、行走练习等乐水项目可以很快缓解人体疲劳外,水中投篮项目同时兼具康复性和乐趣性,在恢复个体身体健康及改善个体精神面貌方面也发挥着重要作用。

案例 7.4　水中投篮

水中投篮是篮球运动和水球运动的"后裔",是国外近几年开展起来的一项新兴体育项目。水中投篮运动不仅可以强身健体,更为重要的是它还具有一定的康复功能。知名 NBA 球星易建联在比赛中右膝内侧副韧带扭伤,其康复训练计划中便采取了水中投篮练习以帮助恢复。在水中投篮,非但不会加剧伤势,还可大大缓解脚踝的压力。与陆地篮球相比,它不仅更为温和轻松,同时也更具有趣味性。与此同时,它的包容性更强,对篮球技术的要求不高,即使之前没有打球经验也可以轻松上手。水中投篮是集游戏与健体于一身的运动项目,所需道具十分简单,只需充气塑料球或橡皮球(球胆也可)及便捷篮筐,在一块齐腰深的天然水域或人工场所内即可进行。在水中投篮活动中,不仅队员的参与积极性得到调动,而且团队凝聚力在乐水过程中也能够得到显著增强。

——资料来源:曹冰. 常见运动损伤的水中康复方法及实证研究[D]. 北京:北京体育大学,2016.

其三,休闲旅游类的乐水项目,即依托天然水域而开发的一系列游玩娱乐活动,在滨海区域尤为常见。我国滨海地带众多,滨海旅游的快速发展给人们的亲水需求提供了一大便利,由海水、沙滩、绿岸等组成的海滨浴场逐渐成为人们喜爱的亲水空间。目前,我国的天然海滨浴场数量众多,其中既包括营利性的浴场,也包括免费开放供市民游玩的浴场,人们可以根据自己的需求进行选择。在海滨浴场,人们对于乐水项目也是拥有多种选择的:既可以选择惊险刺激的海上项目,如海上漂流、海上摩托艇、海上拖曳伞、海上帆船体验等;也可以选择生动有趣的海滩活动,如赶海、飞盘、海钓、沙滩排球等。当然,若是预算充足的话,游轮也不失为享受海洋的一大选择,不过值得

---

① 曹冰. 常见运动损伤的水中康复方法及实证研究[D]. 北京:北京体育大学,2016.

注意的是,任何海上乐水项目都存在一定的风险,在进行乐水活动的过程中,一定要仔细阅读注意事项,听从专业人士的安排,牢固树立安全意识,在安全的空间中享受水带来的无穷乐趣,才能领略大自然的美妙神奇。

案例7.5　海底漫步

海底漫步是目前很多海岛旅游的游玩项目之一,不限年龄、不限经验,即使是不擅长游泳或潜水的人士也可较为轻松地掌握。海底漫步即在专业潜水人员的监控下,戴上透明氧气玻璃头盔,以中压管连接水面气瓶供氧,漫步在水深3～10米的海底,近距离地欣赏海底世界,与海底生物充分互动,感受海洋的魅力。水下无法用语言进行交流,使用水下的标准沟通手势,对于自身身体安全是有保障的。下水前,教练会对下水人员进行简单培训,如遇特殊情况,以专门手势告知,例如:"OK"手势表示"一切都好,没有问题","手指张开伸直成数字5的样子并左右摆手"表示"不舒服,有问题","双臂交叉从胸前环抱自己"表示"我觉得冷","手部握拳,大拇指伸直指上方或下方"表示"方向的向上或向下"。水下的压力会让耳朵略有不适,工作人员也会提前告知处理办法以缓解痛感。实现耳压平衡其实不难,只需要捏着鼻子闭紧嘴巴向外鼓气即可,或是做咽口水的动作也可有效缓解不适。在海底,可以欣赏灵动的珊瑚,看到各种形态的鱼,甚至还会有海龟从身边经过,十分神奇。

——资料来源:林葆荣.海底漫步引发的思考[J].政协天地,2005(7):58.

其四,童年趣事类的乐水项目。童年是个体人格、情感和意志发展的重要阶段,拥有一个完整快乐的童年对个体的后续成长而言是至关重要的。儿童对大自然是心生渴望且充满热烈兴趣的。泰戈尔在回忆自己的童年时,满怀深情地说道:"我经常想起,儿童时代,世界的乐趣是极其浓烈的。泥土、流水、树木、天空,一切的一切,都会说话,绝不会让我们的心灵感到寂寞。"①水与自然本就一体,对儿童想象力的培养及思维的发展具有独特的价值,因此,在自然中与水接触成为儿童时代的独特印记。儿童出于天性,总有无穷的探索欲、求知欲,对于水有着天然的好奇心。每一个成年人回忆起童年时,总不免想到和同伴一起在水里嬉戏的画面。水带给我们无穷的乐趣,在水中可以捉泥鳅、拾田螺、捕鱼抓虾,也可以和同伴们相互追逐打闹。童年的乐水项目最为简单也最为童真,因为这是沉浸自然的,是专注自我、解放天性的。"扑

---

① 泰戈尔.泰戈尔精品集:传记卷[M].合肥:安徽文艺出版社,2011:50.

通！扑通!"的水花声混合着伙伴们的欢笑声,这是孩子们的欢乐时光,也是成长过程的宝贵经历。

大自然中有着许多天然的河湖溪流,政府相关部门在做好对河流的监测及评估后也可适当向公众开放,给人们享受自然的机会,同样,我们支持青少年与自然河湖多加亲近,但必须增强安全意识及做好充分的安全措施,如此,大自然中的奥秘方可安心探索,人类与大自然之间的情感纽带就有望得到恢复。

7.2.3 乐水过程中的环保经验

良好的亲水环境不仅需要相关部门的保护,更是需要每个个人的维系。个体置于山水之间、享受自然赐予的美好时,也应清楚认识到生态文明保护的重要性。在亲水实践中,要进行"生态环保式"的娱乐实践。"生态环保式"即指在与水进行亲密接触的过程中,有意识地树立生态环保的观念,自觉维护水环境,保护水资源。那么,当代青年在乐水的过程中需要掌握哪些环保经验呢?

首先,树立生态环保意识。水是生命之源,宇宙间的生物皆由它孕育而来,对于人类而言,水的重要性不言而喻。水不仅是各类有机体生存的基础,更具有多种延伸价值。依托水,我们可以体验各种妙趣横生的乐水项目,丰富自身的精神世界。水给予人们无限快乐,人们在乐水过程中要形成正确的思想认识,加强对水资源的重点保护。例如,青年在与自然接触的过程中要有意识地树立以保护生态环境为荣的思想观念,在乐水时不乱扔垃圾,自觉保护水生态环境。人类与自然是共生共荣的,当代青年应增强环境忧患意识,去感受生态环保的深远意义,处理好人与自然、人与水的关系,为建设美丽中国和水资源的可持续发展贡献力量。

其次,规范生态环保行为。孩童有着天然的亲水属性,在自然生态环境这一场域下体现得尤为明显。水是孩童的玩伴,也是水生动植物们赖以生存的物理空间,因为有了各种各样水生动植物的存在,水世界才会更加妙趣横生。人与环境是相互影响的,在乐水活动中不能以破坏自然生态环境的方式来满足自己的一时兴起,适当的抓鱼捕虾可以拉近个体与自然的亲密关系,但不可一网打尽,破坏生态平衡。同时,资源的合理分配也是规范自身环保行为的又一途径。减少不必要的资源浪费,可以有效减轻生态环境的负担。例如,在乐水游戏时,使用的装备及能量补给要合理计划,尽量规避因资源浪费而引起水源污染。我们应从小事做起,规范自身行为,用自己的实际行动践行维护自然生态的使命。

最后,担负生态环保责任。生态责任是指人类应该承认并尊重自然存在的权利及其价值,自觉承担起保护生态环境、维护生态平衡的责任,这是每一个人不可推卸的义务。青年学生作为中国特色社会主义伟大事业建设的后备军,是实现第二个百年奋斗目标的有生力量,肩负着建设美丽中国的重任。人类对自然负责也是对自身负责,在生态文明观念的影响下,青年学生可将生态环保观念外化为生态文明实践行动,以践行者的身份积极参与水环境保护,在实践中进一步增强对生态保护的理解及担当。此外,还需提高自身的生态文明素质水平,以身作则,以小我带动大我,潜移默化地影响身边的家人、朋友、同学等,形成良好的示范效应,从而推动全社会形成良好的环保氛围,促进人人成为"水资源保护者"、"环境守卫者"和"生态捍卫者"。

7.3 水景欣赏原理与营造实践

水景作为自然界中生动的景观,不仅给人们带来身心的愉悦,还能赋予景观以灵气,因此,水常常被称为"园之灵魂"。作为地理环境中活跃的构景要素,水与地质地貌、生物景观、人文建筑等景观巧妙融合,成为自然景观或人文景观的血脉与灵魂。本节主要介绍国内外著名自然水景观、园林水景欣赏与营造实践及室内水景营造原理与实践,在科普水景的同时进一步增强人们的审美意识与审美体验,增强人与水之间的联结关系。

7.3.1 国内外著名自然水景观概况

世界各地的自然水景是迷人而又令人叹为观止的,无论是国外的峡谷瀑布还是国内的山川溪流,它们都以壮观的景象和奇特的地貌吸引着世界各地无数的游客。这些水景是大自然的杰作,彰显自然的美丽与神奇,为人们提供了探索与享受的机会,带来美妙而难忘的体验。

(1)国外著名自然水景观

国外著名的自然水景观主要包括死海、伊瓜苏瀑布、希利尔湖、大棱镜温泉、大堡礁、莫雷诺冰川、亚伯拉罕湖、棉花堡、关西瀑布及威尼斯运河等。

死海(The Dead Sea):位于以色列、约旦和巴勒斯坦之间,是全球海拔最低的内陆湖泊,也是世界上含盐量最高的湖泊,其含盐量是普通海水的8~

9 倍,有着"世界的肚脐"之称①。由于含盐量高,湖水浮力巨大,即便是不会游泳的人在死海中也不会下沉溺水,不仅如此,湖水中含有很多有益矿物质,有益于人们身体健康,因此吸引着世界各地的游客慕名而来。

伊瓜苏瀑布(Iguacu Falls):位于阿根廷东北部与巴西南部交界处的伊瓜苏河下游,距伊瓜苏河与巴拉那河汇流点约 23 千米,全长 2 700 米。大瀑布由 14 个瀑布群、大小 275 挂水柱组成,落差 40 米至 90 米不等。水流量每秒最高可达 1.27 万立方米,是世界上流量大、落差高的著名瀑布之一。瀑布形状呈马蹄形,气势磅礴,景色秀丽,是不可多得的旅游胜地②。1984 年,被联合国教科文组织列为世界自然遗产。

希利尔湖(Lake Hillier):希利尔湖位于澳大利亚西澳大利亚州南部勒谢什群岛的中岛,是一座咸水湖,其长约 600 米,宽约 250 米,周围环绕着一圈沙滩以及茂密的桉树林。希利尔湖因湖水会呈现独特的粉红色而闻名于世,从空中俯瞰,整片湖水呈椭圆形,粉色、绿色、蓝色、白色等多种颜色交织,彩色画布般明艳动人。凭借着周围迷人的风景,它还曾经荣登国家地理杂志封面。希利尔湖像是一颗掉在西澳的小粉钻,既美丽又珍贵③。

大棱镜温泉(Grand Prismatic Spring):位于美国黄石国家公园中途间歇泉盆地,其直径约 112.8 米,深度超过 37 米,水温超过 70 ℃,是美国最大的温泉,同时也是世界第三大温泉。其最早于 1839 年被人发现,后因其斑斓的色彩分布与被棱镜分解后的光谱高度匹配而得名,温泉从里向外呈现出蓝色、绿色、黄色、橙色、橘色和红色等颜色。这是因为水温不同,使不同颜色的细菌生息,所以颜色也呈现同心圆的变化。大棱镜温泉的美在于湖面的颜色随季节而改变。在夏季,水体显现橙色、红色,或黄色。到了冬季,水体则呈现深绿色。

大堡礁(The Great Barrier Reef):位于澳大利亚昆士兰州以东,巴布亚湾与南回归线之间的热带海域,太平洋珊瑚海西部,绵延于澳大利亚东北海岸外的大陆架上,是世界上最大最长的珊瑚礁群。大堡礁北至托雷斯海峡,南到南回归线以南,绵延伸展共有 2 011 千米,有 2 900 个大小珊瑚礁岛,自然景观非常壮观④,是世界上景色最美、规模最大的珊瑚礁群,总面积达 20.7 万

---

① 卓越,郭万洲. 即将死亡的死海[J]. 生态经济,2018,34(6):6-9.
② 潘明涛. 伊瓜苏大瀑布[J]. 当代世界,1995(5):47.
③ 希利尔湖(澳大利亚)[J]. 资源与人居环境,2018(1):82.
④ 田桂清. 大堡礁的鬼斧神工[J]. 现代企业文化,2016(1):124-125.

平方千米。大堡礁的存在甚至对于人类来说都是有益的,珊瑚礁可以吸收海浪和风暴潮的力量,作为一种天然屏障来确保沿海居民社区的安全;以大堡礁为代表的珊瑚礁旅游业,每年能够带来数十亿美元的收入,并提供数千个工作岗位。

莫雷诺冰川(Moreno Glacier):位于阿根廷南部的莫雷诺冰川,是世界第三大冰川,也是世界上少数活冰川之一。它位于南美洲南端,属于阿根廷圣克鲁斯省。莫雷诺冰川有 20 层楼之高,绵延 30 千米,有 20 万年历史,在冰川界尚属"年轻"一族[1]。莫雷诺冰川似一堵巨大的"冰墙",每天都在以 30 厘米的速度向前推进,身临其下,似乎令人感受到冰川时代的气息。

亚伯拉罕湖(Abraham Lake):又称"气泡湖",位于加拿大亚伯达落基山脉脚下,是一座人工湖,但却因每年冬天湖中的冰冻气泡奇观而闻名。由于亚伯拉罕湖湖床有众多植物生存,会释放大量的沼气,当湖面温度低到一定程度,湖底不断涌出的沼气所产生的气泡就会被冰冻,从而形成了冰冻气泡的自然现象,整个湖面遍布大小气泡,非常壮观[2]。

棉花堡(Hierapolis-Pamukkale):位于土耳其西南代尼兹利省境内,高 160 米,长 2 700 米,是土耳其最著名的景点之一,也是唯一列入世界文化遗产名录的石灰岩景观[3]。其名字源自其外形像铺满棉花的城堡,所谓"棉花",就是泉水从山顶往下流,所经之处历经千百年钙化沉淀,形成层层相叠的半圆形白色天然石灰岩阶梯。从上往下看,一方方平台像一面面镜子,映照着蓝天白云。因此,土耳其人便称之为"棉花堡"。

关西瀑布(Kuang Si Falls):关西瀑布是老挝著名的热带自然风光,被誉为世界八大天然泳池之一,在老挝琅勃拉邦郊区,距离琅勃拉邦 28 千米,车程 2～3 小时。关西瀑布高约 200 多米,呈正三角形,从山上泻下相当壮观。它由多级小瀑布及一道落差 50 米以上的大瀑布组成,冬天的时候,在枯水的季节里,关西瀑布仍有"银河落九天"之感。山顶瀑布的源头,是距瀑布约 3 千米的一个泉湖,为天然的地下泉。

威尼斯运河(The Grand Canal, Venice):威尼斯被称为"水上城市",纵横交错的 150 条运河将 700 个小岛连接起来,成为一座漂浮的水上乐园。所有人只能依靠双脚或者船只旅行,其中 3 千米长的主航道大运河沿岸有近

---

① 梁凤英.阿根廷莫雷诺冰川[J].科学大观园,2014(15):82.

② 刘妍君.湖泊吐泡泡:加拿大气泡湖[J].地理教学,2020(13):2,65.

③ 沈光安.土耳其地质奇观棉花堡[J].中国信用卡,2011(8):87-89.

200 栋宫殿、豪宅和 7 座教堂,多半建于 14 世纪至 16 世纪文艺复兴时期。威尼斯的建筑、绘画、雕塑、歌剧等在世界上有着极其重要的地位和影响。威尼斯有"因水而生,因水而美,因水而兴"的美誉,享有"水城""水上都市""百岛城"等美称。

(2)国内著名自然水景观

国内著名自然水景观有许多,主要包括九寨沟、黄果树瀑布、茶卡盐湖、长白山天池、桂林山水、壶口瀑布、荔波小七孔、泸沽湖、恩施屏山峡谷、乌镇等。

九寨沟:位于四川省西北部岷山山脉南段的阿坝藏族羌族自治州九寨沟县漳扎镇境内,是长江水系嘉陵江上游白水江源头的一条大支沟。其得名于景区内九个藏族寨子,这九个寨子又被称为"和药九寨"。九寨沟内连接众多海子的瀑布群,则是最富有魅力的奇丽景观。瀑布群从长满树木的悬崖或滩上悄悄流出,被分成无数股细小的水流,四周群山叠翠,满目青葱,至金秋时节,层林尽染。1992 年 12 月,九寨沟被列入《世界遗产名录》。

黄果树瀑布:位于贵州省安顺市,是贵州省的重要名片,是国内第一大瀑布。以黄果树瀑布为中心,周边分布着十几条瀑布,瀑布周围峰峦叠嶂,植被茂密,峡谷、溶洞、石林石柱比比皆是,属典型的喀斯特地貌。瀑布高度为77.8 米,宽 101 米,奔腾的河水自悬崖绝壁上飞流直泻犀牛潭,发出震天巨响[①]。黄果树瀑布受到历代文人墨客的推崇赞赏,被评为世界上最大的瀑布群,列入吉尼斯世界纪录。

茶卡盐湖:位于青海省乌兰县境内,位于柴达木盆地的最东段、茶卡盆地西部、祁连山南缘新生代凹陷的山间自流小盆地内。其独特之处在于它是固液并存的卤水湖,结晶盐层使湖底平滑,水浅使流动轻微,卤水浓度使湖面张力增大、波纹较小,平静的湖面易产生镜面反射,使茶卡盐湖在蓝天白云和雪山草地的映衬下形成"天空之镜"的奇观。

长白山天池:又称白头山天池,坐落在吉林省东南部长白山自然保护区内,是中国和朝鲜的界湖,双方各拥有一部分水域。长白山天池南北长约4 400 米,东西宽约 3 370 米,其池水的海拔高度为 2 189.1 米。据《长白山江冈志略》记载:"天池在长白山巅的中心点,群峰环抱,离地高约 20 余里,故名为天池。"天池周围火山口壁陡峭,并形成十几座环状山峰,海拔均在 2 500 米

---

① 佚名.黄果树瀑布:中华第一瀑[J].河北水利,2021(12):26.

以上,长白山天池也是松花江、鸭绿江以及图们江的发源地,素有"三江之源"的雅称。

桂林山水:位于广西壮族自治区东北部,湘桂走廊南端。湘桂铁路与漓江纵贯,平均海拔 150 米,是国家 5A 级旅游景区,桂林山水"山青、水秀、洞奇、石美",有山、水、喀斯特岩洞、石刻等,其境内的山水风光举世闻名,千百年来享有"桂林山水甲天下"的美誉。

壶口瀑布:是中国第二大瀑布,世界上最大的黄色瀑布,号称"黄河奇观"。东濒山西省临汾市吉县壶口镇,西临陕西省延安市宜川县壶口镇,为两省共有旅游景区。以壶口瀑布为中心的风景区,集黄河峡谷、黄土高原、古塬村寨为一体,展现了黄河流域壮美的自然景观和丰富多彩的历史文化积淀。壶口瀑布的形状独特,它像一个大水壶口,因此得名"壶口瀑布"。

荔波小七孔:小七孔风景区位于贵州省荔波县城南部 30 余千米的群峰之中,景区全长 7 千米,面积约 10 平方千米,是集山、水、林、洞、湖、瀑为一体的原始奇景,1988 年被列为国家级自然保护区。响水河上横跨着一座青石砌成的七孔拱桥,为道光十五年所建,"小七孔风景区"因此得名。

泸沽湖:位于云南省丽江市宁蒗县永宁乡与四川省盐源县泸沽湖镇交界处,是深藏在崇山峻岭中的一个高原淡水湖泊。古称鲁窟海子,又名左所海,俗称亮海。纳西族摩梭语"泸"为山沟,"沽"为里,意即山沟里的湖。泸沽湖旅游景区四周崇山峻岭环绕,一年有三个月以上的积雪期。景区内森林资源丰富,山清水秀,空气清新,景色迷人,泸沽湖被当地摩梭人奉为"母亲湖",也被人们誉为"蓬莱仙境"。

恩施屏山峡谷:恩施屏山峡谷景区位于湖北省恩施土家族苗族自治州鹤峰县,占地面积 60 平方千米。屏山峡谷全长 18 千米,形成于三叠纪时期,山体形态变化多样,四周峭壁耸立,自然风光集奇、秀、险于一体。屏山大峡谷拥有陡峭、峰回路转的峡谷地貌,峡谷两侧怪石嶙峋,奇松翠柏,壮观而美丽。此外,恩施屏山还拥有众多水系景观,如河流、湖泊和温泉等。屏山峡谷被《中国国家地理》评选为"中国最美的地方",也被世界教科文组织列入《世界遗产名录》。

乌镇:位于浙江省嘉兴市,是一座古老而迷人的水乡古镇,也是中国六大古镇之一。乌镇以其独特的水景而闻名于世,被誉为"东方威尼斯"。乌镇被三条河流(东栅河、西栅河和南栅河)环绕,河道纵横交错,水网密布,形成了独特的水乡风貌。镇内的街道、房屋、桥梁等都以水为中心,许多民居和商铺沿河而建,形成了"街巷如织、河网相连"的美丽景致。乌镇有许多古老的青砖瓦房依河而建,桥梁纵横交错,形成了别具一格的江南水乡风情。其中最著名的桥梁是如意桥、曲樱桥、白云桥等,每座桥梁都有其独特的造型和历史故事。

7.3.2 园林水景欣赏原理与营造实践

随着人们欣赏水平的提高和城市的发展,园林景观成为城市景观必不可少的一部分。水景在园林景观中有着无可替代的作用,水景元素往往是园林景观设计的核心部分,精彩的水景设计不仅能激活城市园林景观中的每一个要素,更能融入艺术魅力和心理感受[1]。自然景观和人造景观的良好融合,营造出极具艺术性和观赏性的园林景观,不仅装点着城市的美丽,也带给人们一定的视觉享受。

园林水景的设计指导思想主要包括中国传统风水理论、景观生态学及生态建筑学[2]。风水理论认为,宅居环境的经营最根本的就是要顺应天道,以自然生态系统为本,来构建住宅的人工生态系统。这种"天人合一"的思想,与现代生态学对自然界的理解和认识是一致的,即人与自然应取得一种和谐的关系。景观生态学起源于中欧,其研究的对象是作为复合生态系统的景观,强调空间异质性的维持和发展、生态系统之间的相互作用、大区域生物种群的保护与管理,以及人类对景观及其组分的影响。生态建筑学是生态学与建筑学相结合的产物,其研究的对象就是人所进行的建筑活动引起环境变化后,一种由人、建筑、自然环境和社会环境所组成的人工生态系统,即建筑空间环境。其研究目的是在已经改变自然的条件下争取对自然界的最优化关系,顺应自然,保护自然界和谐,维护生态平衡,以一种新的形式创造适宜人们生存与行为发展的各种生态建筑环境。

水景在园林景观中的类型主要包括喷泉、水池、瀑布、溪流及喷水雾。喷泉是一种将水垂直向上喷射的水景设计,其特点是喷水高度较高、水量大、喷射形式多样,通常在公园、广场、城市景观等处可见,其造型可以是几何形状或仿自然景观形式。水池是静态的水景设计,通常用于园林中的绿化区域、

---

① 宁静. 水在园林景观设计中的应用探究[J]. 现代园艺,2021,44(20):109-110.
② 王玲燕. 现代室内景观生态设计的探索[D]. 南京:南京林业大学,2005.

庭院或商业中心的室内及室外装饰,水池的形状和尺寸可根据需要进行调整。瀑布是模拟自然景观的水景设计,其特点是模拟自然瀑布的形态和流水声,可以为园林增加自然、美丽的气息。溪流是模拟自然溪流的水景设计,通过不同高度的石头、水流速度、水流方向等元素,营造自然、流畅的水流景观。溪流可以用于公园、庭院等园林场所,增加景观的自然气息和观赏性。喷水雾是一种模拟水汽的水景设计,其特点是喷水雾细,可营造出烟雾般的效果。喷水雾可用于广场、商业中心等公共场所,通过不同颜色的灯光和喷射高度,创造迷人的视觉效果。

园林水景是园林建造中的重要组成部分,成为园林设计中不可或缺的环节。园林水景不仅能装扮园林,起到协调园林整体布局的作用,还能指引方向,是游览路线的重要"指示牌"。园林水景的营造实践主要包括两类形式:一为依水景观,二为临水驳岸景观①。

依水景观广泛存在于传统的园林水景设计中,水的特殊性决定了依水景观形态的异样性。人们通过营造自然化、艺术化的游览空间,来充实现代生活环境中天然缺少的成分,满足人类日益提升的生活品质的需要。中国园林素有"有山皆是园,无水不成景"的说法,依水景观对园林设计来说至关重要。在园林水景的营造中,通过依托水体丰富的变化形式,塑造各类既满足场景需要又具有特色的依水景观,如水体建亭、水面设桥、依水修榭及水面建舫等都是常用的水景设计表现形式。借助亭、桥、榭、舫等造景元素,更好地将水融入其中,微风拂过,粼粼波光使园林更加光彩照人。水体的动态与建筑物体的静态,一动一静,相得益彰,从而营造一个静谧而又美好的游览空间。水面映衬依水而造的景观的倒影,使空间在视觉层面得以延伸,增添了水景观的层次,提高了人们的视觉享受。

案例7.6 圆明园"鉴碧亭"

绮春园正门入内,三面环丘,院内台阶叠起,周边苗木迎合山势形成幽谧空间,辗转绕过土丘,湖面乍现,视野豁然开阔,此湖并非平铺远去,而是由建筑小景缀于水上,湖中鉴碧亭和浮桥将空间依稀分割,拉大了园林尺度,增添了园林情趣,使水与空间的交织体现出来。鉴碧亭坐落在湖中小岛上,由桥与岸边相接,游人可以由岸观湖,亦可由湖观岸,水在空间景观塑造上起到了

① 卢珊. 城市园林水景设计[D]. 天津:天津科技大学,2010.

重要作用。

——资料来源：胡正鑫.圆明园水域空间景观的探讨[J].江西建材，2015(11):203.

临水驳岸景观是指在水体边缘与陆地交界处规划及协调岸型，使水景更好地出现在园林布局中，体现水的作用和特色。园林驳岸在与所处园区的风格保持一致的基础上，发挥着稳定岸堤的作用。岸型属于园林的范畴，大多数的设计风格为顺其自然，保持原本的自然特色。我国的园林水景设计中，庭园水局的岸型包括洲渚、岛、堤、矶及池岸等各类形式，依据不同的水型选取相应的驳岸形式。洲渚主要是片式岸型，常见于湖山型园林设计中。这种形式能够较好维护水面变化，同时还能与不同类型的园林设计相融合，形成天然的水景局面。岛主要属于块状岸型，通常情况下表现为岛心立亭，同时辅以相匹配的花木，达到水景相融的合一画面，也可帮助游客临岛眺望，感受不一样的自然风光。堤主要属于带状岸型，一般位于园林水局设计中的堤岸，是园林内部空间分割的常用技巧。矶属点状岸型，指突出水面的湖石一类，多与水栽景观一同装点湖面。池岸多呈环状岸型，形式各样，与园林小品①共同构成协调水景，增强园林的观赏性。②

案例7.7 承德"避暑山庄"

湖泊景区由三大水源形成一个完整的水系，水面景区的景观构思以江南水乡的河、湖天然形态布局为创作蓝本。在整体水面约 2/3 处，设有由西南至东北的大型岛屿，将水面分隔成由澄湖、内湖、如意湖、上湖、下湖组成的大水面和由境湖、银湖组成的小水面。大水面中央布置大岛如意洲，如意洲周边水面自然分布几个零星小岛；小水面中设湖心岛分隔水面。诸岛、洲之间，或通过较大水面隔水相望，或通过蜿蜒自然的河道穿插相连，或通过桥、堤、建筑布局恰当而巧妙地与园林树木的障、隔、通、透结合，实现整个水域的开、合、聚、散，赋予整个水面浓郁的江南水乡情调。

——资料来源：魏胜林，曹虎，杜卉，等.我国四大名园水体的水面理景手

---

① 园林小品指园林中体量小巧、造型新颖，用来点缀园林空间和增添园林景致的小型设施，如园林雕塑、假山石景、园林壁画等。

② 陈溯宁.风景园林中依水景观设计手法研究[J].文化创新比较研究，2018,2(19):42-43.

法和理论研究[J].安徽农业科学,2011,39(25):15492-15494.

"无园不水,无水不园",水是我国园林造园不可缺少的重要元素,给园林设计师们带来无穷的灵感与审美启示。水景设计时要清楚地认识到水景与环境的协调统一。在园林水景的营造实践中,设计师们需最大限度地保护水体环境,建造新时代的生态园林。例如在进行水中立亭、水面建舫等造景设计时,既要考虑到视觉呈现上的观赏度,也要注重对水生态系统的保护。同样,园林水景的欣赏者更要树立生态环保意识,游览的过程中需规范自身行为,向破坏园林水景的行为说"不",只有从小事做起,从自身做起,才能将眼中所看到的这份美丽永久保留。

7.3.3 室内水景营造原理及实践

随着生活水平的提高,人们对室内空间环境的要求也越来越高,尤其更加注重品位和审美层面的需求。水景作为一种活跃空间的设计元素,越来越多地出现在各种室内空间的设计中,不仅改善居住环境,还满足人们的审美需求,因此得到许多人的青睐。

现代室内水景的作用是丰富多样的。首先,室内水景能改善室内环境质量。在室内水景观中,各种水生植物可有效吸附室内空间中的二氧化碳,释放氧气,同时水景中的水体蒸发可以增加空气中的湿度,增强室内空间的自然属性,发挥放松身心、愉悦心情的作用。其次,室内水景能美化室内空间环境。在室内环境中,水景观借助自身的质感、形态、色彩等可产生较强的空间感染力,凭借其特殊的意境营造力,使室内空间更加灵动多姿。最后,室内水景能优化室内空间布局,提供视觉焦点,有效进行空间分隔,增强空间的连贯性和一体感。

室内水景的构景元素除了水体本身的元素之外,还包括山石、植物、景观小品、灯光等。在室内水景中,山石起到衬托和点缀的作用,增加水景的层次感和深度,增强整体的美感和自然感。水生植物在水景的设计中也起着重要的作用,它们会使水景变得有灵性,增加水景的闪光点。室内水景中的灯光照明一般属于人工照明。柔和的灯光会让人感到亲切又具有私密性,暖色的灯光让人感到温暖舒适,冷色的灯光能够使人平静。这些元素共同促进了良好水景作用的发挥,使得水景观锦上添花。

水是较为自然的一种形态,水元素与室内环境完美地结合起来,才能使人与自然在室内和谐共存。在室内水景的营造实践上,较为常见的形式有家庭水族箱、庭院水景、室内瀑布与跌水。

其一,家庭水族箱。如今,观赏鱼已走进千家万户,家庭水族箱成为家庭水景的重要表现形式。饲养观赏鱼不仅可以装扮家庭,美化居室环境,而且还能怡养性情,给快节奏生活压力下的人们提供放松的空间,最重要的是还会给生活增添许多乐趣。目前家庭常用的水族箱包括很多种形式,如顶天立地的大鱼池、手掌大的小鱼缸、薄薄的水墙或碇厚的水台等。家庭水族箱养殖观赏鱼并非是件易事,养鱼品种、放养密度、通风状况、鱼缸大小等都是不容忽略的事项。值得注意的是,在卧室里应避免养鱼,因为鱼缸散发的水汽很多,会使室内的湿度增大,容易滋生霉菌,导致生物性污染,而且水族箱的气泵还会产生噪声,影响睡眠,所以最好是在客厅或书房里养鱼。

其二,庭院水景。庭院水景的设计既要分析当前庭院的环境、风格特征,了解庭院主人的喜好及习性,又要从实际出发,因地制宜,尊重、顺应自然,设计出独具特色的庭院水景①。水景在庭院景观设计中起着极其重要的作用,其表现形式丰富,易与周边多种景色形成各种关系。同时,水体的流动性给庭院增加灵动性与趣味性。水景的设计主要分为静态水景、动态水景、庭院泳池三种形式②。亲水是人们与生俱来的习性,所以,在进行别墅庭院的设计时更要满足此类需求,带给人们以视觉、听觉、触觉三感一体的体验,增加水景的趣味性。

案例 7.8　庭院泳池

庭院泳池介于动态水景与静态水景之间。泳池的设计要依据不同家庭成员的需求来设计,泳池大致分为带顶式泳池、规则式泳池、不规则式泳池、逆流式泳池四种类型。庭院泳池能为居住者提供休闲健身之所,在庭院主人不用时便是一道静态水景,因此它不仅具有使用价值,同时也具有一定的欣赏价值。

——资料来源:冯作萍.别墅庭院山石水景要素分析[J].现代园艺,2021,44(3):167-168,178.

其三,室内瀑布与跌水。在室内水景观中,瀑布与跌水主要以动态形式存在,是由落水造成的水体景观。通常情况下,瀑布倾向于与大自然中具有

---

① 冯作萍.无锡别墅庭院景观设计研究[D].大连:大连工业大学,2020.
② 冯作萍.别墅庭院山石水景要素分析[J].现代园艺,2021,44(3):167-168,178.

自然形态的落水景观进行结合,如假山、溪流等,力求彰显自然山水的无穷魅力;跌水是指利用人工建筑物来使水流从高处跌落而形成的落水景观,水体形态较为规整,多和景观墙、喷泉等建筑背景结合使用①。跌水和瀑布在表现形式具上有一定的相似性,都体现着水的坠落之美。在一些大型的室内场所,如酒店、会馆等场域中都能看到室内瀑布与跌水的身影。

水在景观设计中的地位是独一无二的。它用各种各样的形状、姿态、声音等与周围的建筑有机结合,共同为空间赋能。有了水,空间就有了灵性。在水元素的加持下,空间就变得富有美学价值,不仅满足现代人的审美需求,也在一定程度上提高了人们的审美能力。此外,人们在欣赏水景的同时,会增强与水的联结关系,也能更进一步激发人们对于水的热爱和保护之情。

思考题

1. 我们应从哪些方面进行节水型社会建设?

2. 青少年该如何恢复与自然水环境的情感联结?

3. 欣赏水景时该如何规范自身行为?

4. 水资源与生态环境有何种关系?

5. 请列举出几种园林水景或室内水景,并说出它们的形式。

---

① 郭雨薇. 休闲会所室内小型水景设计[D]. 长沙:中南林业科技大学,2016.

第 8 章
草原生态保护原理与实践

　　草原是世界上最大的生态系统,占全球陆地(除冰盖和冰层外)总面积的40.5%①,具有防风固沙、涵养水源、保护生态多样性等多项功能。人类活动范围的不断扩大使得生物资源受到破坏,降低了生物多样性,大量草原面临退化的生态危机。超载放牧、乱征滥占、乱采滥挖、盲目设厂、鼠虫灾害等是造成天然草原退化的主要原因。本章节以草原生态保护概况为基础,结合案例展示草原文化传统中的生态智慧、当代草原生态治理实践和草原旅游中的生态保护实践。

8.1　草原生态保护概况

　　本节梳理了全球草原概况,对较为著名的草原进行了较为详细的阐述,并从环境改善功能、生物多样性保护功能、社会文化服务和经济功能三个方面阐述草原生态保护的重要性,最后从草原退化、沙漠化和生态系统破坏三个方面阐述草原生态系统破坏造成的灾难。

8.1.1　全球草原生态概况

　　全球草原面积为 5 250 万平方千米,占全球土地面积的 41%。其中最著名的是欧亚斯太普草原、北美普列里草原、南美潘帕斯草原、非洲萨瓦纳稀树草原。北美洲、中美洲、南美洲和大洋洲的草原面积都占农业用地的 50% 以

---

　　① 白永飞,黄建辉,郑淑霞,等.草地和荒漠生态系统服务功能的形成与调控机制[J].植物生态学报,2014,38(2):93-102.

上,其中大洋洲更占 90％以上。世界上有 40 个国家的草原面积占陆地面积的 50％以上,非洲甚至有 20 个国家的草原占陆地面积的 70％以上。世界上约占 17％的人口生活在草原上,以草原为生,并创造了许多不同的人类文明。①

草原降雨量小,生态脆弱。以欧亚大草原为例,夏季炎热,冬季寒冷,年降水量为 250～550 毫米,每年有一个旱季。西部的里海-哈萨克斯坦草原有夏季和冬季两个休眠期。东部的蒙古-中国草原只有冬季一个休眠期。由于每年降雨量变化很大,草原经常发生严重旱灾。人类对草原有多种使用方式,比如放牧,开垦为农田、城镇工矿,等等。由于缺少科学利用和保护,滥垦滥牧,草原植被破坏、土壤沙化,形成了大面积的沙地、盐碱地、沙尘源。在全世界 45.56 亿公顷草场中,有 73％的草场出现了沙漠化与土地退化状况,45.12％的草场严重沙漠化和退化。其中,北美洲草场沙漠化与土地退化最为严重,达 85％②。荒漠化问题已威胁着全球 1/4 的土地、100 多个国家(其中有 80 个是发展中国家)③。

8.1.2　草原保护的生态功能

我国天然草原面积约 4 亿公顷,占陆地面积的 41％,约为耕地面积的 3.2 倍,森林面积的 2.5 倍,是面积最大的陆地生态系统。草原生态系统具有多种功能,它不仅为人类社会提供了丰厚的社会和经济效益,更具有极高的生态效益,对维持陆地生态系统的生态平衡、稳定陆地水生态和生物多样性等起到了重要作用④。因此,草原生态的好坏直接关系到国家整体的生态安全⑤。草原生态功能可以划分为环境改善功能、生物多样性保护功能和社会文化服务和经济功能⑥。

首先是环境改善功能。草地的环境改善功能主要有四个方面。一是草地可以净化空气。草地植物通过光合作用吸收空气中的二氧化碳并放出氧气。一般草地每小时每平方米可吸收二氧化碳 1.5 克。如果每人每天呼出二

---

① 胡自治,READFOTO.走遍世界看草原[J].森林与人类,2008,28(5):18-35.
② 胡涛.世界草原沙漠化与土地退化状况[J].世界环境,1992(3):55.
③ 王治、杨柳.荒漠化(Desertification):全球的生态灾难![J].四川环境,1996,15(1):71-75.
④ 黄振艳.草地的生态功能[J].呼伦贝尔学院学报,2005,13(2):54-56.
⑤ 刘加文.大力开展草原生态修复[J].草地学报,2018,26(5):1052-1055.
⑥ 尹剑慧,卢欣石.中国草原生态功能评价指标体系[J].生态学报,2009,29(5):2622-2630.

氧化碳平均为 0.9 千克,吸进氧气 0.75 千克,25 平方米的草地就可以把一人在一天内呼出的二氧化碳全部还原成氧气。[①] 草地植物可以不断地吸附空气中的尘埃,并持续性地进行固碳吐氧,堪称草原的空气净化器。二是草地可截留降水。草原植被地面覆盖度均匀、根系致密发达,草地植物根冠比大,降雨时不易形成地表径流,显著增加了壤中流,可很好地截留降水和净化水质,对保护水土资源、抵抗雨水冲刷、降低近地表风速,以及涵养水分均具有重要作用[②]。三是草地可以调节气温和湿度。与裸地相比,草地上湿度一般较裸地高 20% 左右[③]。草地可吸收辐射外地表的热量,夏季地表温度比裸地低 3~5℃,而冬季相反,草地比裸地高 6~6.5 ℃[④]。四是草原的防风固沙效果。当草原植被覆盖度达到 30%~50% 时,近地面风速可被削弱 50%,地面输沙量仅相当于流沙地的 1%[⑤]。

其次是生物多样性保护功能。草原孕育着极其丰富的生物多样性。在我国的草原上有 7 000 多种植物和上万种动物[⑥]。丰富的物种资源包括重要的牧草、药用植物、珍稀动物。草原不仅孕育了种类丰富的野生牧草遗传资源,还供养着种类繁多、遗传性状各异的草食动物遗传资源,包括放牧家畜[⑦]。在一个生态系统中,物种的数量越多,各生物间的联系就越多,因而食物链结构越复杂,系统整体的抗干扰能力和稳定性也就越强。草原较高的生物多样性水平增加了生态系统和景观结构的复杂性、多样性和稳定性。异质性草地生态系统不仅为各类生物物种提供了繁衍生息的场所和环境,还为生物进化及生物多样性的产生与形成提供了条件。森林与草地生态系统中传粉、异花受精的繁殖功能以及生物之间、生物与环境之间的相互作用,使得草原的生物能维持进化过程,进而维护生物的多样性[⑧]。草原也是重要的可更新资源和畜牧业基地。

再次是社会文化服务和经济功能。主要体现在生态旅游开发和支撑畜

---

① ④ 黄振艳.草地的生态功能[J].呼伦贝尔学院学报,2005,13(2):54-56.

② 金良.草原生态系统各类服务功能价值评估[J].内蒙古财经学院学报,2011,140(3):18-21.

③ 中华人民共和国农业部畜牧兽医司,全国畜牧兽医总站.中国草地资源[M].北京:中国科学技术出版社,1996.

⑤ 严以新,高吉喜,吕世海,等.加强草原生态保护 提升草原生态服务功能[J].中国发展,2014,14(6):7-12.

⑥ 蔡晓明.生态系统生态学[M].北京:科学出版社,2000.

⑦ 徐柱,闫伟红,刘天明,等.中国草原生物多样性、生态系统保护与资源可持续利用[J].中国草地学报,2011,33(3):1-5.

⑧ 张培栋,马金宝.森林与草地生态系统服务的内涵[J].草业科学,2005,22(8):38-42.

牧产业两方面。一方面,草原可以进行生态旅游。草原生态旅游的实质是以草原生态系统为对象的旅游活动①。草原可以提供风景观光、户外休闲、生态体验和草原露营活动以满足人们游憩和娱乐的需求,是生态旅游和娱乐的天然场所。近些年来,草原生态旅游业蓬勃发展,带来了较大的社会效益、生态效益和经济效益,也带动了其他产业的发展,不仅有助于吸引外资、改善当地基础设施、增加财政收入、促进第三产业发展,还能促进产业结构、家畜养殖和种植结构的调整,促使部分农牧民专门从事服务性经营活动,使区域经济呈现出新的活力。② 另一方面,草原支撑着畜牧产业。草原不仅生产肉、奶等大量食物和多种工业原料,更提供了丰富的基因资源,为农作物和家养动物品种的育成以及医药材料提供特殊性状的基因和物种。几乎所有的家养草食畜禽,如马、牛、牦牛、绵羊,都原产于草原。所有的主要谷类作物——玉米、小麦、燕麦、稻米、大麦都源自草原。草原本身可以为家畜提供饲料来源,为畜牧业提供食物生产,围绕着草原形成的生态经济系统的产品输出和物质能量的输入不断地运行,使得草原上的绿色草本植物、动物、微生物及生态系统都具有生态价值③。

8.1.3 草原生态系统破坏造成的灾难

草原生态系统具有净化空气、保持水土、涵养水源、固碳吐氧、保护生物多样性等多项生态功能④。但是由于人类长期的不合理利用,草原生态功能受到不同程度的破坏,出现草原退化、草原沙化,许多重要经济动植物和特有物种减少,沙尘暴、鼠虫害等灾害频发。

首先是草原退化。草原退化的主要原因有两个:一是过度放牧,二是乱开乱垦。草原是畜牧业发展的重要资源,是自然赐予牧民的财富,但是,过度放牧使得资源被滥用,导致草原生态系统退化。从全国来看,2006—2015 年,天然草地的实际牲畜量呈逐年下降趋势,由 2006 年的 3.1×10^8 羊单位⑤,下降至 2015 年的 2.8×10^8 羊单位,但仍显著高于载畜能力(2.5×10^8 羊单位)。

---

① 毛培胜,邵新庆,杨富裕,等.我国草原生态旅游发展现状与问题浅析[J].西南民族大学学报(自然科学版),2016,42(2):127-130.

② 陈佐忠.略论我国发展草原生态旅游的优势、问题与对策[J].四川草原,2004(2):42-45.

③ 王关区.论草原生态经济系统的结构与功能[J].内蒙古社会科学(汉文版),2003,24(1):100-104.

④ 李建东,方精云.中国草原的生态功能研究[M].北京:科学出版社,2017:3-4.

⑤ 一种用于衡量牲畜数量的单位,主要用于牧区清点牲畜数量和评估草场承载能力。

从超载面积比例看,自 2009 年以来,全国 264 个牧区半牧区旗县的超载面积比例均呈下降趋势,其中,牧区超载过牧的草地面积比例从 2009 年的 42% 下降到 2015 年的 18.2%,半牧区超载过牧的草地面积比例从 2009 年的 56.4% 下降到 2015 年的 13.2%。这说明目前我国的天然草原不论是在强度上还是规模上超载过牧问题都有所缓解,但超载过牧现象依然存在。[1] 乱开乱垦方面,牧区、半农半牧区由于缺少燃料,农牧民烧茶做饭主要依靠拾粪捡柴。在人口不断增长的情况下,为满足生活用能的需要,农牧民会大量砍伐草原上的乔木、灌木和半灌木作为燃料,这会对草原原生植被造成严重破坏。[2] 为了获取中药材,农牧民也会采挖草地。例如,克什克腾旗大部分地区生长品质优良的中药材,如赤芍、柴胡、黄芪等,这些中药材市场需求量大,每年夏季都有大批农牧民涌入草原采挖,不仅使中药材资源日趋枯竭,而且对植被造成严重破坏。在日渐退化的草原上挖防风、麻黄等草药的现象年年都有发生,使本已脆弱的荒漠生态系统雪上加霜。[3]

其次是草原沙漠化。目前,全国荒漠化土地面积达 26 亿公顷,近 80% 发生在草原牧区,占草原总面积的 70.7%。草原成为荒漠化的主体和沙尘暴的主要发源地。[4] 草原沙漠化有自然因素和人为因素。其中自然因素包含气候暖干化及干旱等。这些极端气候事件,使得沙质草原区植被退化、土层干裂。土层中的颗粒物质活性增大使温差显著,由此引起的寒冻风化作用也使得土层的整体性不断遭受破坏,加剧了草原沙化。例如,呼伦贝尔草地气候变化及干旱灾害,导致气候暖干化趋势显著,干旱程度严重,干旱频率增高。从 1801 年到 2004 年的 200 多年间,呼伦贝尔草地旱灾发生频率为 49%,以春季、夏初干旱最为突出,干旱频率分别为 67% 和 54%;1991—2000 年呼伦贝尔草地旱灾发生频率为 53%,春、夏干旱频率分别为 69% 和 58%;2001—2006 年的 5 年中有 4 年发生了不同程度的干旱,旱灾发生频率高达 80%。截至 2006 年,呼伦贝尔草地在 20 年内平均气温上升 0.7℃;45 年内平均气温上升 1.6℃,平均每年上升 0.036℃。[5] 此外,导致草原沙化的原因还有勘探、开

① 潘庆民,薛建国,陶金,等.中国北方草原退化现状与恢复技术[J].科学通报,2018,63(17):1642-1650.
② 谭成虎,贺素雯.加强草原建设 遏制草原退化[J].农业科技与信息,2007(12):17-18.
③ 赵国玉,张瑞青.浅谈草原退化的原因及治理措施[J].当代畜禽养殖业,2011(4):53-54.
④ 王宗礼.中国草原生态保护战略思考[J].中国草地,2005,27(4):1-9.
⑤ 王希平,赵慧颖.内蒙古呼伦贝尔市林牧农业气候资源与区划[M].北京:气象出版社,2006.

采、铺管线和修路等人为因素。

最后是草原生态系统破坏。草原生态的恶化导致生产力降低,重要经济动植物和特有物种锐减。与 20 世纪 50 年代相比,产草量下降 30%～50%,优质牧草如羊草、冰草等在草群中的比例下降,而一些适口性差的杂类草所占比例则增加,草群变稀、变矮,植物种类明显减少;有些退化严重的地区,草原已经变成寸草不生的裸地。① 例如,青海省天然草地牧草种类繁多、资源丰富,具有药用价值、保健功能的天然经济植物不断被发现并市场化,使得天然草地生态系统不断被破坏。农牧民掠夺式采挖的冬虫夏草主要分布于高寒草甸,而高寒草甸生态系统比较脆弱且草土层比较薄,农牧民在采挖冬虫夏草的过程中容易忽略对草土层的保护,造成天然草地水土流失、牧草生长受到影响。② 也有些外来企业借发展牧区经济之名在草场开矿建厂,造成草原污染。例如,在内蒙古一些牧区,某些外来单位完全无视牧民合法权利,悍然侵占牧民承包的草场办厂、开矿和垦荒;而多数牧民并不知道自己有哪些权利,更不懂如何依法保护自己的权益。此外,有些工矿企业借发展落后地区经济之名向牧区进行污染转移,这些厂矿污染毒化草原,使草场退化、当地畜禽产品质量严重下降,甚至导致牲畜死亡。这对草原生态系统和畜牧业生产的影响往往是不可逆的,是新一轮更严重的破坏。③ 草原生态系统的破坏将引发生物多样性锐减、水土流失、沙尘暴等现象以及各种自然灾害。为了保护草原生态,维护生物的多样性,政府和社会各界都必须持续关注并重视草原生态保护。④

8.2 草原文化传统中的生态智慧

草原生态文化是游牧民族与草原环境相适应,在漫长的游牧生产生活实践中,逐渐创造、积累的一整套独特的生产生活方式、风俗习惯、社会制度、文学艺术以及宗教信仰,其中蕴含着丰富而深刻的生态内涵。⑤ 从中外草原文

---

① 王宗礼.中国草原生态保护战略思考[J].中国草地,2005,27(4):1-9.
② 李建东,方精云.中国草原的生态功能研究[M].北京:科学出版社,2017:20-21.
③ 牛立明.保护草原生态系统促进牧区畜牧业可持续发展[J].中国畜牧兽医文摘,2011,27(5):15-16.
④ 毛思珍.保护草原生态重要性[J].科学技术创新,2017(26):192-193.
⑤ 莎日娜.蒙古族草原生态文化的传承与借鉴研究[D].呼和浩特:内蒙古农业大学,2014.

化发展的历程来看,草原生态文明的核心理念是崇尚自然、珍爱生命、追求人与自然和谐共生,具体体现在传统生态保护思想、草原游牧转场、草原聚落的选择等方面。

8.2.1 草原传统的生态保护思想

草原民族在长期的游牧活动中逐渐认识和感悟到:草原是一个各项主体都相互关联的生态系统。因此,草原游牧民族普遍对大自然生物有一种崇拜的心理,认为草原上的一草一木、飞禽走兽、河流湖泊都有灵性,不能轻易干扰、捕杀和破坏①,主张尊重自然、保护自然。比如,蒙古族谚语中的"在多石的地方搭毡房,在有狼的地方放羊"就体现了草原传统的自然生态保护思想。

案例 8.1　草原牧民对狼的崇拜

牧民会到有狼的地方放羊的行为举止看似荒谬,却有科学依据。例如,狼虽然吃牧民的羊,但捕杀的多是老弱病残。老牧民巴拉沁老人说:"有狼的时候,不用像现在打这么多针。"他的解释是:"羊有一种病,身上长水泡,以前狼进去,把有病的羊抓走了,羊群就干净了,可现在就不行了。"关于狼的好处,牧民们还有不少说辞。例如,有狼的地方,羊群比较警醒,羊会更健壮。生态学者说,狼还是草原的清洁工,草原大灾(白灾、旱灾、病灾等)过后,牲畜会大批死亡,如果不及时处理死畜,就会暴发瘟疫。在缺乏食物的冬季,狼群围捕大型猎物,残羹剩肉可帮助鹰、狐狸等动物熬过严冬,保护整个生态系统的完整。

——资料来源:舒泥.狼,守护草原的"天狗"[N].中国环境报,2015-04-08(4).

从这些角度看,狼并不是草原的害兽,而是"守护者"。这种观点并非空穴来风。草原上的鼠和兔是狼的食物之一。20世纪50年代,内蒙古自治区每年狼伤害家畜约5万头,从1948年到1958年,内蒙古打狼97 000只,"狼害"看起来是下降了,但天敌减少后,相应的鼠害和兔害就会增多,带来了极大的牧草损失。仅伊金霍洛旗一个旗,每年就损失约6 000万千克牧草,是一万头牛一年的饲料。从这个意义上来说,栖息地丧失或者草原的健康程度不足以供狼群生存的时候,狼就消失了②,而"洪水猛兽"不在了,草原就真的出

---

① 屈虹,刘红云.草原生态文化的传承与挑战[J].北方经济,2011(19):71-73.
② 舒泥.狼,守护草原的"天狗"[N].中国环境报,2015-04-08(4).

了问题。

在跟草原的长期相处中,草原牧民不断调整生产生活方式,逐渐形成了保护草原生态的行为规范和准则,并发展为本民族的习惯,比如哈萨克族人们对于牲畜和水草资源的珍爱。

案例8.2 草原牧民对牲畜及水草资源的珍爱

哈萨克族和柯尔克孜族牧民都最忌讳拔草根,因此,为防止过度放牧,牧民会根据牲畜啃食情况及时更换草场。干旱区的生态环境极其脆弱,植被是遏制草原沙漠化的防护网,牧民会更加珍惜对草原起着保护作用的关键物种。比如在防风固沙、遏制草原退化方面可以起到重要作用的物种——沙棘,就被柯尔克孜族赋予神圣性。他们认为,可以保护草原的沙棘具有神奇的魔力,能降魔镇妖,至今人们还将沙棘枝条挂在门上或放在室内,认为可以护佑阖家平安。[1][2] 柯尔克孜族赋予沙棘神圣性,可见他们对这种旱生灌木的认识程度与他们的生活密切相关。

哈萨克族牧民也知道梭梭(一种旱生灌木)既有防风固沙的作用,也能为家畜提供食物和躲避风雪之地。据一位退休多年的兽医讲,在准噶尔盆地的荒漠草原,凡是有梭梭的地方,其周围的牧草就生长得很好,因为冬天在风的作用下,梭梭周围会堆积很厚的积雪,春天气温慢慢升高,梭梭周围的积雪融化速度慢,无形中起到蓄水的作用,其周围水分充足,牧草自然生长得茂密,这也为牲畜提供了食物。还有很多鸟儿也喜欢在梭梭里做窝,因为茂密的梭梭为鸟儿提供了一个安全繁殖后代的地方。[3]

牧民对草原上很多生命都了解得很透彻,并且把它们之间的关系放在整个草原生态系统中加以认识,形成具有游牧特征的生存技能和生态智慧。

——资料来源:陈祥军. 本土知识与生态治理:新疆牧区习惯规范的当代价值[J]. 北方民族大学学报(哲学社会科学版),2022(5):22-30.

哈萨克族、柯尔克孜族及塔吉克族等少数民族流传着很多有关牧民与各种动物平等相处的故事,表达了要善待一切生命的观念。在他们的生态观念

---

① 贺灵,曼拜特·吐尔地. 柯尔克孜民间信仰与社会研究资料汇编[M]. 北京:民族出版社,2013.

② 崔延虎,罗意. 生态决策、生态文明建设与生态人类学:崔延虎教授访谈录[J]. 原生态民族文化学刊,2018,10(1).

③ 陈祥军. 阿尔泰山游牧者:生态环境与本土知识[M]. 北京:社会科学文献出版社,2017.

里,破坏草原、森林、动物的人一定会遭受神灵的惩罚。在这些朴素生态观念的影响下,牧民日常行为中形成了很多禁忌,例如,严禁破坏水源地、严禁猎杀怀孕的野生动物、禁止在草原上挖土等。这些日常习惯规范里蕴含着一系列保护草原生态环境的观念,对破坏草原生态环境的行为起着约束作用。

8.2.2 草原游牧转场的生态智慧

对游牧民族来说,草原五畜是他们的一切,因此,找合适的牧场是其首要任务。[①] 草原游牧的转场是以让牧草自然生长为主要目的,为此,牧民们需要不断地在游动中养育牲畜。当发现某个牧场水草供不应求时,游牧民族就要搬迁到其他牧场。转场时,游牧民族有各自的转场路线。转场路线的选择以保护草原为目的,包括着一整套缜密的组织管理知识。[②] 案例 8.3 介绍的是高寒牧区甘南藏族自治州作海村的转场情况。

案例 8.3　高寒牧区甘南藏族自治州作海村的转场

牧民根据气候的变化转移放牧草场、迁移居住营地。一般海拔比较高的地方,气候较冷、水源相对较少,只有在春夏的时候能生产出满足放牧需要的牧草,因此牧民将其定为夏季草场(又可称为暖季草场),那些海拔比较低、气候较暖,水源相对丰富的牧场被定为冬季草场(又可称为冷季草场)。[③] 甘南藏区有春—夏—秋—冬转换及春夏秋—冬转换两种转场方式,不仅可以保证牲畜吃到适宜生长发育的牧草,而且能够保证常年有牧草供给牲畜而不至于"断吃"。

甘南藏族自治州牧民习惯将他们的住所称为窝子,作海村牧民根据四季气候特征、草场条件选择四季游牧窝子。每到达一个放牧点,牧民在安置住所时都会考虑时令、气候、地形地貌等因素,最终选择适宜的窝子。这里形成了春秋窝子、夏窝子、冬窝子三种类型,每种窝子都体现了丰富的生态智慧。

春秋窝子分布在近河谷地带,窝子营建的最大特点是用薄墙将羊圈隔开,其目的是分开春季刚生产的小羊羔与成年羊,因为春季和秋季是产羔的主要季节。春季和秋季与冬季相邻,春季是为了快速摆脱刚经历的寒冷、缺草、多雪少水的冬天,秋季是为快要到来的冬天做准备,这两个季节都需要选择草质好、凉

---

① 阿拉衣·阿不都艾力,刘滨谊.游牧民族草原传统人居环境营造的自然智慧:以新疆伊犁河谷为例[J].住宅科技,2022,42(3):59-63.

② 麻国庆.游牧的知识体系与可持续发展[J].青海民族大学学报(社会科学版),2017,43(4):36-40.

③ 程静.新疆哈萨克族生态伦理的内涵解读[J].民族论坛,2017(4):45-49.

爽的草场来给牲畜"贴膘",使其能够避免遭受风雪自然灾害的冲击。

夏窝子分布在水源比较丰富的高海拔地区。夏季是牲畜长膘的季节,牲畜对草质的要求比较高,最好选择山丘、山阴腹地细嫩的草场,要考虑满足乘凉的需求。夏窝子的构造与牧民起居有关。窝子内部功能齐全,吃饭睡觉都能实现,运用几块石头就可以拼成简单的临时灶,烧灰漏在地面上,门外有拴马桩、盐槽子和储藏食物的窖穴,整个布局看似简单,但都能满足牧民的基本需求。

冬窝子的选址在山坳里,为了保暖,冬窝子背风向阳,墙厚保暖。牧民在选择时要保证牲畜能够安全度过寒冷的冬季,因此日照充足的阳坡地带是冬窝子的首要选择。牧民认为冬营地的选择要遵从"三分饮食,七分卧地"的原则,说明保膘是冬天最重要的任务。

——资料来源:李亚红.高寒牧区乡村生态智慧研究:以作海村为例[D].兰州:兰州交通大学,2021.

哈萨克牧民也有相似的转场措施,夏天把牧群赶到夏季草场放牧,而冬季牧场则不放牧,让牧草自由生长,等到天冷了或夏季草场的草被吃光了后,再把牧群赶到冬季牧场。因此,到了秋冬季节,经过一个夏天的休养生息,冬季牧场的牧草产量基本能够满足牧群的需要。这种不断更换草场、轮流使用草场的放牧方式合理利用和保护了牧场,有利于草原的可持续利用和发展。[①] 下文以阿尕什敖包乡的哈萨克牧民的季节性游牧转场为例。

案例8.4　青河县阿尕什敖包乡的哈萨克牧民的季节性游牧转场

青河县阿尕什敖包乡在干旱半干旱地区,游牧民只有依靠转场移动,才能够在不同季节充分利用海拔不同的草场。阿尕什敖包乡的哈萨克牧民的转场,根据季节分为从冬草场转到春草场、从春草场转到夏草场(中山、高山牧场)、从夏草场转到秋草场再从秋草场转到冬草场3种类型。

第一,从冬草场转到春草场。阿尕什敖包乡哈萨克牧民有一个说法,"十一个月的支出,就决定于春季一个月的收入",这时段牧民必须赶着牲畜转场,到春牧场准备接羔。接完羔以后是牧民最艰苦的一个月,也是整个一年中牧民喝奶、吃肉最少的一个月。这里哈萨克人的谚语说,"3月份是空肚子,4月份是油肚子"。因为在3月份,地上的草还没有完全发芽,这时牲畜普遍会比较虚弱,但是到4月份以后,青草长出来了,牲畜吃到嫩草,产奶量增多

---

① 程静.新疆哈萨克族生态伦理的内涵解读[J].民族论坛,2017(4):45-49.

了,因此牧民们可以喝到新鲜奶品。牧民在春牧场生活3个月左右,到5月中旬,又开始准备转场到中山牧场。

第二,从春草场转到夏草场。阿尕什敖包乡的哈萨克牧民在春季牧场接完羔以后,在那里停留一个月,为了让牲畜吃到更嫩、更好的牧草,就要转场到中山牧场。这时候中山牧场的雨水也比较充沛,北部山区的河谷盆地里降水多,草长得茂盛。而到6月底,中山牧场的草快被牲畜吃完时,牧民就会转场到高山牧场。9月中旬,中山牧场的天气变冷了,有时候下雪,牲畜也待不住了,开始不停地往秋草场跑,牧民们不得不从中山牧场转场到秋牧场。

第三,从夏草场转到秋草场、从秋草场转到冬牧场。9月份阿尕什敖包乡的中山牧场开始下起雪,牲畜吃草有困难。牧民从中山牧场转场到秋牧场。这时候秋季牧场还没有下雪,只是天气偶尔会受到冷空气的影响,出现一些阵雨,但是对牲畜吃草来说不是大问题。那里因为半年没有放牧,春天被牲畜啃食过的草会恢复生长,牲畜能够吃到足够的牧草。到了10月中旬,那里开始入冬了,土壤开始冻结,牧草也被牲畜吃完了,牧民们再次搬迁到冬牧场。10月底至11月初的时候,阿尕什敖包乡的牧民就转场到了冬季牧场。牧民在冬季牧场待的时间很长,一般是从11月份到来年的3月份,他们要在这里放牧4个月。这里冬天的气候也比较冷,但是相比较于其他类型的草场,气候会较暖和,下的雪没有其他草场多,牲畜可以吃地上的草过冬。

——资料来源:哈依沙尔·卡德尔汗.游牧社会与游牧过程:青河县阿尕什敖包乡哈萨克牧民的社会记忆[D].乌鲁木齐:新疆师范大学,2014.

游牧转场取决于草场的生态情况。转场可以及时给牲畜提供优质牧草,保证牲畜的成长和数量增加,对各种牲畜进行自然淘汰,有利于品种优化。[①] 每一次转场,都是游牧民族传统游牧文化生态智慧经验的生动体现。归纳起来,游牧的转场是为了保护草场的可持续利用和畜牧业的可持续发展。在每次移动过程中,牧民自觉形成在遵循自然规律基础上的"人、畜、草"相互平衡的草原生态食物链意识,保护了草原生态系统。

8.2.3　草原聚落空间营造的生态智慧

居住是人类最基本的物质需求之一,牧民聚落的产生、形成和发展深受

---

① 阿利·阿布塔里普,汪玺,张德罡,等.哈萨克族的草原游牧文化(Ⅱ):哈萨克族的游牧生产[J].草原与草坪,2012,32(5):90-96.

所处环境的影响①。在与自然环境的适应过程中,草原牧民们最大化地利用自然环境,在选址、布局、营造等过程中对有限的资源进行高效利用,在各个环节中都体现出牧民长期以来积累下来的生态智慧。比如,新疆特克斯县琼库什台村以"择地形、近资源、逐水草"为原则选择聚落空间及建构方式。早期藏族牧民的帐房搭建遵循"朴素实用,低技节材"原则,伊犁河谷草原地区采用木头房、石头房和土木结构房的传统建造。这些都充分体现了草原聚落空间选择和营造的趋利避害、因地制宜的生态智慧。

案例8.5　新疆特克斯县琼库什台村聚落空间选择和营造

新疆特克斯县琼库什台村是典型的传统草原聚落,当地居民择地势而居、借自然力而建,物尽其用,高效利用自然资源,在村落选址和空间营造方面都体现了极具生命力的生态智慧。琼库什台村地理位置偏僻,距县城有90千米,山路崎岖,物资难以到达。因此当地牧民就地取材,建造木楞房。由于该类民居具有生态适应性且屋主对其爱护有加,许多建村初期的传统木屋得以保留,见证着当地牧民从游牧到定居的历史,因此该聚落也于2010年被评为国家历史文化名村。

琼库什台村在村落选址和空间营造方面遵循以下原则。

第一,选址遵循趋利避害、因地制宜的原则。琼库什台村的选址与布局顺应山水格局,其选址最大的特点在于对地形的选择。聚落所处区域整体上有南高北低之势,三面环山,中部平坦。一方面,中部的平坦区域有利于开展聚落的营建活动,适宜人居;另一方面,三面的山体有效地阻挡了冬季的寒流,营造了良好的气候环境。

第二,空间营造遵循顺应地势、逐水而居的原则。琼库什台村民在聚落空间布局上遵循地势和琼库什台河的流向,充分利用地形,以高效利用水资源和争取最佳营建环境的原则来布局各户建筑。

第三,营建过程中遵循就地取材、物尽其用的原则。琼库什台村民居的墙体、屋顶、门窗以及院落的院门、栅栏都是由当地的木材所建造。此外,在营建中还用到石材与生土等材料,石材主要为本地的毛石及鹅卵石,用于建造房屋的基础、铺设院内的小路。生土主要为周边山区的自然土质,具有一定黏性,与草筋和木材搭配使用,起到密封建筑构件、加强保

---

① 王伟栋.游牧到定牧:生态恢复视野下草原聚落重构研究[D].天津:天津大学,2017.

温效果的作用。

　　——资料来源：朱紫悦，塞尔江·哈力克，张朔.传统草原聚落空间营造及建构的生态智慧探究：以新疆特克斯县琼库什台村为例[J].华中建筑，2022,40(11):168-171.

　　琼库什台村传统聚落是典型的固定式聚落代表之一，在村落选址和空间营造的生态选择上，达成了与生态环境的和谐统一，是少有的自然定居形成的村落①。

　　草原聚落空间营造所体现的生态智慧，除了借助自然之力形成草原聚落的智慧，还有就地取材、朴素实用的建筑构造的智慧，比如藏族牧民帐房和伊犁河谷草原地区传统定居式聚落建筑构造。

案例 8.6　藏族牧民帐房采用"朴素实用，低技节材"原则

　　藏族牧民搭建帐房具有以下优点。

　　第一，建造容易。帐房在迁徙过程中方便建造和搬迁，对建造土方没有任何要求，只需平整的地面就行，构建也是独立存在，更是方便拆卸安装。

　　第二，低技实用。帐房是藏族牧民最普遍的居所，便于携带，利于牧民的生产生活，其制作使用当地牦牛毛纺成的毛线，用毛线织成毡毯，将其四角及腰部用牦牛绳固定在四周的木楔子上。这种低技的生态建筑恰巧体现了藏民遵从天人合一的生态理念。牧民一般在一个牧场会待一段时间，在遇到大风、雨水时，帐房不像土硐房那样有厚实的墙体可以抵挡大风的袭击，因此牧民在帐房底部用泥巴、石头、草砌成 35 厘米左右高的墙体，也有把晒干的牛粪沿着帐房周围垒成矮墙，一是可以防止大雨过后积水流入帐房，二是可以防止帐房底部进风。在春秋季节，草原上昼夜温差较大，夜间温度较低，御风保暖是必不可少的。牧民建房材料全部来自大自然，在海拔较低的河谷丘陵地带，木质结构的民居建筑较多，最典型的属踏板房，其木材也来自草原山林。由此可见，藏族牧民在居住建筑所用材料上都考虑了因地制宜、就地取材的原则，其选材也充分地体现了人与自然和谐的一面。

　　——资料来源：李亚红.高寒牧区乡村生态智慧研究：以作海村为例[D].兰州：兰州交通大学，2021.

---

　　①　迪娜·努尔兰.基于历史文化传承的传统村落保护与更新策略：以新疆特克斯县琼库什台村为例[D].乌鲁木齐：新疆大学，2017.

帐房是一种非常环保的绿色居住建筑。它充分体现了"节材",制作本身用材较少,且都是容易从草原环境中得到的材料,对自然资源的消耗较少,对自然环境的破坏较小。整个建造过程不涉及土方,在搬离之后生态恢复很快。

与此相类似的还有伊犁河谷草原地区聚落建筑,也是就地取材,环保绿色,兼顾美观性和实用性。

案例8.7 伊犁河谷草原地区传统定居式聚落建筑

伊犁河谷草原地区传统定居式聚落建筑主要有木头房、石头房和土木房,以下是对这三类建筑营造技术的介绍。

一是木头房。一般分为两种构造模式。一种是早期使用的井干式(哈萨克语为:Ayhasterma),这类构造木材长短没有严格地对齐,根据原材料的长短进行排列组合式的搭建,用材量大,外观不够整齐,比较粗糙。随着经济发展和生活水平的提高,原来的传统井干式木结构进一步提升,利用角柱在四个方向根据链接方式锯出一个槽用于搭接木梁,这种方式节省木材,经济美观,是传统井干式木结构的提升版(哈萨克语为:Aydama),在后期房屋搭建中使用较多。

二是石头房。在河流附近的山周围的聚落使用得较多,选用石头(多为扁石)作为建筑材料。将石头由大到小依次向上堆叠,既便于修建,稳定性也比较好。这类房屋外立面一般是梯形形状,下面宽,上面逐渐缩进。墙体相对厚一些,屋面结构一般采用木结构(木梁和木椽子结合)。石头房结构坚固,强度高,环保而耐用。

第三,土木结构的房屋。这类房屋在冬牧场的居住建筑中使用得比较多,墙体围护结构为夯土墙,厚度比较厚,屋面用木梁和椽子再结合席子和土坯来建造。这种房子冬暖夏凉,构造简单,但是耐久性差。

(a) 传统定居式聚落木头房(阔克苏温泉)　　(b) 传统定居式聚落石头房

（c）传统定居式聚落木头房（1952 年建造）　　（d）传统定居式聚落土木结构房子内景

——资料来源：古丽·玉素甫阿依旦.伊犁河谷草原牧区聚落建筑营造方式研究：以包扎墩尔牧场为例［D］.乌鲁木齐：新疆大学，2021.

　　因地制宜、就地取材是草原居民长久以来积累的经验。以草地为地，以木头、石头为建筑原料彰显了就地取材的生存智慧，也体现出人与自然和谐共生的生态思想。随着经济的发展，这种就地取材建造房屋的方式显得较为原始，环境卫生、舒适程度也不尽如人意。例如，青海省循化县岗察乡苏化村天气多变，即使秋季也会忽遇雨雪天气，室内用泥土为主材料之一垒砌的灶台会面临软化成泥、塌陷的尴尬和不便。① 居住条件和生活状况十分困苦，尤其是到了严冬风雪季节，常是畜无草料人无粮，饥寒交迫。传统而落后的生产生活方式，只能维系他们最基本的生存。因此，牧民定居对草地资源来说是一把双刃剑，既可以减轻草地资源压力，使其休养生息，也可能造成新一轮的草地资源破坏。②

8.3　当代草原生态治理经验

　　草原作为生态屏障对生态安全的维护和发展具有重要意义。近年来，草原退化、沙漠化现象严重，频繁发生的自然灾害严重制约着草原的生态功能。同时，草原旅游也逐渐兴起，在旅游开发和经营过程中，如何做到生态保护，也是一个现实问题。本节针对草原沙化、草原退化和草原旅游等主题总结生态治理经验。

---

① 闫展珊.青海牧区藏族传统聚落景观形态研究［D］.西安：西安建筑科技大学，2018.
② 葛根高娃.关于内蒙古牧区生态移民政策的探讨：以锡林郭勒盟苏尼特右旗生态移民为例［J］.学习与探索，2006(3)：61-64.

8.3.1 沙化草原的生态治理经验

草原沙化也是一个世界性问题。现在经过不懈的治理,大部分中国沙化草原的土壤沙化情况已经得到初步控制。在多年的治沙实践过程中,国内形成了以下四种典型模式。

(1)复合沙障治沙模式

这个模式来源于内蒙古自治区东部的赤峰市。历史上赤峰有水草丰美的大草原,由于不合理的土地利用,251万公顷草场退化,全市70%的人口、12个旗(县)的148个乡镇受沙漠化危害①。复合沙障治沙模式适用于干旱、半干旱地区治理流动沙地、半固定沙地,是利用植物具有再生能力的特性,采取浸泡、截梢、深埋、踩实、加填充料等技术措施在沙丘迎风坡埋设沙障,促使灌木成活,达到持久性植物固定沙地的目的。这种模式解决了流动沙丘治理难、固定难、利用难等问题,能够快速恢复和保护植被,达到一次治理、一次成型、一次固定的治沙效果,是一项成本低、防治速度快、效果好、操作简便易行、可再生、可持续、经济实用的防沙治沙模式。

沙障的规格根据沙地起伏程度、沙丘高度、风速等因素确定。在高大的流动沙丘,沙障规格为4米×4米或4米×5米;在起伏不大的平缓沙地,沙障规格为5米×5米或5米×6米。在流动沙丘迎风坡,主带扦插黄柳,副带扦插踏郎,黄柳埋深80厘米,踏郎埋深60厘米,外露高度为20厘米,株距50～100厘米,株间用沙蒿、枝柴埋充,通风系数以0.2～0.3为宜。黄柳选用1～2年生枝条,基径0.8厘米以上,踏郎选用1年生枝条,水浸处理,时间不低于24小时。沙障建设时间选择在9月末至11月初(封冻前)或次年3月。作业根据就近取材原则,采取机械沙障＋再生沙障(活沙障)的复合沙障模式,再辅以人为的生物措施固定沙地。在准备好种条和沙障材料后,采取倒土法施工,即先按定点方向挂线,沿线清理地表干沙层后,挖30厘米深沟,再在沟内挖30～50厘米的栽植坑,将种条靠壁置于坑内,每坑2～3株,用另一个栽植坑的湿沙回填此坑,分两层踩实后,在沟内放置填充料,最后回填湿沙踩实。注意插条保湿,尽可能随采随造,形成矮立式紧密结构沙障。沙障设置前3年进行全面封育,3年后可以对踏郎、黄柳进行割条利用,5年后可带状平茬

---

① 卢秉楠.辽西北草原土壤沙化治理项目一期工程管理研究[D].吉林:吉林大学,2009.

利用。①

(2)科技＋人力模式

该模式的典型案例点是甘肃省的临泽县。临泽县是生态环境非常脆弱的沙区绿洲农业县，是国家防沙治沙重点县和国家三北防护林体系建设工程县。全县国土总面积 2 729 平方千米，沙漠、戈壁占总面积的 2/3，县境内自然形成南、北、中 3 条风沙带，总长 103 千米，贯穿 6 个镇。县域生态环境极其脆弱，是一个完全依赖于林业生态屏障保护的沙区农业县。临泽县的治沙经验主要有两条：一是科技治沙；二是调动群众。②

在科技治沙方面，坚持生物措施与工程措施相结合，重点防治与区域防治相结合，科学有效地推进防沙治沙工作。一是依据不同灌溉条件提出不同的治理模式，如在灌溉条件好的沙区坚持开展人工造林，在无灌溉的地区通过压沙、植草等方式进行治理，在沙漠前缘地区实施全封闭封沙育林，在国家公益林荒漠林区实施禁牧封育。通过多种形式防沙造林，有效提高了治沙水平。二是创造出了"注水造林"的治沙新技术。利用加压水枪在沙地上注水钻孔，然后在注水孔内栽植梭梭，提高水资源利用率，降低造林成本，有效提高造林成活率，从而破解节水治沙难题，建立起符合生态节水与沙漠治理的治沙新模式。三是大力推广实用新技术。依靠国家和省市科研单位的支持和帮助，重点推广了生根粉应用、树木截干造林、穴坑覆膜栽植新技术；充分应用各种乔灌木造林固沙经验及多种沙障治沙措施。

在调动群众方面，实施政策推动，创新激发活力，多措并举鼓励和引导群众积极参与防沙治沙。一是放活经营形式。按照集体林权制度综合配套改革要求，推行"谁造谁有、自主经营、利益归己"的政策，对从事防沙治沙的个人和组织，给予土地出让金 50％的优惠，引导鼓励林农以转包、出租和互换等方式开展林地流转，进行大规模造林治沙。无偿提供技术指导，鼓励承包治沙，调动了全民防沙治沙积极性。二是推行协议造林机制。与造林大户（单位）签订造林协议，对完成协议约定任务的给予造林补助；对发展红枣、肉苁蓉、设施葡萄等特色林业产业的给予种苗补贴，有力推动了防沙治沙与沙产业开发。三是加大资金投入力度。整合三北防护林工程、农业综合开发等重

---

① 李显玉，赵鸥，段磊，等. 赤峰市防沙治沙典型模式研究[J]. 赤峰学院学报（自然科学版），2020,36(1):66-69.

② 许莉，石文华. 临泽县防沙治沙建设经验与治理思路[J]. 现代农业科技,2017(6):244-245.

点项目资金,将个体造林大户的林地列入林业重点工程,每年配套专项资金予以扶持。加大防沙治沙税费优惠和林业贴息贷款扶持力度,使有条件、有能力、守信用的农林户通过防沙治沙和开展多种经营实现增收致富。

(3)人工治沙造林模式

该模式的典型案例点是新疆维吾尔自治区最南端的和田。和田,古称于阗,全区总面积 24.78 万平方千米,占新疆总面积的 15％。其中,山地占33.3％;沙漠、戈壁占 63％;绿洲面积仅占 3.7％,且被沙漠、戈壁分割成大小不等的 300 多块。全区属于典型的干旱荒漠性气候,年均降水量 35 毫米,年均蒸发量高达 2 480 毫米,四季多风沙,月均降尘 124 吨/千米^2,沙漠还以每年 3～5 米的速度向绿洲推进。和田通过不同树种的单一和混交种植配置和密度造林,逐步形成了老绿洲网格化、新绿洲林农牧业综合发展,绿洲外围营造绿色生态墙等经验。[①]

老绿洲采用低覆盖度网格化治理。1978 年,国务院批准三北防护林工程启动后,结合农村“五好”(即好条田、好道路、好渠道、好林带、好居民点)建设,按照三北防护林体系工程建设规划,全区在绿洲内部大力开展农田林网建设,形成了“大网格、小条田”“两林夹一渠”“林随渠走、路走”的防沙治沙模式。农田防护林营造根据不同农田渠路情况,采取不同造林密度(株间距1.5 m×1.5 m 或 1.5 m×2 m),主林带和副林带主要定植树种为高秆窄冠速生性的新疆杨,水土条件好的区域副林带营造核桃等特色果树林带。全地区林网占农田总面积的 13％～15％。在防护林庇护下,绿洲农田的风速比绿洲边缘 2 米高处的风速降低 30％～52％,在春季可使 0～20 厘米的土层内平均地温提高 2.6～4.3℃,空气相对湿度分别提高 7.3％～12.3％,蒸发量减少14％,98.5％以上的农田得到有效保护,有效地遏制了土地荒漠化推进的速度。

新绿洲林牧农业综合发展。随着和田人口的增长,老绿洲人多地少的矛盾日益突出。自 1998 年开始,和田地委确定了“林、牧、农”的发展思路,提出了老绿洲外围宜耕,沙荒地上实施“增地、打井、办电”的水、土、电开发战略,并积极启动修建乌鲁瓦提水利枢纽工程。按照 15％的低覆盖度(密度)林网化布局造林,采用“新疆杨＋沙枣”或者“新疆杨＋红柳”等定植模式。内部农

---

① 管文轲,赵忠久,吴天忠,等.浅谈和田地区低覆盖度治沙造林模式的应用成效[J].防护林科技,2019(2):71-72,77.

田规划种植和田大叶紫花苜蓿，一是改良贫瘠的沙荒土壤，二是解决了和田当时扩大畜牧养殖业和饲料短缺的矛盾，从而形成了乔灌草相结合的防沙治理开发模式。多年实践证明，在覆盖度（密度）占耕地 15% 的防护林的庇护下，新绿洲有效地抵御了风沙侵害，土壤也变成了可以种植作物的沃土，进一步缓解了人口膨胀和人均耕地减少的被动局面。

绿洲外围营造绿色生态墙。绿洲外围是沙漠过渡带，通过建设防沙治沙生态墙，将生产开发空间和治沙空间用生态手段进行合理分区。目前，和田地区已完成建设 50～100 米宽的基干林带 896 千米，计 0.5 万余公顷。和田地区以本地科研专家研发的人工接种红柳大芸技术为依托，以实施"三北"防护林工程为契机，把种植红柳、发展大芸与当地农村产业结构调整紧密结合起来，与防风固沙、改善生态环境紧密结合起来，成为和田的一个新的经济增长点。根据和田水资源匮乏现状，改变原来常规的大水漫灌，实施节水灌溉（滴灌）种植。在营造技术上采取 1 米×1 米×3 米、1 米×1 米×4 米等宽窄行带式造林模式，并在两行红柳外侧人工接种红柳大芸，有利于机械播种和管理，从而实现集生态效益、经济效益和社会效益为一体的沙产业。

（4）线上公益带动造林治沙模式

该模式是由蚂蚁集团首创。2016 年，蚂蚁集团推出蚂蚁森林项目，即"用户在手机上种一棵，我们就想办法在地里种一棵"。内蒙古是我国北方重要的生态安全屏障，是蚂蚁森林起步的地方，是蚂蚁集团在全国种树最多的省份。[①] 从 2016 年种下第一棵梭梭树至今，蚂蚁森林携亿万网友已经在内蒙古种下超 2 亿棵树[②]。至今，蚂蚁森林已在全国种树 4 亿多棵，其中约一半种在了内蒙古[③]。蚂蚁森林公益造林项目旨在倡导低碳生活，通过多步行、坚持乘公交地铁和在线缴纳水电燃气费、网上缴交通罚单、网络挂号、网络购票等低碳行为积攒能量，在手机里种一棵虚拟的树，积累到足够的能量，就能申请在阿拉善、武威、通辽等生态急需修复的地区种下一棵真树，并由当地林草部门进行业务监管。

① 马秀梅,陈实,苏雅拉吐.携手蚂蚁森林 共建绿色北疆[J].内蒙古林业,2023(6):20-22.

② 内蒙古自治区人民政府."蚂蚁"的力量:7 年来亿万网友在内蒙古种树 2 亿多棵[EB/OL].(2023-05-12)[2023-07-03].https://www.nmg.gov.cn/ztzl/tjlswdrw/staqpz/202305/t20230512_2310315.html.

③ 内蒙古自治区林业和草原局.内蒙古自治区林业和草原局与蚂蚁集团战略合作正式启动[EB/OL].(2023-04-26)[2023-07-03].https://lcj.nmg.gov.cn/xxgk/gzdt/202304/t20230426_2303470.html.

从 2016 年至今,蚂蚁森林项目参与人数已突破 5.5 亿①。2016—2022 年,蚂蚁集团通过蚂蚁森林公益造林项目,累计在内蒙古、甘肃、青海、宁夏、陕西等 11 个省(市、区)种植和养护真树超过 4 亿株,国土绿化面积超过 450 万亩②。其中,在内蒙古植树超过 2 亿株,面积超过 200 万亩,占蚂蚁集团在全国种树总量的 50%。蚂蚁集团已累计为内蒙古捐资超过 10 亿元,在阿拉善盟、鄂尔多斯市、巴彦淖尔市、呼和浩特市、乌兰察布市、锡林郭勒盟、赤峰市、通辽市、兴安盟 9 个盟(市)的 35 个旗县(市、区),种植了梭梭、沙柳、花棒、沙棘、红柳、羊柴、柠条、榆树、樟子松、云杉、胡杨等 14 个树种,占蚂蚁森林上线树种总数的 73.7%。③ 2023 年,蚂蚁集团联合内蒙古自治区林业和草原局、中国乡村发展基金会,发起了"春天守护 亮丽内蒙古"活动,号召全国网友通过低碳生活"积攒能量",在手机上为内蒙古地区的沙地云杉"浇水"。活动上线后,广大网友积极行动,共有 3 400 多万名网友参与春种活动,通过线上"浇水"的方式累计获得绿色能量 8 700 多吨,可种植云杉 4.4 万株,这些绿色能量汇聚而成的树木,大部分已在内蒙古浑善达克沙地迎风挺立。④

8.3.2　退化草原的生态治理实践

全球草原生态系统面临着有史以来最为严重的威胁。这种威胁导致了大范围、多形式的草原退化。草原退化的结果是生物多样性丧失、生态系统功能减弱、当地居民生计减少或沦为难民⑤。草原退化是由多种因素造成的,但主要是人类对草原生态系统长期的严重干扰,导致草原植被遭到破坏,生态环境逐渐恶化,最终失去平衡⑥。在中国,自 20 世纪 80 年代草原大面积退化以来,草原工作者开展了大量恢复治理工作⑦。目前,如何有效地恢复退化的天然草地仍然是草原牧区面临的重大课题。不同草原类型的退化草原修复技术不同,具有明显的地域性,现以敕勒川受损草原生态修复模式和山西

---

① 于成峰.个人可以参与碳交易吗? [J].环境,2022(3):55-57.

② 1 亩＝1/15 公顷.

③④ 马秀梅,陈实,苏雅拉吐.携手蚂蚁森林 共建绿色北疆[J].内蒙古林业,2023(6):20-22.

⑤ 尚占环,董世魁,周华坤,等.退化草地生态恢复研究案例综合分析:年限、效果和方法[J].生态学报,2017,37(24):8148-8160.

⑥ 布和敖斯,金山.浅谈草原退化的原因及草原保护的措施[J].当代畜禽养殖业,2012(12):50-51.

⑦ 潘庆民,薛建国,陶金,等.中国北方草原退化现状与恢复技术[J].科学通报,2018,63(17):1642-1650.

丘陵山地退化灌草丛生态修复模式为例。

（1）敕勒川受损草原生态修复模式

敕勒川受损草原生态修复模式通过对修复区域的实地调查，分析退化草原生态系统的结构和功能，进行退化类型划分；结合当地原生草原生态系统的特性，运用人工干预下的近自然恢复理念，采取人工草地种植与天然草地改良相结合的技术路线，进行受损草原生态系统的恢复重建。[①]

案例8.8　敕勒川受损草原生态修复模式

敕勒川草原生态修复项目地处阴山南麓山前冲积扇区域，位于内蒙古呼和浩特市新城区野马图村，总面积约 30 000 亩。气候为温带大陆性季风气候。草原生态修复现场地势北高南低，为城市周边荒废土地，包括砂石采挖地、小片弃耕地，较大面积的草原严重受损。现场土层薄，卵石分布于 30 厘米以下，地表沙石裸露，植被重度退化，风蚀、水蚀严重。

敕勒川受损草原生态修复分为以下步骤。

地形改造。最大限度保持原有地形地貌和原生植被，局部进行平整和微地形改造等。对局部较大的凸凹地进行回填和地形改造，利用场地现有土方进行地形平整处理，实现土方平衡，保留场地中零星分布的树木，对场地内废弃物、垃圾进行清除。

土地整理。在保留原生草原植被的基础上进行土地整理，视土壤情况选择使用机械，在翻耕前施入有机肥料改良土壤 $1\sim2$ 米^3/亩。在土层较厚区域使用旋耕机，深度 $15\sim20$ 厘米，耕翻后耙平；土层薄且露石块区域先清理较大石块，使用圆盘耙进行松土。

灌溉系统建设。根据降水量实际情况和水源情况，确认是否建设灌溉系统，本区域年降水量为 350 毫米以上，选择雨季播种；少数区域根据景观需要采用节水灌溉系统。

植物配置筛选。根据修复区域的水分、气候和土壤条件选择抗逆性强的植物进行组合搭配。混播植物以禾本科（羊草、冰草、披碱草等）为主，搭配豆科（沙打旺、苜蓿、草木樨等）和一些其他科属植物（如黄芩、山葱等），同时搭配一些草原观赏花卉（如二色补血草、石竹、鸢尾、马蔺等）。

混合生态包配制。将混合的种子和土壤、牛羊粪肥混合，形成适合于该

---

① 董世魁. 退化草原生态修复主要技术模式[M]. 北京：中国林业出版社，2022：10-11.

区域草原生态修复的生态包,有些细小粒种子需包衣丸化,粒径相当的花卉种子,可按照比例混入生态包中。

播种。播种在雨季前进行。在有少量植被且较平坦区域采用免耕播种机进行播种;种子埋深1~2厘米;对于地形较凸凹不平,且有一定土层的区域,播种前用钉齿耙耙地,耙深4~6厘米,用手摇播种机或人工撒播。

——资料来源:董世魁.退化草原生态修复主要技术模式[M].北京:中国林业出版社,2022:10-11.

(2)山西丘陵山地退化灌草丛生态修复模式

该模式是对退化的草原进行禁牧、补播、草地养分补充、围栏保护和鼠虫害防治,从草地自身和外部天敌的防治展开退化草原的修复工作,可以提高草地原有的利用价值,尽可能地修复草原。当前针对不同类型草原都有对应的生态修复技术和模式,具有明显的地域性。目前我国草原的生态建设和恢复多采用禁牧、禁采、禁用的做法,而长期地禁止利用对生态系统的健康发展并非有益。已有研究证明,草地长期禁牧(10年以上)会造成草地生态系统的再次退化。①

案例8.9　山西丘陵山地退化灌草丛生态修复模式

山西省地处黄土高原东部,山地丘陵面积广大,草地资源比较丰富。全省天然草地面积约为376.39万公顷,约占全省总面积的24.13%。由于开垦切割,大面积的草地严重退化。同时,开垦加剧了水土流失,造成土壤肥力下降和土地撂荒。②

根据草原实际情况开展的人工修复并结合中国农业农村部发布的《退化草地修复技术规范》(GB/T 37067-2018),目前针对退化草地主要有以下修复方式。

划破草皮:对于以根茎型禾草为主的中度退化草地,宜在早春土壤解冻时或秋季进行,采用机具进行划破,深度以10厘米为宜,行距以30~60厘米为宜。

浅耕翻:对重度退化的根茎型禾草草地,羊草等根茎型草每平方米株数不少于10株,宜在雨季进行浅耕翻,耕翻深度不得超过15厘米。干旱或雨量

---

① 周桔,杨萍,庄绪亮.我国草原生态保护与恢复[J].科学对社会的影响,2010(3):22-27.

② 李素清.山西省草地退化的经济损失分析及其生态恢复对策[J].太原师范学院学报(自然科学版),2003,2(3):82-86.

过大年份不宜耕翻,对于有土壤侵蚀风险的地区宜采用带状浅耕翻方式,带宽 30 厘米,带间距 5 米。禁牧 2 年以上,翌年后可适度割草利用。

补播:在年降水量不少于 250 毫米的地区,对中度和重度退化草地,宜在雨季来临前,选用适宜草种,实施免耕补播或松土补播。禁牧 2 年以上,补播 1 年后可适度割草利用。

施肥:对于土壤贫瘠的轻、中度退化草地,在融雪水浸灌和土壤解冻时或雨季,采用沟施、撒施有机肥料或无机肥料等方法进行草地养分补充。

围栏:常用的保护措施有拉刺铁丝围栏、铺设网围栏、修建木围栏或石头墙等。围栏一般包括刺铁丝围栏、网格围栏、电围栏以及生物围栏。

生物防治:兼有物理防治和化学防治。物理防治是利用各种有益生物、微生物杀虫剂和植物源杀虫剂控制鼠、虫害规模的防治过程。化学防治是将拟菊酯类或复配菊酯类等化学药品配制成毒饵、喷洒药剂进行鼠虫害防治,且对人畜植物安全、环境污染小。[1]

——资料来源:董世魁. 退化草原生态修复主要技术模式[M]. 北京:中国林业出版社,2022.

8.3.3 草原旅游中的生态保护实践

草原旅游业的良性发展可以带来较好的经济效益和生态效益,所以拥有较多草原面积的国家和地区越来越重视草原旅游业的发展。随着生活水平的提高,人们对于草原旅游的质量也有了新要求和新期待,已经不满足于简单地吃、住、行、游、娱、购,而是追求更好的体验和更高的境界,这就为生态旅游的发展提供了基础。[2] 本节以内蒙古珠日河草原旅游区、宁夏马兰花草原生态旅游实践为例。

(1) 草原旅游与民族特色相结合的生态旅游开发模式

以内蒙古珠日河草原旅游区为例,该旅游区占地 400 多公顷,总体设计突出民族特色,鸟瞰旅游区呈雄鹰展翅状。蒙古族每年的赛马节(8 月 18 日)就在珠日河草原旅游区举行。赛马节是草原的"那达慕"(蒙古语,意为游戏),游客可以自主体验赛马、射箭、摔跤、祭敖包、射箭、射弩、骑马、篝火晚会和民

---

[1] 山西省林草局. 关于印发《山西省草原生态保护修复治理工作导则》的通知:晋林办草〔2020〕62 号[A/OL]. (2020-06-22)[2023-07-03]. http://lcj. shanxi. gov. cn/zfxxgk_2022/2c/qt/sj_78688/202212/t20221201_7530656. html.

[2] 陈佐忠. 略论我国发展草原生态旅游的优势、问题与对策[J]. 四川草原,2004(2):42-45.

俗表演等活动项目,还可品尝到具有科尔沁特色的手扒羊肉、烤全羊、奶茶和蒙古族的其他风味食品,带有浓厚民族特色的赛马节可以吸引大量的人流,从而带动交通、餐饮、住宿、游览、购物、休闲娱乐等相关产业的发展。[①]

(2)以特有的草原植物为中心的生态旅游开发模式

以宁夏马兰花草原为例,该草原通过举办以马兰花这一特色草原植物为主题的旅游节,推进草原美食、纪念品、住宿餐饮等产业的发展,从而促进人与自然的共存和可持续发展,这本身就是一种对原本脆弱的草原生态环境的良好促进。

案例 8.10　宁夏马兰花草原生态旅游实践[②]

马兰花大草原位于贺兰山东麓,是鄂尔多斯台地[③]的一部分,西邻银川平原,东抵毛乌素沙漠,是典型的荒漠草原,其气候特点为:典型的大陆性气候,年降雨量 300 毫米以下,雨量少且多集中在夏季;夏季短暂而炎热,冬季漫长而寒冷,土壤类型为灰钙土。

马兰花草原现已进行旅游开发的草原面积有 40 468.56 公顷,分布的植物约有 55 科 189 属 309 种,其中菊科、禾本科、豆科、藜科植物是主要建群成分和优势成分,如马兰花、短花针茅、戈壁针茅、沙生针茅等。植被以中旱生、多年生草本和少量强旱生小灌木、小半灌木为主,以上植被约占马兰花草原植被总量的 80% 以上。

每年 4 月底 5 月初,一簇簇生机盎然的马兰草吐露出无数枝雪青色的马兰花,独特地装扮着茫茫戈壁,吸引着无数游客前来旅游观光。从 2000 年起,当地每年都在马兰花草原举办"陶乐马兰花生态观光旅游节"。

马兰花草原生态旅游可以持续性发展的原因:一是马兰花草原拥有优

---

①　李建东,方精云.中国草原的生态功能研究[M].北京:科学出版社.2017:200-203.

②　刘丽丹,苏杰.宁夏马兰花草原生态旅游的开发与研究[J].内蒙古农业科技,2008,36(4):69-71,75.

③　"鄂尔多斯"为蒙古语,意为很多的宫帐。因在明代成吉思汗陵寝移至此处,蒙古族游牧部落号鄂尔多斯,故高原也以此命名。鄂尔多斯高原,地处河套平原黄河"几"字弯的怀抱里,东南、西与晋、陕、宁接壤,北与内蒙古自治区首府呼和浩特和包头市隔河相望。鄂尔多斯高原大部分海拔 1 100~1 500 米,最高点为西部黄河畔的桌子山,海拔 2 149 米。地势从西北向东南微倾,起伏和缓。西、北、东三部分被黄河河湾怀抱,东南部以古长城为界和陕北黄土高原相接。地势中西部高,四周低,西部高于东南部。东部为准格尔黄土丘陵沟壑区,西部为桌子山低山缓坡和鄂托克高地,北为库布齐沙漠,南部为毛乌素沙漠和滩地,中部沿北纬 39.5 度一线隆起,海拔 1 400~1 700 米,为鄂尔多斯台地。

美、独特的草原风光,可吸引游客前来观赏;二是夏季,在全区普遍高温的气候背景下,马兰花草原的空气温度较之周围地区特别是周边城市一般低3~5℃。

——资料来源:李远,李安云,应晓跃.略论我国草原旅游业和谐发展的思路[J].企业经济,2006(12):82.

草原生态旅游业在开发过程中难免会遇到一些问题。这些问题主要有两个方面:一是生态问题,比如生境破碎化、生物多样性减少;二是旅游业问题,旅游产品结构单一,内容单调、缺乏特色,开发层次低。[①] 草原生态旅游开发必须把生态环境的保护放在首位。因而,在旅游开发的同时必须建立草原监测评估系统,可将传统监测手段与现代遥感技术相结合,利用该体系对草地旅游生态环境各主要因素、草地植被状况、旅游客源状况、游客心理预期等进行监测,及时发现问题,为管理者决策提供更可靠更全面的信息。[②] 只有做到以生态保护为前提,草原旅游才有可能得到持续发展,盲目开发只会恶化草原生态系统。

思考题

1. 简述草原被破坏而导致的生态灾难。
2. 简述传统草原生态保护思想如何融入当代草原生态治理实践。
3. 试述退化草原修复技术的地域性体现在哪里。
4. 试分析草原生态旅游的利弊。

---

① 李建东,方精云.中国草原的生态功能研究[M].北京:科学出版社,2017:228-229.
② 马林.内蒙古草原生态旅游开发战略探讨[J].干旱区资源与环境,2004,18(4):65-71.

第 9 章
森林保护原理与实践

当前,全球范围内森林面积明显减少,森林破坏成了严重的环境问题。从 1960 年到 2019 年的近 60 年间,全球森林面积减少了 8 170 万公顷,同期人口从 30 亿人增加到 77 亿人,人均森林面积从 1.4 公顷急剧减少到 0.5 公顷,全球森林流失大于森林增长[①]。人类离不开森林,森林作为人类最原始的生活家园,一直以来守护着人类的成长,提供人类生产生活所需的自然资源。全球森林还处于恶化状态,人类需要思考与森林生态系统之间的关系,总结已有的森林保护经验,作出更合理的森林保护行动决策,这也是为了自身绿色家园的安全。

9.1 森林生态保护概况

森林是地球上最主要的植被类型之一。森林生态系统不仅是陆地生态圈的重要组成部分,也是陆地生态系统的主体[②]。除南极洲外,森林在其余的六大洲都有分布。由于光热条件的限制,森林的种类也分布不均。森林对维持全球生态系统平衡具有重要作用。自工业革命以来,随着人类开发活动的日益频繁和人口的不断增长,人类开始不加节制地砍伐森林、占用林地,这导致森林面积持续减少。为此,世界各国政府采取了相关措施对森林生态进行保护。本节主要概述森林资源的现状及功能。

---

① 张佳欣. 全球人均森林面积过去 60 年降六成[EB/OL]. (2022-08-02)[2023-03-06]. http://m. stdaily. com/guoji/xinwen/202208/0e33a8f3002d4ce0a017d8be38c75fc4. shtml.
② 余新晓,鲁绍伟,靳芳,等. 中国森林生态系统服务功能价值评估[J]. 生态学报,2005,25(8):2096-2102.

9.1.1　森林资源现状

从全球范围来看,森林资源在地理区域和种类上都分布不均。受光热条件的影响,热带地区拥有的森林面积最大,占比 45%;其次是寒带、温带和亚热带。全球一半以上(54%)的森林仅分布在五个国家:俄罗斯、巴西、加拿大、美国与中国。在全球范围内,天然林占 93%,人工林占 7%。原始森林约占全球森林总面积的三分之一(34%),其中巴西、加拿大和俄罗斯三个国家总占比为 61%。据联合国粮食及农业组织所发布的《2020 年世界森林状况:森林、生物多样性与人类》统计,1990—2020 年的 30 年间,森林占土地总面积的比例从 32.5%下降至 30.8%;全球森林面积减少了约 1.78 亿公顷,目前全球森林总面积为 40.6 亿公顷,人均森林面积为 0.52 公顷。非洲、南美洲和大洋洲的森林面积均有明显减少。2010—2020 年,非洲森林面积年均净流失390 万公顷;南美洲的森林面积每年净流失 260 万公顷。同期,亚洲森林面积呈净增长趋势,主要是人工林面积增加。[①]

中国森林资源的总体特征是森林面积小,森林资源数量少,森林资源地区分布不均,但近年来森林面积呈现持续增长态势。根据全国绿化委员会办公室发布的《2022 年中国国土绿化状况公报》,我国森林面积为 2.31 亿公顷,森林覆盖率达 24.02%,低于世界平均水平的 31%。[②] 虽然近年来在森林生态修复和森林资源开发上取得了不错的成就,但我国森林生态系统功能薄弱的状况未得到根本改变,大部分的森林质量偏差。森林产品缺乏仍是制约森林可持续发展的突出问题。

9.1.2　森林的重要作用

森林是一个生态系统,不仅包括生活于森林中的动物、植物、微生物等,也包括光、热、水等。森林生态系统为人类的生产与生活提供了基础与条件,有着重要的功能与价值。森林的功能主要有生态功能、经济功能和社会功能。

森林的生态功能主要体现在支持服务、调节服务、供给服务上,即保育土壤、涵养水源、净化大气环境、保护生物多样性等。森林植被可以减少地表径流中的泥沙量和土壤中营养元素的流失,能很好地固持土壤,减少水土流失。

---

① 联合国粮食及农业组织. 2020 年世界森林状况:森林、生物多样性与人类[R/OL].(2020-05-22)[2023-04-12]. http://www. fao. org/3/ca8642zh/CA8642ZH. pdf.

② 全国绿化委员会办公室. 2022 年中国国土绿化状况公报[N].人民日报,2023-03-16(14).

因此,森林被称为天然的"无坝水库"。在降水发生时,森林植被的树冠和林下的疏松枯叶地表都可以截留降水,疏松的森林地表也具有很强的吸收和存蓄水分的能力。在湿润地区,森林植被的截留量占全年降水量的 10%～30%①。森林植被的光合作用可以吸收大气中的二氧化碳和各种有害气体,减少城市粉尘污染,森林植被还释放负离子,杀菌滞尘,增加森林碳汇。森林为动植物的生存提供了天然环境,维持了生物圈的平衡与稳定。

案例 9.1 **"沙漠英雄树"和"海岸卫士"**

森林有着多样的生态效用。我国西北地区是典型的大陆性气候,常年降水较少,形成了大片的荒漠。被称为"沙漠英雄树"的胡杨凭借着耐旱、耐盐碱、抗风沙的特性,得以在沙漠中"生而千年不死,死而千年不倒,倒而千年不烂"。胡杨是沙漠地区所特有的植被,凭借其顽强的生命力守护沙漠。胡杨林阻挡了沙漠的进一步扩张,其形成的绿洲环境为森林生态系统提供了水源,为动植物提供了良好的栖息环境。绿洲环境和肥沃的土壤同样为人类的居住和农牧业的发展提供了条件。此外,胡杨林也具有很高的文化价值和生态旅游价值。

有着"海岸卫士"美称的红树林是分布于陆地与海洋交界处的特殊的森林生态系统。第三次全国国土调查数据显示,我国现有红树林地面积 41 万亩,主要分布于广东、广西、海南等省(区)。红树林是沿海防护林体系的重要组成部分,具有多样的生态功能。红树林区是贝、虾、鱼、蟹的生长场所,渔业资源丰富,为陆海生物提供了栖息地与食物,是最富有生物多样性的生态系统之一。红树林具有防风消浪、固岸护堤和净化海水的作用,红树林的根系发达,耐盐碱、耐水泡,能在海水中生长。在 2004 年的印度洋海啸中,巨大的海啸摧毁了众多的村庄与城市,而印度的瑟纳尔索普渔村因为海岸上有大片的红树林而幸免于难。同时,红树林有很高的科研价值和观赏价值,带动了周边城市旅游业的发展。

——资料来源:胡杨林信息整理于"林草中国"腾讯号账号,2021 年 1 月 11 日发布;红树林信息整理于"海洋科学与技术"微信公众号,2017 年 11 月 14 日发布。

森林的经济功能主要体现为发达的林业产业。林业是国民经济的基础

---

① 郭建平.植物对降水截留的研究进展[J].应用气象学报,2020,31(6):641-652.

性产业之一,不仅可以推动经济社会的发展,也与基层民生有着密切关联。它涉及第一、二和三产业,具有覆盖范围广、产品种类多的特点。21世纪初,国家实施天然林保护工程,严格限制了天然林木的采伐。这样的政策主张在一定程度上影响了"以木材利用为中心"的林区的经济发展,增加了林区居民的就业压力。但是,同样在政策的影响下,林下经济逐渐成为林区的支柱性产业。林下经济是一种循环经济,开辟了农民增收渠道,巩固了生态建设成果。林下产业推进了农业经济产业结构调整,缩短了林业经济周期,延伸了林业相关产业链,取得了良好的经济效益。与此同时,以追求原生态、休闲旅游为目的的森林旅游也成为林区的新兴产业。越来越多的人想要回归到森林之中,这带动了森林旅游业的发展,促进了林区产业结构的调整,为当地增加了就业岗位,提升了生态文化功能。

森林的社会功能主要体现在文化教育上。森林可以成为最直观的教学场所,使学生们可以在森林中进行自然体验。随着社会的进步、网络媒体的发展、学习任务的加重等,青少年很少接触大自然。对于大自然没有完整的认知,使得青少年陷入了一种"自然缺失症"状态。近年来,自然学校逐渐兴起。以森林为教学场所的自然学校开发出了森林生态科普、森林漫步、自然观察、手工制作等多样的教育课程。一方面,它丰富了青少年群体的森林科学知识,增强了森林保护意识;另一方面,森林探险也培养了青少年的冒险意识和合作精神。此外,森林在美化城市环境、改变城市景观布局、陶冶情操、提高生活情趣等方面也具有重要作用。①

案例9.2　森林幼儿园

随着时代的发展,儿童正在逐渐地脱离自然,越来越多的儿童患上了"自然缺失症"。"自然缺失症"是美国作家理查德·洛夫在《林间最后的小孩:拯救自然缺失症儿童》一书中所提出的重要概念,讲述的是人类因疏远自然而产生的各种表现,如感觉迟钝、注意力不集中、生理和心理疾病高发。

儿童为什么需要亲近自然呢?

理查德·洛夫认为"自然是儿童情感创伤的疗养所",大自然具有修身疗养的作用。儿童在亲近自然时,自然会发挥慰藉的作用,缓解压力,抚平情感和心理伤痛,会让他们的身心发展更加完整,可以减少肥胖和抑郁症的发生;

---

① 穆立蔷,安磊.城市森林功能及其价值评估研究进展[J].齐齐哈尔大学学报(自然科学版),2007,23(5):86-91.

此外,亲近自然可以促进社交,儿童在自然活动中能结交到更多的朋友;在被电子产品包围的时代,儿童在自然中去体验生命的信息,可以促进自然感官能力的觉醒……

20世纪50年代,森林教育的出现给儿童亲近自然提供了途径。1952年,丹麦人Ella Flatau创办第一所森林幼儿园,只招收6岁以下儿童。森林幼儿园以森林生态环境为出发点开展自然教学活动,让儿童在森林中游戏与成长。20世纪90年代后,森林幼儿园传入德国、英国、日本等国并迅速发展。

森林幼儿园,顾名思义就是在森林中所开办的幼儿园,将森林作为教室,大自然就是老师。德国的"树的家"森林幼儿园采用完全自然式的教学模式,即每周的大部分日常教学时间都在森林之中。截至2018年该森林幼儿园中有3~6岁儿童23名,教师6名,院内的运营费用80%由政府所承担,其余20%由家长所负担。

教学内容的开展具有很强的自主性。虽然德国国家教育机构对于幼儿教育制定了教育指南,但"树的家"幼儿园自身有其选择的权利,在幼儿园内的教学内容也是由儿童自主选择的。"树的家"森林幼儿园的教育目标是培养儿童的自主性,当日的上课内容是由孩子们一起讨论完成的,老师们会尊重孩子的意见和选择。课程主题的设计围绕着大自然展开,将大自然作为教学内容,孩子们会在春天里观察树木发芽,在夏天里听到林中的蝉鸣……

——资料来源:佚名.森林做教室,带你看看世界各国的儿童自然教育[J].生态文明新时代,2018(1):167-170.

为了增强人们的森林保护意识,各国政府采取了许多行动。1971年,第7届世界森林大会决定将每年的3月21日定为"世界森林日"。1979年,中国将每年的3月12日定为植树节,以扩大全国森林面积,改善森林生态环境。1985年1月1日《中华人民共和国森林法》颁布实施,明确了保护森林资源的法律措施,维护了森林资源所有者和使用者的合法利益,有效地保护、培育和合理利用森林资源。21世纪以来,中国政府坚持森林资源质量和数量两手抓,在全国范围内深入实施国土绿化行动,截至目前全国每年的造林面积都在1亿亩以上。

9.2　森林休养原理及经验

21世纪以来,森林休养逐渐成为社会的显性需求。到2021年底,我国常住人口的城镇化率达到 64.72％。城镇化快速发展也带来很多影响。一方面，它使得人们的生活环境发生了改变。城镇建设侵占了许多森林、农业用地，改变了当地的环境景观，产生了森林破坏、环境污染、交通拥挤等一系列问题。另一方面，城镇化的生活方式使人们的心理压力增加。城镇中的生活节奏快、工作压力大，使得城镇居民的身体机能下降，心理处于亚健康状态，导致各种慢性病、职业病、抑郁和焦虑等。二者叠加催生出广阔的森林休养市场。

森林休养就是在森林中利用森林环境及其附属产品，开展散步、静息等活动，以实现保健、预防和治疗疾病等健康管理目标①。森林休养的具体概念在不同的国家、地区并不统一，有森林疗养、森林疗愈、森林康养等。其实质都是利用森林环境来对身心进行疗愈，作为一种替代治疗的方法。森林休养起源于德国，已有两百多年的历史。在发展的前期，森林休养是建立在其他学科的理论体系之上，缺乏完整的研究体系。直到森林循证医学的发展成熟，森林休养才逐渐成为相对独立的产研体系。有学者根据其特点，将其分为四个发展阶段：酝酿实践阶段（20 世纪 30 年代以前）、探索发展阶段（20 世纪 30—80 年代）、研究提升阶段（20 世纪 90 年代—21 世纪前 10 年）、融合创新阶段（近 10 年）②。森林休养在 20 世纪七八十年代后传入日本、韩国和中国台湾，近年来在中国大陆地区迅速发展。在各国政府、科研机构和民间组织的支持下，森林休养的认证、管理、科研已经进入发展新阶段。

我国利用森林进行休憩、疗养有着悠久的历史。早在先秦时期，中国的文人墨客就隐居在山林之中，寄情山水来进行自我疗救。但是，国内森林休养建设起步相对较晚。20 世纪 80 年代，我国台湾地区开始发展森林休养，对欧美国家森林休养的理念、措施进行推广。2012 年，北京市率先引入"森林康养"的概念，建立了全国第一家森林休养基地，对外提供森林健康管理服务。自此以后，森林休养产业在我国迅速发展，浙江、贵州、四川、吉林等省利用自身的森林资源优势，培育出森林休闲旅居培训、研学、医养结合等新业态，打造出一批具有地区特色的森林休养基地及产品。此外，国内有关森林休养的研究和人才培养也起步发展。2017 年，北京林业大学设立了全国首个森林康养本科专业，其他林业高校也纷纷效仿。国内关于森林休养的理论书籍也在

---

① 周彩贤，马红，南海龙. 推进森林疗养的研究与探索[J]. 国土绿化，2016(10)：48-50.

② 张志永，叶兵，刘立军，等. 森林疗养发展历程与特征分析及研究展望[J]. 世界林业研究，2020,33(4)：7-12.

不断地完善。

9.2.1 森林休养的原理

早期森林休养的理论基础来自其他学科,如亲生命假设理论、注意力恢复理论等。直到森林医学理论的提出,森林休养才得到专业理论的支撑。

森林医学理论由日本学者于 2007 年提出,是从实验研究和流行病学的角度来研究森林中的物理环境、化学环境以及森林环境参与者的主观因素对人类健康影响的科学[①]。森林环境不仅可以涵养水源、固碳释氧、保持水土、维持生物多样性等,而且其所释放出的物质以及一些共生的植物可以对人们的健康起到促进作用。例如,森林环境中所释放出来的负氧离子具有"空气维生素"的美称,具有改善大气质量、杀灭空气中的病菌的功效。当人们沉浸在富含负氧离子的森林中时,负氧离子可以促进人体代谢,提高人体免疫力,改善睡眠质量,止咳祛痰,等等。负氧离子浓度也是森林公园认证的重要指标[②]。森林环境可以减少人体肾上腺素的分泌,可以让人舒缓身心。森林中的某些植物如杉树、松树、桉树等能分泌出一种单萜烯物质,可治疗人类的某些疾病。

案例9.3　亲生命假说理论和注意力恢复理论

亲生命假说理论是由生物学家爱德华·威尔森于 1984 年提出,该理论认为人在漫长的进化过程中,对于自然环境有着本能的偏好,对于自然环境的积极适应增加了人类的生存概率,人类在与自然产生联结时,会产生各种积极的心理体验。亲生命假说理论说明了当人类与森林建立联结时,会促进身心健康的发展。

注意力恢复理论强调自然环境对于人类心理功能恢复的作用。注意力恢复理论是由卡普兰夫妇提出,该理论认为拥挤的城市环境和长时间进行烦琐的工作会消耗人的注意力和能量,让人效率低下,注意力不能集中,比如人们在通宵进行学习后会感到精神上的疲倦。与自然环境近距离的接触,可以帮助人们缓解精神上的疲劳,有效地恢复注意力。该理论认为具有恢复功效的自然环境应该具备距离性、兼容性、丰富性和吸引性四种特性,森林环境很

---

① 温全平,李芸.养生型森林康养林空间规划设计研究[J].工业设计,2020(1):81-83.
② 李探,马小欣,杨丽晓,等.森林公园中空气负氧离子研究概述[J].河北林业,2022(11):36-37.

好地符合了这一要求。

——资料来源："亲生命假说理论"相关内容整理于"中财应用心理"微信公众号，2016 年 12 月 7 日发布；"注意力恢复理论"相关内容整理于 KAPLAN S. The restorative benefits of nature：toward an integrative framework[J]. Journal of Environmental Psychology，1995，15(3)：169-182.

森林休养具有疗愈和经济功能。现代医学表明，森林休养作为一种辅助替代治疗方法，对于人的身体健康有着重要的促进作用。森林环境及其散发的特殊物质如氧气、负氧离子可以通过调节人体的中枢神经系统来降低人的血压以及脉搏，降低心血管的负担，这对于预防和治疗抑郁症和心脑血管疾病具有很好的作用。另外，许多森林休养基地开展针对残疾人、精神障碍者等特殊人群的森林疗愈活动，可帮助参与者调理身体机能。森林环境丰富了人们可以接触的自然景观，间接改善了人的精神状态，对人的心理有良好的调节和舒缓作用，缓解了压力和疲劳，给人带来了愉悦感和幸福感[1]。

森林疗养可以促进当地经济的发展。森林休养蕴含着巨大的产业商机，已经成为我国林业发展的必然阶段，是壮大林业产业体系新的增长点，也是新常态下撬动整个健康产业链的杠杆[2]。虽然开发森林休养活动在一定程度上会对森林覆盖率产生影响，但也可以提高区域森林经营管理的水平。森林休养也是乡村振兴和绿色发展的重要抓手。森林休养开发能带动周边地区旅游业的发展，带动当地的就业，提高居民收入水平。近年来，四川省洪雅县结合当地资源大力发展森林休养产业。2019 年，以森林休养为主导的康养产业增加值已实现 22.99 亿元，带动全县 5 万余人参与就业，从业者人均收入增长 5 216 元[3]。森林休养产业的发展有助于培育新型业态，促进产业融合。多地的森林休养基地尝试将森林休养与医疗卫生、中医药产业、休闲健身、养老服务等产业融合发展，促进了园艺、健身、生物医疗等相关行业的发展。

9.2.2 森林休养的经验

森林休养起源于 19 世纪 40 年代的德国，最为典型的是德国巴登森林康

---

[1]　丁晓霞.浅谈城市森林的保健功能[J].新农业，2018(9)：20-21.

[2]　张红梅，李鹤，张扬，等.森林疗养是时代发展的潮流和趋势[N].中国绿色时报，2015-10-16(1-2).

[3]　创作者_K1LA.让森林康养成为乡村振兴的"金字招牌"[EB/OL].(2021-06-21)[2023-04-12].https://www.163.com/dy/articre/GD171T7C0525C76F.html.

养小镇。他们成功地将康养疗法——克奈圃疗法与森林康养项目相结合。20世纪80年代,森林休养在亚洲范围内的韩国、日本等国快速发展起来。此阶段最为典型的是日本山梨保健农园,其利用当地丰富的森林资源,提供全方位的森林养老服务。20世纪80年代,森林休养传入我国台湾地区,21世纪初开始进入北京和东南沿海等地区。近年来,在国家林草局的推动下,森林疗养在全国范围内得到推广,目前正处于规范发展阶段。国内的森林休养在借鉴国外森林疗养优点的同时,因地制宜地开发了具有自身特色的疗养项目,提供休闲、研学、旅游等在内的多样化服务。例如,北京八达岭公园与自然教育相结合,香格里拉森林养生和藏药相结合。

案例9.4 德国巴登森林康养小镇

德国的疗养胜地分为四类:气候疗养地、海滨浴场或克奈圃疗养浴场、矿物温泉及泥浴浴场、温泉水疗胜地。疗养胜地被纳入德国的国民医疗系统中,需要进行康复或治疗的病人经医生开具处方到指定的疗养地疗养,能获得医保报销。巴登森林疗养小镇位于黑森林国家公园内的西北角,小镇面积为140.18平方千米,拥有420公顷的森林,温泉资源丰富,交通便利,是进行森林休养的理想地点[①]。其森林康养小镇发展措施包括以下方面。

(1)基于森林休养形成完整的产业模式

德国巴登森林康养小镇首次应用克奈圃疗法,即一种全面的自然疗法,由"欧洲水疗之父"塞巴斯蒂安·克奈圃(Sebastian Kneipp)所开创,包括自然食疗、康体保健疗法、全时顺势疗法、植物精华疗法、生态水浴疗法。巴登森林小镇基于森林休养形成了一套完整的产业模式,疗养者在经过现代医疗技术诊断后,治疗师会根据疗养者不同的状况定制出森林休养的方案,并制定出适宜的疗养路线和疗养课程。

(2)针对不同需求,构建旅游、康养综合型产品体系

针对不同人群提供不同的服务:为儿童提供水上乐园;为中青年提供从徒步到跳伞各个级别强度的运动及休闲;为老人提供贴心医疗、水疗服务及结合了美食和历史文化知识的慢节奏小镇游览;为病人提供小镇疗养服务;游客可免费申请游客卡,享受优惠待遇;为参加会展人士、商务人员设计娱乐休闲产品。同时,还有众多的特色诊所,采用先进医疗技术,康养者能接受由

① 胡建伟,王佳妮.森林康养小镇:国际经验与中国实践[N].中国旅游报,2018-12-04(3).

内至外的全方位疗养服务。

　　——资料来源:李溪. 森林康养视角下的森林公园规划设计研究:以秦皇岛海滨国家森林公司为例[D]. 北京:北京林业大学,2019.

　　完善的基础设施和专业的疗养师团队是开展森林休养活动的"硬件",能保障疗养活动的顺利开展和满足不同人群的疗养需求。日本森林休养活动的成功开展有4个必要条件:具有丰富的经过认证的森林自然资源,经过专业机构认证的、符合科学规范的保健设施,基于森林医学的森林养生功效测定技术,以及专业森林疗养师的指导。这种森林休养模式被称为"全时疗养模式"。[①]

案例 9.5 　日本 FUFU 山梨保健农园

　　FUFU 山梨保健农园是日本森林康养基地的"标杆",坐落在日本山梨市,交通便利,临近富士山,占地面积达6万平方米,森林资源丰富。山梨保健农园的成功得益于其丰富的自然资源、完善的基础设施、专业化的服务。

　　(1)丰富的自然资源。作为森林疗养场所的山梨保健农园森林植被资源丰富,园区打造了植物花园、农田、果园等室外活动场所,为康养服务打下良好的自然基础。

　　(2)完善的基础设施。山梨保健农园是由酒店改造而成,由著名的建筑设计师设计,农园的基本格局体现着绿色生态的特征。除此之外,农园内还有森林疗养步道、宠物小屋、药草花园、读书角等。农园内的健康管理设施十分完善,不仅有基于森林医学的森林养生功效测定技术,会根据疗养者的作息时间和身体状况来制定出最适宜疗养者的疗养课程,还有瑜伽教室、心理咨询室、按摩室等,完善的基础设施为森林疗养提供了课程活动空间。

　　(3)人性化和专业化的服务。园区内的森林步道全部都设置了为残疾人群设计的无障碍设施,保障特殊人群的森林休养需求。为保证课程的科学性、严谨性和治疗效果及安全性,园区内还为课程配备了具有专业资质认证的老师,包括芳香疗养师、森林疗法师、心理咨询师和按摩师等[②]。园区有专业化的森林疗养课程设置,山梨保健农园设置"两天一晚"、"三天两晚"和"长住"三种类型的住宿计划以及一日游的停留计划,具体课程按照"睡眠调节、

---

　　①　陈晓丽.森林疗养功效及应用案例研究:以日本、韩国为例[J].绿色科技,2017(15):234-236.
　　②　杜玲莉.日本森林康养基地应用案例分析[J].旅游纵览,2020(15):9-11.

运动、饮食疗法、感觉活用、放松和沟通"进行设定。

——资料来源:地道农旅.看一个倒闭的西餐厅,摇身一变成为森林康养的标杆[EB/OL].(2021-02-25)[2023-03-03]. https://baijiahao.baidu.com/s? id=1692579155746506879&wfr=spider&for=pc.

八达岭森林公园森林疗养基地是全国首个符合本土森林休养基地认证标准的疗养基地,是以森林体验、自然教育为特色的森林疗养全国示范地①。八达岭森林公园原先是国有林场,在进行森林疗养基地的建设过程中,以自身的森林资源分布为基础来进行规划改造,将园区根据康养资源的差异划分成不同的功能区,再以康养旅游线路将功能区串联,增强疗养者的参与性;结合园区内的森林生态资源进行自然教育,在森林步道两侧设置趣味性的自然教育设施。

案例9.6 北京市八达岭国家森林公园森林疗养基地

2013年,北京市林业局开始全面引进和推广森林休养,开始布局建设森林休养基地。2017年,八达岭国家森林公园启动了森林疗养基地建设示范工作,完善了内部森林基础设施,培养了一批森林疗养师和自然解说员,开设针对残疾人、更年期女性等特殊人群的森林疗养课程。八达岭国家森林公园位于长城脚下,总面积为4.4万亩,森林绿化率在90%以上。

(1)完善设施场地,增加森林认知。为增加园区内森林生态宣传的趣味性,园区在景区入口设置科普长廊与各式各样的生态科普展示牌,以卡通造型进行知识讲解;建设森林体验区,其中包括室内的森林体验馆和室外的自然体验区,开展多样化的自然体验活动。②

(2)利用森林环境元素,满足疗养需求。园区内的森林疗养周期为1～2天,主要有森林体验、芳香疗法、茶艺疗法等多种形式。园区内森林疗养活动首先是由森林疗养师与体验者进行面谈并对其进行各项医学指标测量,了解其身心压力的来源;接下来是带领体验者参观园区内的森林体验馆,起"自然名",制作"自然名牌"、了解中草药的植物图鉴,了解其形态特征及其药性;最后是森林漫步环节,利用森林环境来舒缓身心。

(3)建设运营自然学校,进行生态科普。园区将科普与森林疗养深度融

---

① 雷昊彤.北京九龙山森林康养基地规划研究[D].北京:中国林业科学研究院,2021.

② 姚爱静,赖慧武.北京八达岭国家森林公园生态文明建设与科普教育的思考[J].吉林农业(学术版),2011(5):270.

合,开办面向多年龄段青少年的"自然学校"。园区根据自然资源因素与其自然学校教学实践经验编撰出多主题的自然体验教育活动方案,包括"自然扮演""五感观察""拓展游戏"等。此外,园区开设面向不同年龄段学生群体的个性化定制服务,根据青少年群体的年龄、爱好等进行自然教学。青少年群体在家长、老师和自然体验师的陪同下在森林中观察动植物,了解森林防火、安全体验等注意事项。

——资料来源:张秀丽.八达岭森林公园自然学校可持续运营对策研究[J].中国林业经济,2019(1):81-83.

9.3 森林生态智慧内涵及经验

森林是人类文明的摇篮。人类是从森林中走出来的,森林是人类所处的主要生态环境,人类文明大都发源和兴盛于森林资源丰富的地方。森林不仅为人类提供了日常生活所需,而且也维持着区域生态平衡,保护和改善着人类的生存环境。人类与森林的关系经历着结合、分离、再结合的过程。[1] 随着人类与森林的关系从"森林中心"演变为"人类中心",人类对森林的不合理开发利用造成了森林生态系统的破坏,导致了全球变暖、水土流失、土地沙漠化和生物多样性锐减等生态问题。人类意识到"生态兴则文明兴,生态衰则文明衰",合理利用森林、保护森林生态环境日益成为人类关心的重大课题。千百年来,不同国家和民族在对森林资源的可持续利用过程中形成了独特的森林生态智慧。正是这些森林生态智慧引导和规范着人类的行为,调节着人类与森林之间的关系。

9.3.1 森林生态智慧的内涵

森林生态智慧是森林文化的一部分。人类与森林息息相关。在长时间的社会实践中,人类与森林形成了相互依存的关系,因此,森林文化是人类与森林所形成的一种互动关系。森林文化是指人对森林(自然)的敬畏、崇拜、认识与创造,是建立在对森林各种恩惠表示感谢的朴素感情基础上的,反映在人与森林关系中的文化现象[2]。森林文化的范围十分广泛,包括森林思想、

---

[1] 顾凯平.21世纪:人类与森林关系将发生变革的世纪[J].世界林业研究,1989(1):56-59.
[2] 郑小贤.森林文化、森林美学与森林经营管理[J].北京林业大学学报,2001,23(2):93-95.

森林制度、森林哲学、森林利用等。

森林生态智慧是一种规范性的文化。千百年来,人类在与森林相互交流的过程中,形成了许多与森林息息相关的价值观念和风俗习惯。这些森林文化形态是非正式的、约定俗成的,在一定区域、民族、人群中被传承下来,指导和约束着他们的森林开发行为。不同国家和民族所形成的森林生态智慧主要包括三种:其一是基于生态伦理观的森林保护——"万物有灵"的生态平等观;其二是基于绿色生态文化的森林保护——以森林为中心的生态自觉;其三是基于对森林合理利用的森林保护。这些森林生态智慧都促进了对森林生态系统的保护,丰富了当地森林文化的内涵。下面分别从这三个方面进行经验总结。

9.3.2　基于生态伦理观的森林保护

生态伦理是协调人与自然关系的思想理论、价值取向和行为规范的总和[①]。人类在远古时期就形成了朴素的生态伦理观:万物有灵的生态平等观。"万物有灵""天人合一"都是我国古代生态伦理观的重要组成部分,其认为人类与自然界的万物是相互依存、相互联系的,人类来源于自然,人类活动要顺应自然、保护自然。

基于生态伦理观的森林保护的核心是以自然崇拜为主要形式,体现为习俗、民风、传统以及品格,贯穿于生产生活的整个过程中,用以处理人与自然关系的生态智慧。传统信仰是早期先民应对自然的实践智慧和哲学智慧,是包括神灵、神化、祭祀活动等诸多文化现象的文化体系[②]。人类对森林生态系统的敬畏与神化是人类适应森林生态的方式,也是解决人与自然矛盾的方式,是与当时的生产力状况相适应的生态智慧。

案例9.7　鄂伦春人的森林智慧

鄂伦春族主要分布于内蒙古自治区和黑龙江北部等地,现有人口9 168人。"鄂伦春"意思为"住在山上的人"或"使用驯鹿的人",世代以游猎为生,日常所用都来自森林,所以鄂伦春人对于森林有着特殊的情感,具有独特的森林生态智慧。

---

① 罗维萍. 基诺族传统信仰的生态伦理价值[J]. 黑龙江民族丛刊,2010(1):142-147.
② 张慧平. 鄂伦春族传统生态意识研究:民族森林文化的现代解读[D]. 北京:北京林业大学,2008.

万物有灵的森林文化。鄂伦春族信奉的宗教是具有自然属性和万物有灵观念的萨满教,生态意识渗透于鄂伦春人日常生活的各个方面。"万物有灵"作为鄂伦春人重要的森林生态智慧,不仅体现了族群内部的平等,也体现了自然界中各种动植物的平等。鄂伦春人认为,森林中的山川河流、花草树木、飞禽走兽都是活着的,都有自己的灵魂,要给予尊重;"白那恰"是鄂伦春人所供奉的山神,森林是由山神所管辖的,在游猎时需要进行山神祭拜仪式和向山神进献猎物。

鄂伦春人对于火也十分崇拜。火是鄂伦春人日常生活所离不开的,他们生活中有许多关于火的禁忌,如不许向火中倒垃圾。鄂伦春人的森林防火意识极强,火灾是其最为惧怕的自然灾害。

遵循生态规律,合理利用。传统的鄂伦春人以游猎为生,大小兴安岭的密林对于他们来说既是居住的场所,也是生活资料的来源,所以鄂伦春人对于森林中动植物的特征与习性十分熟悉。他们会在不同的季节进行相应的狩猎活动,例如,在狩猎驯鹿时,将一年分为四个猎期,在不同的猎期所猎取的目标也是不同的。鄂伦春族的桦树皮制作技艺是国家级非物质文化遗产之一,鄂伦春人会在每年的七八月取用桦树皮,因为当季的桦树皮厚,取用后对树木的生长影响小。鄂伦春族的传统住所是"仙人柱",是由木材搭成圆锥形的架子,再在架子上覆盖桦树皮或者动物的皮毛,在选取搭设仙人柱的木材时,鄂伦春人会采用森林中干枯的木材,绝不会砍伐森林中高大的树木作为材料。

——资料来源:乌日汗,敖特根.论鄂伦春族生态意识[J].呼伦贝尔学院学报,2020,28(6):6-8,17.

9.3.3　基于生态文化的森林保护

生物多样性和文化多样性的保护是一枚硬币的两面[①]。森林生态文化与人类的生产生活密切相关,是在对森林生态资源的开发利用过程中,创造出的与生态环境相适应的生活方式和传统知识,如宗教知识、民规民约等。生态文化的约束很好地保护了森林生态环境。近年来,一方面,在部分地区,大规模的引种和推广经济作物如橡胶林、茶叶,毁林开荒、滥砍滥伐的现象频发,森林生态环境丧失,使得森林生态文化失去了存在和传承的基础。另一

---

① 许再富.生物多样性保护与文化多样性保护是一枚硬币的两面:以西双版纳傣族生态文化为例[J].生物多样性,2015,23(1):126-130.

方面,随着经济社会的发展,森林生态文化在年轻一代中的约束力越来越弱,传统森林生态文化的淡化使得森林生态遭到了进一步的破坏。

当前对民族生态文化的利用较为片面。独特的民族生态文化多数被作为发展生态文化旅游的亮点来吸引游客,促进当地经济的发展。但是,民族文化的当代应用存在不足之处,如何利用民族文化中关于自然资源的可持续利用知识和独到办法并未得到充分重视。我国是生物遗传资源和传统生态文化知识丧失的热点区域[①]。因此,森林生态保护不仅要保护生物多样性,更要保护多样的民族森林文化。

案例9.8 傣族的森林文化

被称为"地球之肺"的热带雨林在我国境内主要分布于台湾南部、云南西双版纳、海南岛等地,其中以云南西双版纳和海南岛的热带雨林最为典型。热带雨林是地球上稳定性最高的生态系统,在净化地球空气、调节区域气候、保证地球生物圈的物质循环等方面具有重要生态价值。

云南西双版纳的热带雨林是热带北部边缘唯一保存完整、连片的热带雨林。居住于西双版纳热带雨林内的傣族人有着独特的生态观念,他们恪守着"有林才有水,有水才有田,有田才有粮,有粮才有人"的古训,世代保护着所居住的热带雨林。

原始崇拜增添了热带雨林的神秘性。傣族文化中的"坟山""水源林"文化概念赋予了热带雨林神圣不可侵犯的地位。在傣族文化中,"坟山"是村寨的墓葬区域,傣族人主要采取火葬、土葬等形式,坟山区域内的树木是不允许砍伐的。"水源林",又称"竜林",是傣族的"寨神林",位于傣族村寨背靠的大山上。"水源林"范围内是寨神所居住的地方,雨林中的动植物则是"神的伴侣",严禁在水源林中砍伐、狩猎和采摘。傣族人还会定期祭祀水源林,祈求寨神的庇护。

薪炭林[②]的种植减少了砍伐。虽然热带雨林中有大量的天然木材作为燃料,且热带雨林生长迅速,但傣族人对于自然的敬畏使其形成了种植薪炭林的传统。傣族人种植铁刀木作为薪炭林,铁刀木也被称为"黑心树",具有生

---

① 我国是世界上生物遗传资源受威胁最严重的国家之一,据世界自然联盟的统计结果,我国有10%~15%的物种处于受威胁的状态,实际情况更加不容乐观;在进行生态保护时,民族生态文化的作用往往被忽视,研究成果无人问津,年轻一代逐渐遗忘了森林生态文化。

② 薪炭林,顾名思义就是专门种植的作为薪柴的林木,其主要特点是易成活、产量高、生长速度快。

长速度快、燃烧活力大的特点,树龄可达数百年,轮砍次数多。单户种植十几棵就能满足日常需求。

　　——资料来源:孔祥根.守护最后的原始雨林[M]//彩云绮梦:云南二十六个民族的伟大跨越.昆明:云南人民出版社,2021:43-54.

9.3.4　基于对森林合理利用的森林保护

　　森林保护的关键是对森林的合理利用。保护森林不仅仅是政府的责任,更需要公众的森林保护意识和行动。森林的合理利用与个人息息相关,也需要企业、家庭、社会组织、学校等主体共同承担责任。当前,我国森林保护力量单一,保护意识淡薄,急需借鉴他国的森林合理利用经验,增强公民的森林保护意识,吸收多主体力量形成森林保护合力。

　　日本是少有的"森林大国"。森林对日本人的生活实践与精神生活都产生了重要的影响。在日本的一些地区有着新婚夫妇要植树的规定,并在种植50年后才可砍伐;在进行工程建设时,施工场地所挖出的树木要存入"树木银行",等到工程建设完成后需要将其栽种回原处;个人购买汽车时,多地有植一棵树的风俗习惯。日本的企业在森林保护方面作出了巨大的贡献,进行林业开发的企业严格按照法律的要求进行采伐,在砍伐的同时进行种植。在对木材进行加工时,做到物尽其用,对木材进行分类,连加工时所产生的碎木屑都会再进行回收利用。此外,与林业不相关的企业也积极承担森林保护的社会责任,不定期地为日本政府的森林保护捐款,与政府合作种植树木。例如,日本每年举办植树节,并邀请日本皇室参与;从儿童着手开展森林环境教育,采用体验式的教学方式传授儿童森林知识与相关技能,增强国民的森林保护意识。①

案例9.9　"丛林之子"的生存秘籍——自然教育与生命教育

　　2023年5月1日,哥伦比亚一架小型飞机在亚马孙丛林坠毁。飞机失事后,哥伦比亚政府立即展开搜救。两周后,搜救人员发现失事飞机残骸与3具成人遗体。6月9日,经过40天的搜救,剩余的4名因飞机失事被困在丛林中的儿童被找到,全部幸存。这4名获救儿童的年龄分别为13岁、9岁、4岁和11个月。哥伦比亚总统称赞这些孩子是"丛林之子""生存的榜样"。那么,"丛林之子"是如何在雨林中生存了40天的呢?

---

　　①　张帮俊.被绿色覆盖的日本[J].科学大观园,2014(12):13.

4 名儿童之所以能够生存下来，与其所在族群的森林文化传统有关。据了解，他们来自哥伦比亚的维托托族，目前仅有 2 500 人左右，维托托人世代居住于热带雨林之中，有着丰富的丛林生存经验。他们从小就对儿童进行自然教育，教授孩子应对抓伤刺伤、昆虫叮咬以及狩猎、捕鱼等维生手段。4 名儿童从飞机残骸中翻出木薯粉，吃光后就利用从小所学的生存知识从雨林中采集了可食用的植物种子、果实和根茎，在毒蛇、猛兽经常出没的雨林中搭建生存营地和自由地穿梭。4 名儿童被救时仅脱水严重，身上有被叮咬的痕迹，身体并无大碍。奇迹的创造也与生命教育密不可分。所谓生命教育就是直面生死问题，让人学会尊重生命、理解生命的意义。在飞机失事后，4 名儿童的母亲受了重伤，在弥留之际对孩子们说："也许你们应该离开我，只要活下去你们就可以见到父亲，他会把我对你们的爱延续下去"。正是这样的嘱托，13 岁的姐姐担起重任，保护着自己的弟弟妹妹，将生命延续下去。

——资料来源：叶克飞. 4 名儿童坠机后丛林生存 40 天获救，奇迹源于生命教育[N]. 成都商报，2023-06-13(3).

9.4 森林生态安全内涵及经验

随着人类的生存环境发生巨大变化，生态安全成为全世界所要面对的重要议题。森林作为生态系统的重要组成部分，与人类活动和自然生态有着密切的关联，是陆地生态系统的主体，不仅维护了生物多样性，为人类和其他动植物提供了栖息地，还在提供林副产品、调节区域气候、保障国土生态安全等方面发挥着不可替代的作用。

9.4.1 森林生态安全内涵

人类在工业化和城镇化的过程中对森林普遍进行过度开发，导致森林面积锐减、水土流失、生物多样性锐减、区域环境失调等生态问题频现，给人类的财产、生命安全带来了威胁。以中国为例，1998 年夏，全国范围内发生大面积的洪涝灾害，波及全国 29 个省，受灾面积约 2 220 万公顷，受灾死亡人口达 4 150 人，直接经济损失达 2 251 亿元[①]。究其原因是对长江流域上游的不合

---

① 国家防汛抗旱总指挥部，中华人民共和国水利部. 中国水旱灾害公报 2013[R]. 北京：中国水利水电出版社，2014.

理开垦。大规模的滥砍滥伐导致水土流失，大量泥沙顺流而下，而长江中下游的河床太高、河道淤积，湖泊的蓄洪能力大大降低。为了解决生态问题尤其是森林生态问题，中国先后实施了天然林保护工程、"三北"和长江中下游地区重点防护林体系建设工程、退耕还林还草工程等来缓解森林生态安全状况恶化的趋势。经过20多年的努力，重点地区的水土流失与沙漠化得到有效治理，森林覆盖率和蓄积量显著提高，同时也为森林生态安全建设积累了宝贵的经验。①

森林生态安全的内涵有狭义和广义之分。狭义的森林生态安全是指森林生态系统自身的安全状态。广义的森林生态安全涵盖森林生态系统和林业的生产建设、管理维护等多方面②。程雪将森林生态安全的构成分为三类：一是森林生态系统的自身资源和环境情况；二是外界因素对生态系统造成的压力与影响；三是维持生态系统健康状态所采取的投入措施，以及森林生态系统为维持自身结构和功能所具备的能力③。

森林生态安全受到自然条件、社会经济、国家政策等多种因素的共同影响。有学者提出森林生态安全的影响因素主要体现在自然因素和人为因素两个方面。其中，自然因素细分为环境因素、资源因素和自然灾害；人为因素则包括人口因素、社会环境、经济发展方式的变化、管理与决策。④

森林生态安全关系着社会的可持续发展。保障森林生态安全的关键是保证森林的数量与质量。林业主管部门应提高森林管理水平，预防和及时处理森林灾害；避免在工程建设与资源开发的过程中出现乱砍滥伐现象；减少森林中污染物的排放，加强对水土流失、洪涝灾害的治理；进行植树造林工程，调整林业结构，发展新兴产业。

9.4.2 森林防火经验

森林火灾是森林中最危险的灾害，会给森林生态系统带来毁灭性的

---

① 浙江省林业局.世界著名生态工程:中国"三北防护林体系建设工程"[EB/OL].(2021-12-31)[2023-06-12].http://lyj.zj.gov.cn/art/2021/12/31/art_1277845_59023693.html.

② 房用,王淑军.生态安全评价指标体系的建立:以山东省森林生态系统为例[J].东北林业大学学报,2007,35(11):77-82.

③ 程雪.中国省域森林生态安全时空演变及影响因素的空间计量分析[D].哈尔滨:东北林业大学,2020.

④ 汪朝辉,吴楚材,谭益明.森林公园生态安全影响因素指标体系研究[J].环境保护,2008(24):32-34.

后果。森林是生长周期较长的再生资源。森林火灾一旦发生,会烧死、烧伤大片的林下植被,森林很难恢复原貌。森林火灾也会给生活在森林中的动植物带来威胁,烧死或烧伤野生动物,破坏其栖息地和生物多样性。大片的森林燃烧时会产生大量的烟雾以及一氧化碳等有害物质,会使空气质量下降,造成严重的空气污染,危害人类身体健康和野生动物的生存。森林火灾还会使森林涵养水源、保持水土的能力下降,使河流中下游的水质下降,会造成水土流失和泥石流等次生灾害。森林火灾也会使人类的生命财产受到威胁,快速蔓延的火灾会威胁到扑火人员的生命安全。

案例 9.10　四川凉山两次"3·30"森林大火

冬春季节是四川省森林火灾的高发期,而凉山是四川森林火灾的高发地。2019 年 3 月 30 日 18 时,四川省凉山州木里县境内因雷击火发生森林火灾。火场海拔在 3 800 米处,地形复杂、坡陡谷深、交通和通信不便。3 月 31 日下午,因突遇山火爆燃,27 名消防队员与 3 名救火群众牺牲。4 月 5 日,火场得到全面控制,此次火灾总过火面积约 20 公顷。

2020 年 3 月 30 日 15 时,四川省凉山州西昌市境内的皮家山发生森林火灾。在救援过程中,由于火场风向突变、风力陡增、飞火断路、自救失效,参加火灾扑救的 19 人牺牲、3 人受伤。这起火灾造成各类土地过火面积 3 048 公顷,综合计算受害森林面积 791.6 公顷,直接经济损失9 731 万元。

——资料来源:2019 年"3·30"相关内容整理于百度百科"3·30 木里县森林火灾";2020 年"3·30"相关内容整理于四川省应急管理厅官网 2020 年12 月 21 日发布的《凉山州西昌市"3·30"森林火灾事件调查报告》。

我国幅员辽阔,森林资源十分丰富,森林火灾时有发生。据国家林业和草原局森林草原防火司统计与整理,2010—2019 年我国森林火灾的特征主要体现在四个方面。一是森林火灾普遍高发,地域之间存在差异。十年间,森林火灾主要发生在我国的中部和南部地区,湖南、广西、贵州三省为火灾多发地区。二是森林火灾破坏严重,悲剧时有发生。十年间,森林火灾火场面积总计达 48.5 万公顷,受害森林面积达 19.3 万公顷,每年因森林火灾而烧毁的幼龄林数量超过 1 000 万株,十年来因森林火灾导致的人员伤亡数达 607 人。三是天灾因素难以避免,人祸原因尤需谨慎。

十年间,由人为因素引发的森林火灾占比较大,最容易导致森林火灾的人为因素是烧荒烧炭,其次是上坟烧纸、野外吸烟等。四是增强综合治理能力,探索防治正在路上。1988年,我国出台了《森林防火条例》并于2008年进行了修订。经过十年的防治探索,中国森林火灾的发生情况得到了较为明显的改善与控制。其发生频率、发生范围、发生强度都有所减弱,森林火灾的火场总面积呈逐年递减趋势,对生态环境的破坏和经济的打击也逐渐缩小。①

我国的森林防火工作主要采取"预防为主,积极消灭"的方针。进入林区也有"五不准",分别是:不准在林区内乱扔烟蒂、火柴梗;不准在林区内燃放爆竹、焰火;不准在林区内烧火驱兽;不准在林区内烧火取暖、烧烤食物;不准在林区内玩火取乐。常见的森林灭火主要采用直接灭火和隔离带灭火相结合的方法。直接灭火法是灭火人员使用灭火工具沿火线直接打灭火;间接灭火法是遇到猛烈的地表火和树冠火人力无法接近进行灭火时,以劈火路斩断火源的方式进行灭火。

案例9.11　森林防火——文明祭祀

清明期间,焚香、烧纸、点蜡、燃放鞭炮等活动极易引发火灾。祭祀是一种美好的祝愿和祝福,也是我们传统的习俗,但祭祀并不一定要按照传统形式开展,可以采取更文明的方式,以避免出现意外事故。基于此,全国各地在春节、清明等节日需进行祭祀时,积极倡导实施环保安全的祭祀方法。

大力宣传林区防火。四川省眉山市洪雅县共出动防火宣传车200余车次,张贴宣传标语和发放宣传单10万余张;四川曹家镇营造绿色祭祀的良好氛围,印制森林防火令宣传单5 500份,张贴到交通要道、主要路口等,同时用鲜花置换扫墓人员的纸钱,并回收火种。

鲜花祭祀代替传统习俗。在四川省眉山市洪雅县,每逢过年、清明等节日,由林场或者乡镇出钱购买菊花,放置于入山检查口,用鲜花换取老百姓手中的纸钱、鞭炮,培养人们形成无火无烟祭祀的新风尚。在春节、清明节等时间节点,该县群众的各类祭祀活动,都积极采用了鲜花祭祀和"网络文明祭祀"方式。

开展主题文化节。浙江湖州以"移风易俗,倡导文明祭扫"和"追思忆祖,弘扬孝悌文化"为主要内容,通过祈福、读诗、签名等多种形式,激发市民更广

---

① 马世博,刘昱圻,朱瑾奕,等.数说中国森林火灾这十年,探索防治在路上[EB/OL].(2021-07-21)[2023-06-02]. https://m. thepaper. cn/baijiahao_13665038.

泛地投入到文明祭扫活动中。启动浙江首个绿色殡葬示范区,举行生态竹林葬安放仪式。

网络文明祭祀活动。长兴县民政局运用网络平台引导群众在网络 APP 平台、微信群和微信朋友圈转发"纸钱换花束"活动倡议书,从 2014 年试行"鲜花换火纸"活动以来,自带鲜花等文明祭品的市民越来越多,鞭炮爆竹已无人问津,政府还提供祭祀带、祈福卡等免费祭祀物品,引导群众采取网上祭祀、音乐祭祀、家庭追思等新型现代祭祀方式。

——资料来源:彭威楠.防患于未"燃" 筑牢森林防火"安全墙"[N].眉山日报,2020-12-09(4);戈杰.推进节地生态殡葬 倡导文明新风:市民政局深化殡葬改革工作纪实[N].湖州日报,2018-04-03(7).

9.4.3 水土流失经验

水土流失是指在水力、重力、风力等外力作用下水土资源和土地生产力的破坏和损失。水土流失现象主要是自然和人为两种因素共同导致的。自然条件主要有水土流失发生区域地表土地没有被林草所覆盖、地面坡度大、土壤较为松软、气候湿润、短期发生强降雨等。人为因素主要是人们不合理的经济开发对森林生态所造成的影响,如滥砍滥伐森林资源、在地势起伏较大的地面开荒、不合理的工程建设等。

水土流失的危害是巨大的。水土流失会带走土壤里面的微量元素如氮、磷、钾,造成土壤肥力丧失,使土地生产力下降甚至丧失,粮食产量逐渐下降。水土流失从河流上游带走大量泥沙,会造成中下游区域河道、水库和湖泊的淤积,使得中下游区域河道堵塞和蓄洪能力减弱。黄河中上游尤其是黄土高原的水土流失,使得黄河中下游成为"悬河"。水土流失使土壤结构发生变化,地表植被减少,森林覆盖率下降。这会对区域气候环境造成影响,使植被吸收二氧化碳及有害气体的能力减弱。水土流失易造成泥石流、滑坡等次生灾害,会对人身财产安全、交通运输等造成危害。

我国的水土流失具有分布范围广、面积大的特点,是世界上水土流失较为严重的国家之一。2021 年度全国水土流失动态监测工作结果显示,2021 年度我国水土流失面积、强度双下降,水土流失状况得到改善。2021 年全国水土流失面积为 267.42 万平方千米,占我国陆地面积(未含香港、澳门特别行政区和台湾省)的 27.96%,较 2020 年减少 1.85 万平方千米,减幅 0.69%。其中,西部地区水土流失面积为 224.73 万平方千米,中部地区水土流失面积为 28.81 万平方千米,东部地区水土流失面积为 13.88 万平方千米。从总体格局看,我国水土流失由西部向东部逐步减轻,东、中、西部水土流失面积均有所减少,西部地区减少量大,中部和东部地区减幅大。①

防治水土流失,最重要的是做好水土保持工作。水土保持是江河保护治理的根本措施。我国在治理水土流失过程中逐渐形成了小流域综合治理的防治体系,即以小流域为单元,在全面规划的基础上,合理安排农、林、牧、渔各业用地,利用果林、林草、山坡防护、沟道治理等工程进行综合治理。② 水土保持的措施主要包括生物措施和工程措施。生物措施主要是恢复水土流失区的自然植被,有效利用林草的土壤保持功能,如避免过度砍伐天然林,种植防治林、绿化荒山,在地形起伏大的沟壑种树,退耕还林还草,封山育林等。工程措施是水土流失治理中效果较为直观的治理方法,主要目的是提高地表水渗入时长和地表径流的速率,主要包括山坡防护工程、山沟整治工程、小型蓄水用水工程,以及修建梯田、平整土地、减小地面坡度等优化农业耕种方式③。

案例 9.12　东川水土流失治理

云南省昆明市东川区由于独特的地形和地质构造,造成当地地质疏松,水土流失严重,加之长期以来开采铜矿和人为砍伐树木,森林面积减少,控制自然灾害的能力减弱,成为泥石流暴发的重灾区。数据显示,东川境内有灾害性泥石流沟 107 条,泥石流流失面积达 1 199 平方千米,占全区土地面积的64.5%,迫使东川走上了一条艰辛的"泥石流防治之路"。东川将工程治理和生物治理相结合,有效遏制了泥石流灾害。

工程治理为有效遏制泥石流发生奠定了坚实基础。2012 年以来,省、市、区三级国土资源部门先后在东川安排资金 1.95 亿元,实施石羊河支沟余家沟泥石流灾害治理等 21 个项目。实行土地综合整治措施,在泥石流冲积后所形成的荒滩上发展干热河谷特色农业。

在生物治理方面,植树造林是最重要的手段之一。东川紧紧抓住国家

---

① 2021 年全国水土流失动态监测显示我国水土流失状况持续向好 生态文明建设成效斐然[EB/OL].（2022－06－28）［2023－03－03］. https://www. gov. cn/xinwen/2022－06/28/content_5698083. htm.

② 水利部水土保持司. 水土保持术语:GB/T 20465—2006[S]. 北京:中国标准出版社,2023:2.

③ 段景峰. 西北黄土高原沟壑区水土保持工程措施研究与应用[J]. 现代农业研究,2021,27(7):44-45.

"长防"工程契机,调动各方力量绿化荒山,加快建设国有222林场等三大防护林基地步伐,提高森林覆盖率。通过"小江抽水造林"为1.3万亩荒山披绿,造林成活率达到了90%。同时,依托自研漏斗底鱼鳞坑整地技术,新造1 600米以下海拔新银合欢示范造林、石漠化植被恢复示范造林、干热河谷难造林地植被恢复示范造林等示范林,给荒山秃岭染上了层层新绿。

科研力量介入。位于云南省昆明市东川区铜都镇境内蒋家沟流域的中国科学院东川泥石流观测研究站,有其突出的优势①:观测研究时间最长,资料积累最丰富,专业配套、老中青结合的一流人才,精良的观测实验技术与设备。

——资料来源:郭岸英,唐祖发,郑云坤.山河作证:泥石流治理的"东川模式"[N].中国自然资源报,2018-07-06.

思考题

1. 中国为全球森林生态治理作了哪些贡献?
2. 如何加强对青少年群体的森林生态教育?
3. 如何做好少数民族森林生态智慧的保护?
4. 在日常生活中还有哪些森林防火小妙招?
5. 青少年能为森林生态安全建设做些什么?

---

① 唐启荣,李映青.昆明东川泥石流治理结硕果为世界治理灾害提供借鉴[EB/OL].(2014-07-18)[2023-03-03].http://cnews.chinadaily.com.cn/2014/07/18/content_17836697.htm.

第 10 章
生态农业原理与实践

以高投入高消耗为特点的石油农业曾为人类社会带来了巨大的生产能力，但其弊端也逐渐被人发现。石油农业无节制地消耗土地、森林资源，对生态环境造成了巨大的破坏。为了应对石油农业带来的挑战，生态农业概念应运而生。本章将介绍生态农业的内涵、原理、模式和具体经验。

10.1　生态农业概况

生态农业诞生于 20 世纪 60 年代末期，被认为是继石油农业之后，世界农业发展的一个重要阶段。关于生态农业的定义众说纷纭，但都强调资源利用，强调技术组合集成。其实，从生态农业特征来看，古代中国已然出现了适合自己的生态农业模式。

10.1.1　生态农业的起源

生态农业的出现源于现代农业的衰败。现代农业指的是西式的现代农业，也叫石油农业或者石油密集农业、化学农业、无机农业、工业式农业等，是发达国家依托石油并实行高度工业化的农业的总称，是一种以石油、煤和天然气等能源和原料为基础，以高投资、高能耗方式经营的生产方式①，兴起于 20 世纪 20 年代的欧洲②。现代农业这种高投资、高能耗的生产方式不可避

---

① 王岩.用养结合走向现代大农业:探析不同农业发展阶段下的土壤与肥料管理[J].中国农资，2012(30):17.

② 赵哲，陈建成，刘雨，等.生态农业替代石油农业:东北地区农业可持续发展的必然选择[J].辽宁大学学报(哲学社会科学版)，2018,46(4):53-60.

免地会对土地、森林造成巨大的破坏。比如,过度消耗石油资源;掠夺土地;无节制施肥;用巨型重力机碾地;连续耕作、不间断种植单一的品种,导致土壤肥力快速下降。① 在非洲,森林覆盖率从 20 世纪初的 90％ 下降到 20 世纪末的 50％,其余的土地因大量使用化肥农药而遭到破坏,变成一片沙漠,导致非洲长期饥荒②。此外,土地中残存的化学药剂会使一些野生动物发生生理病变,导致物种灭绝③。即使在 21 世纪的中国,不少农民在观念上仍受石油农业影响,从事农业生产时只一味地追求产量与经济效益,忽视了食品安全与环境污染问题,为增产而使用大量的化肥,使农业生态环境遭受到一些不可逆转的破坏,因此,农业生产也面临着不可持续的问题。

面对石油农业带来的危害,各国学者提出要走新的农业之路,改变原有的高消耗的农业生产方式。新的农业之路要走人与自然和谐相处的途径,实现资源的节约利用④。生态农业具备的优点是石油农业所无法比拟的。生态农业的科学种植方式,就是在生态经济学、系统工程学、现代管理学和现代农业理论指导下,最大限度地利用土地空间,把技术、生物和空间结合起来,强调种植规模的适度,并建立一套与环境相辅相成的复合种养体系,促进系统结构优化,不断提升效益,最终形成区域化布局、基地化建设、专业化生产,并建立产供销一条龙、农工商一体化的多层面链式复合农业产业经营体系。⑤⑥

10.1.2　生态农业现状

早在古代,中国便已出现了与现代生态农业相似的农业模式,即主张利用物种间的制衡实现环境友好的耕种方式。中国传统农业和现代生态农业的相同点在于都强调与自然的和谐相处,主张资源的多次利用以节约资源,从而获得高产。二者的差异是:现代生态农业是注重社会、经济和环境效益,强调减少现代农业耗能、提高能量转换效率,综合农、林、牧、副、渔和农产品加工业的节能型农业生产体系⑦;中国传统农业是受制于低生产技术,追求文化、经济、社会、环境多方面效益的农业生产体系⑧。

---

① ② ③ 王治河,樊美筠. 第二次启蒙[M]. 北京:北京大学出版社,2011:3-50.

④ WORTHINGTON M K. Ecological agriculture:what it is and how it works[J]. Agriculture and Environment,1981(4):349-381.

⑤ 程军. 发展生态农业对城镇生态环境改善分析[J]. 安徽农业科学,2009,37(12):5649-5650.

⑥ 邓玉林. 论生态农业的内涵和产业尺度[J]. 农业现代化研究,2002,23(1):38-40.

⑦ 张壬午. 国内外生态农业研究概况[J]. 农业环境与发展,1994(4):6-10,48.

⑧ 罗顺元. 中国生态农业的哲学底蕴[J]. 未来与发展,2009,30(3):18-22.

中国的现代生态农业就是在传统农业智慧基础上,利用现代科学技术,探索出的一种环境友好型的农业模式。发展生态农业可以使农业生态环境得到保护,对环境不会造成巨大污染,同时农产品的质量、产量和经济效益也能得到保障。种养结合的模式可实现农业种植多样化,利用间作套种、立体种植的方法,使得农业自成一个小型的、自我运转的生态体系。种养结合的模式也可以在"用地"的同时"养地",有利于恢复土壤肥力,从而实现对资源的充分利用,同时可以带动农民正向就业,拓展农业种植的功能,把农业要素变成商业要素,实现一、二、三产业的融合。

现代生态农业模式多样。比较典型的有菲律宾玛雅农场、以色列节水农业、巴西生态农业、德国有机农业等模式①。玛雅农场利用粪肥废弃物生产沼气,做有机肥料,实现农林牧副渔产品的联合生产;以色列以节水为导向,利用现代技术实现对农业生产的精准灌溉,开发灌溉软件系统,方便农户智能操控,实现水尽其用;巴西模式是利用科学技术,注重农业研究,在不适宜农业生产的地区引进新农作技术、建立资本密集的大型农场等;德国的有机农业注重农业生态系统的生物多样性和良性循环,严禁使用化肥农药,通过作物轮作以及各种物理、生物和生态措施来提升土壤肥力、控制杂草和病虫害②。

中国传统农业以精耕细作见长。因为人口增长速度与食物增长速度之间长期存在着紧张关系,人们一方面不断平整土地,扩增耕地,实行人力耕作,种植绿肥,维持土壤的肥力;另一方面,协调天、地、人关系,实施精耕细作,做到"人尽其才,地尽其利,物尽其用",持续探索高产稳产措施,如发展梯田、垛田、桑基鱼塘、稻田养鱼、养鸭治蝗等③。

新中国成立之后,石油农业一度成为农业发展的坚定目标。发展石油农业的后果就是对环境造成了较大的破坏。20世纪70年代后,受国际趋势和我国面临的现实问题影响,不少学者提出走生态农业之路。在延续古代小而精的传统农业模式基础上,国内创造了许多具有明显增产增收效益的生态农业模式,如稻鱼、稻萍、稻鳖、稻虾等共生模式,鸡粪喂猪、猪粪喂鱼等循环农

① 农业物联网.世界生态农业典范:这6个国家的生态农业做绝了[EB/OL].(2018-04-18)[2023-06-05]. https://www.sohu.com/a/228694719_294959.

② 叶明春.德国1个农民为何可以养活150人[EB/OL].(2019-06-21)[2023-06-05]. http://www.nyguancha.com/bencandy.php? fid=81&id=10013.

③ 骆世明.生态农业发展的回顾与展望[J].华南农业大学学报,2022,43(4):1-9.

业模式,林粮、林果、林药等间作农业模式,农林牧、粮桑渔、种养加等结合农业模式。从 1983 年开始,我国先后出台了《当前农村经济政策的若干问题》《国务院关于环境保护工作的决定》;2000 年以后,相继出台了《清洁生产促进法》《循环经济促进法》等法律,以及《全国农业可持续发展规划(2015—2030 年)》《种养结合循环农业示范工程建设规划(2017—2020)》等政策文件(表 10.1),这些政策、法律、法规都旨在大力发展生态农业。

表 10.1　我国生态农业政策梳理

时间	政策标题	主要内容
1983	中共中央印发《当前农村经济政策的若干问题》	要不断促进传统农业向现代化农业转化,为生态农业的进一步探索增添动力
1984	《国务院关于环境保护工作的决定》	积极推广生态农业
2015	《全国农业可持续发展规划(2015—2030 年)》	促进种养循环、农牧结合、农林结合,因地制宜推广节水、节肥、节药等节约型农业技术,以及"稻鱼共生"、"猪沼果"、林下经济等生态循环农业模式
2017	《种养结合循环农业示范工程建设规划(2017—2020)》	探索不同地域、不同体量、不同品种的种养结合循环农业典型模式
	《关于创新体制机制推进农业绿色发展的意见》	要打造种养结合、生态循环、环境优美的田园生态系统
2019	《农业农村部办公厅关于规范稻渔综合种养产业发展的通知》	进一步促进稻渔综合种养产业规范发展
2022	农业农村部办公厅关于印发《推进生态农场建设的指导意见》的通知	要加快推进生态农场建设,促进农业绿色低碳转型

现代生态农业模式主要是在传统农业的优势基础上,因地制宜地利用不同物种间的特性,实现农业的生态循环,并且把一、二、三产业融合,与农产品加工结合起来,实现模式的创新升级。例如,稻田＋养殖模式,包括稻虾共生、稻鱼共生、稻蟹共生、稻鳖共生等,并在此基础之上与企业合作,实现农业与加工业的融合[1]。有的机构还探索鱼菜共生模式[2]。有的地方探索以废物利用为主的生态循环农业,比如食用菌产业、畜禽养殖业与秸秆利用相结合的循环经济农业[3]。有的地方采用农业与旅游业的产业融合模式,如大理凤

① 徐旺生,张展.小"田鱼",大智慧:中国古代生态农业[J].中国国家地理,2007(5):210.
② 都市农夫.艾维农园(艾维农场)[EB/OL].(2021-01-29)[2023-03-03].http://www.cnnclm.com/shandong/3067/.
③ 胡清秀,张瑞颖.菌业循环模式促进农业废弃物资源的高效利用[J].中国农业资源与区划,2013,34(6):113-119.

羽模式、梯田文化景观等①。

总而言之,生态农业新途径就是集农业多种功能于一体。在"稻鱼共生""桑基鱼塘"等传统稻作农业模式基础上实现升级,实现农业生产、农产品加工和乡村文旅的"三产融合"。生态农业的具体模式可以分成物质多层利用型、生物互利共生型、资源开发利用与环境治理型、观光旅游型四类②。本章将具体阐述其中的三类,即共生农业、循环农业和产业融合。本章结合中外的典型案例,展示如何在传统生态农业模式的基础上实现创新,不同的模式怎么适应当地环境,又怎么发挥这些模式的最大效益。本章旨在通过对案例的梳理,让读者了解这些充满智慧、最大限度因地制宜的农业模式,了解它们对人、生物、环境有什么积极作用,并理解生态农业链是如何实现良性循环的。

10.2 共生农业原理及经验

共生农业是古代农民在世代耕作的实践中总结出来的经验。这种稻田综合种养的方法不仅符合生态农业体系,也具有经济效益,具体包括稻虾共生、稻鱼共生、稻蟹共生等模式。本节聚焦于共生农业的发展历程,并选取典型案例进行介绍。

10.2.1 共生农业内涵及原理

在农业生态体系中,农作物与农作物之间、农作物与环境之间都是相互作用、紧密关联的。古代科技手段有限,主要依靠农民发现物种间的制衡关系并对其进行利用和经验传承③。通过所谓的"黑箱方法"或"试错方法",人们逐步探索出一套以整体为基础,因地制宜、因人制宜、行之有效的农业实践方法④。各种群之间由人工诱导产生多种共生互利关系,既提高了生态效益,又保证了经济效益。迈入现代社会以后,生态农业利用新技术实现升级和多品种的综合种养,对种植品种进行培育、栽种,采用新的过滤系统等⑤。

---

① 李亚芬. 洱源:乡村振兴"凤羽模式"正在起飞[EB/OL]. (2020-04-20)[2023-03-03]. http://ylxf.1237125.cn/NewsView.aspx? NewsID=322785.

② 李金才,张士功,邱建军,等. 我国生态农业模式分类研究[J]. 中国生态农业学报,2008,16(5):1275—1278.

③④ 骆世明. 生态农业发展的回顾与展望[J]. 华南农业大学学报,2022,43(4):1-9.

⑤ 李应森,王武. 稻田生态种养新技术发展现状与建议(上)[J]. 科学养鱼,2011,33(1):3-5.

目前,我国多物种互利共生模式比较有代表性的是稻田综合种养模式。它是一种将水稻种植与水产养殖有机结合,实现"一地多用、一举多得、一季多收"的绿色现代农业发展模式。① 该模式的主要优点:一是可最大限度减少施投农药的劳力及费用支出;二是可以减少化肥的使用,增加土壤有机物的含量,减少农业面源污染;三是稻田养殖的蟹、虾、鱼等有利于农村的环境卫生,它们不仅吞食水稻的病害虫,而且清除了蚊子幼虫;四是除了水稻或蔬菜外,至少还能有另外一种产品或业态的收入,提升种植的实际产出。② 此外,河蟹、小龙虾还能大量消灭稻田中的螺类,特别是钉螺,可以大大减少血吸虫病的中间媒介。

10.2.2 共生农业经验

中国最早的稻田综合种养模式发源地可以追溯到浙江省青田县③,至今已有 1 300 多年。青田稻田养鱼最早的文字记录可见于明洪武二十四年(1391),《青田县志·土产类》中记载"田鱼有红黑驳数色,于稻田及圩池养之"④,具体见案例 10.1。新中国成立后,1981 年,中科院水生生物研究所倪达书研究员提出了稻鱼共生理论,并向中央致信建议推广稻田养鱼。⑤ 2005 年,青田稻鱼共生系统(图 10.1)成为中国首个重要农业文化遗产。近年来,青田开始探索把农业文化遗产品牌价值转化为产业经济价值。

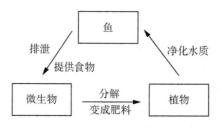

图 10.1　稻鱼共生原理示意图

稻田养鱼的养殖范围也在不断扩大。20 世纪 90 年代末到 21 世纪中期,稻田养鱼区域也从丘陵山区迅速扩大到内陆平原,并在 2010 年左右衍生出更多的综合种养模式。如"鸭稻共作",这一生态农业模式巧妙利用动物和植物

①② 陈阿江. 共生农业:生态智慧的传承与创新[N]. 中国社会科学报,2017-12-15(6).

③ 徐旺生,张展. 小"田鱼",大智慧:中国古代生态农业[J]. 中国国家地理,2007(5):210.

④⑤ 周凡,马文君,丁雪燕,等. 浙江省稻渔综合种养历史与产业现状[J]. 新农村,2019(5):7-9.

之间的共生关系,用网围拦,构筑起以鸭群和水稻为主体的生态系统①。在"鸭稻共作"系统中,水稻为鸭群生长提供了良好的生长环境、食物来源和栖息场所;鸭群在田间的搅动,促进了养分物质包括水体中氧气等的流动,可刺激水稻的生长发育;同时,鸭群还能起到除草、捕虫、施肥和中耕等作用。该模式有效实现了物种间的制衡发展、互利共生。

与此同时,平原地区开始探索"稻田养虾"模式。水稻和小龙虾的互利共生能够减少农业投入成本,保护稻田生态环境,实现对土地的生态友好、经济高效利用②。小龙虾以稻田内的秸秆、害虫和水草等为食,可减少饲料投入,而其排泄物和剩余残饵又可为水稻提供生物肥料,减少肥料投入③。类似的还有稻田养蟹、稻田养鳖模式。稻田养蟹是将田块进行消毒后放养螃蟹,实现双重效益。稻田养鳖模式是以养鳖为主,再将鱼、泥鳅、黄鳝、青蛙、螺、鸡、蔬菜、果树等逐步投入。水稻将鳖和混养水生动物排泄的粪便作为生长发育的有机肥料,鳖吃"水稻害虫"福寿螺,淡水鱼吃稻花、枯叶、田间杂草,青蛙和鸡吃害虫,这种循环共生的生态系统还可以延伸和扩展④。不管是稻田养鱼、养虾,还是养蟹、养鳖,都是利用物种的习性实现种养的多价值产出,稻田的综合种养就是让水稻、稻田底栖动物、陆栖动物、水生昆虫和植物等组成一个循环生态系统。

现代稻田养鱼模式和传统的存在不同。现代模式主要是根据稻田养鱼的原理,把原来有矛盾的水稻种植业和水产养殖业结合起来,将原来单纯的稻田生态系统,向更加完善的物质循环方向发展,充分利用人工新建的稻鱼共生生态系统,发挥其共生互利的作用,为振兴农业提供新的现代化的科学养殖办法⑤。

案例 10.1 稻田养鱼

现在的稻田养鱼,旨在利用能吃草的鱼群在稻田中主动、积极地替农民

① 章家恩,陆敬雄,张光辉,等.鸭稻共作生态农业模式的功能与效益分析[J].生态科学,2002,21(1):6-10.

② 谭淑豪,刘青,张清勇.稻田综合种养土地利用的生态-经济效果:以湖北省稻虾共作为例[J].自然资源学报,2021,36(12):3131-3143.

③ 蒋鸿燕.稻虾共生高效生态种养模式及其效益分析[J].河南农业,2020(26):48-49.

④ 农业农村部政策与改革司.第一批全国家庭农场典型案例(24):湖南浏阳市孔蒲中家庭农场[EB/OL].(2020-05-21)[2023-03-03].http://www.zcggs.moa.gov.cn/jtncpyfz/202005/t20200521_6344853.htm.

⑤ 陈彬文,徐顺志.影响稻田养鱼经营行为的因素分析[J].中国渔业经济研究,1997(1):30-32.

消除与稻禾争夺阳光、肥料和空间的杂草，促使稻谷增产。鱼体本身以稻田中的杂草、浮游生物与底栖动物为食料而自然成长，形成稻鱼互利共生的最佳生态系统。稻田养鱼有两种形式，即"稻鱼共生"和"稻鱼轮作"。稻鱼共生是指水稻和鱼群共同生活在稻田中，双方彼此能得到一定的利益。稻鱼轮作是指水稻与养鱼的轮流生产，即一年当中只种一季水稻，余时则养鱼，如四川省的冬闲田、囤水田及湖区的低洼田的"稻鱼-鱼"等轮作方式养鱼。

中国稻田养鱼的模式多样，范围较广，养殖内容较丰富。这里以浙江青田为例。"稻田养鱼"是种植技术和养殖技术的"套种"，它是南方缓解人地紧张关系、节约土地的创举。田鱼的种类以鲤鱼为主，因为鲤鱼适应性强，食饵广，此外还有草鱼、鲫鱼、鲢鱼等，因地而异。稻田养鱼需要在水田里开挖鱼儿活动休息的"鱼溜"和"鱼沟"；在田埂上设置进水口和出水口，安装拦鱼栅等。靠近田边、田角的"鱼溜"上面可以搭矮架，下面种瓜、豆和葡萄等，利用它们攀蔓遮阳。在空间上进行了立体的"套种"。以中低山丘陵为主的青田县号称"九山半水半分田"，人地矛盾突出。"稻田养殖"可说是他们在面临土地资源短缺状况时的应对之举。种养结合提高了土地的利用率，还弥补了农耕民族食物中动物蛋白质不足的缺陷。稻田养鱼还有它独到的生态效益。田鱼觅食时，搅动田水，搅和泥土，为水稻根系生长提供氧气，促进水稻生长。田鱼还有肥田、除草、除虫的作用。田鱼吃了稻田里的猪毛草、鸭舌草等杂草以及稻叶蝉等害虫，免去了使用农药和除草剂。田鱼的排泄物可作为稻田的有机肥料。稻鱼共生的田地稻谷产量比其他普通田地产量增长 5%～15%。①

——资料来源：徐旺生，张展. 小"田鱼"，大智慧：中国古代生态农业[J].中国国家地理，2007(5)：210.

稻田养鱼也有一定的局限性。如果想要达到利益最大化的商业模式，那就需要条件、地点、环境三个因素缺一不可。稻谷的生长周期就一百多天，还有插秧与收稻谷时不需太多水，鱼的规模达不到经济价值，难以与工业产值相比较，所以这种模式无法大面积地推广。但是，现代生态农业利用新技术实现了对传统模式的创新，比如：人工新建稻鱼共生的系统；基于稻鱼共生的模式，出现的应对城市用地紧张、节约资源的鱼菜共生模式。鱼菜共生的原理是：鱼的粪便在被循环泵打入种植槽后，经槽内火山石的过滤，以及微生

① 徐旺生. 从间作套种到稻田养鱼、养鸭：中国环境历史演变过程中两个不计成本下的生态应对[J].农业考古，2007(4)：203-211.

物和蚯蚓的分解,变成促进植物生长的营养(图 10.2)。鱼菜共生是养鱼不换水、种菜不施肥的生态循环系统,既节约了成本,又提高了效益[①]。鱼菜共生技术不仅可以应用在农业种植上,也可以成为家庭生活中的一景。不过该系统对电力的稳定性要求比较高,一旦长时间停电,整个系统就可能崩溃。而且,前期投资较大,需要建设完备的装置之后才能够投入使用运营。运营前期需要一段时间使整个系统"发酵",让物质转换先形成,才能够投入使用。

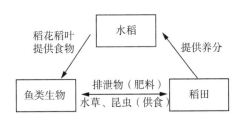

图 10.2 鱼菜共生原理示意图

案例 10.2 艾维农场的鱼菜共生

鱼菜共生是一种新型的复合耕作体系,通过巧妙的生态设计,把水产养殖和水耕栽培两种原本不同的农耕技术整合,最后实现养育不换水但是水很清澈,种菜不施肥但是菜可以正常生长的效果。以山东艾维农场的鱼菜共生为例。这种模式主要是模仿大自然中的生态循环,其原理如下:将饵料喂给鱼,鱼排出粪便,在异养菌的作用下转化成氨氮,这些混合着粪便的水被水泵抽到填满陶砾的蔬菜种植槽中,在亚硝化菌的分解下,形成亚硝酸盐;但亚硝酸盐是有毒的,植物还不能吸收。在硝化菌的分解作用下,亚硝酸盐就能转变成硝酸盐,这就形成了植物可吸收的营养。来自鱼池的废水经过种植槽过滤后,变成清水又回到鱼池中。

在这个系统中,最大的特点是"养鱼不换水、种菜不施肥"。在采用普通的鱼菜共生技术的基础上,艾维农场还做出了一系列的创新:在陶砾种植槽中加入蚯蚓。蚯蚓吃掉鱼粪便,将其分解成更容易被植物吸收的养分,这样就避免了种植槽养分吸收不完全、水体发臭的情况。在病虫害防治方面,无土栽培也和传统农业有所不同。70%～80%的病虫害是通过土壤传播的,而无土栽培可以将其避免;此外,艾维农场的大棚还安装有防虫网、黏虫板、杀

---

① 本部分内容根据新华社新媒体采访视频整理。

虫灯等设施。而像空间电厂、纳米气泡仪、紫外线杀菌仪等设备,则是用物理的方式来达到防止霉菌和其他病菌感染的目的。

——资料来源:都市农夫.艾维农园(艾维农场)[EB/OL].(2021-01-29)[2023-03-03].http://www.cnnclm.com/shandong/3067/.

上述各类共生农业都是利用不同物种间的制衡关系实现生态效益和经济效益。稻田综合种养模式一方面有效减缓了农田温室气体的排放,改善了土壤理化性状,提升了土壤肥力,另一方面通过物理和生物的办法防治病虫害,显著减少农药和化肥的投放,减少了农业面源污染。稻田种养的出现最早是为了应对用地紧张、资源缺乏的难题,但是,由于稻田种养所需土地规模较大,而城市中缺乏土地资源,因此在城市中推行比较困难。如果让现代技术下产生的鱼菜共生模式走进青少年的教育课堂,让更多人了解多物种互利共生模式的运行原理,明白生态农业循环的特点,这将是农业多功能价值开发的良好路径。

10.3 循环农业原理及经验

循环农业就是在农业生态系统中,运用物质循环再生原理和物质多层次利用技术[①],对缺乏的资源和废弃物进行利用,实现节能减排和增收的目的。国内外最初关于循环农业的定义并不统一,但关于循环农业生产的思想和方法特征是一致的。本节主要通过梳理国内外循环农业的发展现状,说明循环农业的运作原理,并选取典型案例进行佐证。

10.3.1 循环农业内涵及原理

循环农业(Circular Agriculture)的概念是由我国学者首先提出来的,是在资源和环境约束背景下产生的一种理论[②]。国外的"可持续农业"或是叫"环保农业",虽然称呼中没有"循环"二字,但其在农业实践过程中,却一直用到循环农业的思想与方法来指导农业生产。美国在20世纪50年代就开始有意识地发展循环农业,比如意识到水资源在农业生产活动中的重要地位,开

---

① 米洁.农业生态环境的影响因素及污染防治:评《农业生态环境保护理念与污染防治实用技术》[J].中国瓜菜,2022,35(5):129.

② 章甜甜,闫晓明,郑露露,等.循环农业内涵及典型模式研究进展[J].浙江农业科学,2017,58(1):3-10.

始推广节水灌溉技术。到了20世纪90年代初期，美国尝试将互联网技术与农业生产活动相结合，比如将GPS定位技术应用到农业的生产中，通过GPS对某片农业生产区域进行土壤的采集及产量监测，以判定该区域农用化学肥料的使用程度，做到"对症下药"。不过，提起节水农业的典范，就不能不提以色列，因为以色列全国一半以上土地位于干旱和半干旱地区，土地和淡水资源十分匮乏，所以像喷灌、滴灌、微喷灌和微滴灌等技术在以色列被普遍使用。①

欧洲的循环农业以德国发展得最为迅速且效果明显。德国曾经一味地追求农业产量，从而成为世界上使用农用化学品面积最广的国家，这种方式使德国的生态环境遭到了很大破坏。为了使农业得到绿色、可持续的发展，德国政府提出了"生态补偿"说法②。循环农业的有效模式还有丹麦的畜禽粪肥模式③，这也是欧洲国家的典型模式之一。丹麦的畜禽粪肥利用技术包括三种模式：一是"牛床垫料＋还田利用"模式④；二是"酸化贮存＋还田利用"模式⑤；三是"沼气工程＋还田利用"模式⑥。丹麦通过现代技术手段对畜禽的废弃物进行分解循环使用，同时政府给予资金补贴和政策支持，推动大规模养殖循环农业的发展。

亚洲国家在20世纪也大规模地推行循环农业。在20世纪90年代初，亚洲掀起了发展循环农业的浪潮。日本注重将产生的垃圾废物做到有机循环，这使日本的循环农业在亚洲国家中极具代表性，比如日本宫崎县菱镇的循环农业。他们的有机废物循环做到了很高水平，将家畜的排泄物、下水道淤泥和家庭以及农业生产中产生的有机废弃物，放到发酵设备中发酵。发酵产生的甲烷可以转化成电能源，发酵后的残渣再进行第二步处理，可成为有机肥并被应用于农业生产。⑦ 循环农业原理如图10.3所示。

---

① 李晓俐. 以色列灌溉技术对中国节水农业的启示[J]. 宁夏农林科技,2014,55(3):56-57.

② 韩志尧. 国外循环农业经验借鉴与本土化发展[J]. 农村经济与科技,2019,30(14):1,3.

③ 隋斌,孟海波,沈玉君,等. 丹麦畜禽粪肥利用对中国种养结合循环农业发展的启示[J]. 农业工程学报,2018,34(12):1-7.

④ 遵循粪肥施用"和谐原则"前提下,粪肥可替代部分化肥施用于农田,做到循环利用。

⑤ 该模式是将畜禽养殖粪水酸化处理,达到保留粪水氮素含量、减少氨气排放的目的,酸化后的粪水经过9个月的贮存后,可直接还田利用。

⑥ 丹麦近10%的粪便采用沼气工程进行处理,沼气多用于发电,可以享受免税政策,沼渣沼液经过贮存处理后还田利用。

⑦ 李江南. 美国、德国和日本循环农业模式的实践、经验及其比较[J]. 世界农业,2017(6):17-22,236.

我国最早的循环农业开始于 5 500 年前①。当时,秦安大地湾遗址已经形成了一种高度集约化的农业模式。人吃粟米,猪吃秕壳;圈养家猪,收集粪便;猪粪肥田,维持地力,避免休耕,提高产量②。这是一种与现代循环农业类似的农业模式,现在有不少农村仍然用着这类农业模式。不过在现代技术的辅助下,此类农业模式借助科技手段拓展了循环的可能性。

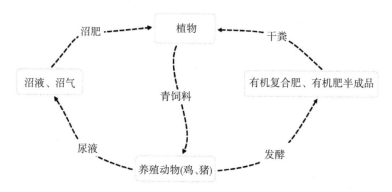

图 10.3　循环农业原理示意图

那么,循环农业到底是怎么运作的呢? 循环农业生态系统就是将植物、动物、微生物等众多特性各异而又相互间存在着营养(食物)依存关系的生物按一定数量、比例排序,组合成有一定稳定结构和相应功能的系统③。生物间的食物链关系是多种多样的,最基本的有三种:第一种是捕食食物链,是由植物到食草动物,再到肉食动物,以直接消费活有机物或其他组织为特点的食物链;第二种是腐食食物链,以死有机物或生物排泄物为食物,通过腐烂、分解,将有机物分解成无机物质的食物链;第三种是寄生食物链,是以寄生的方式取食活的生物有机体而构成的食物链④。从本质上说,能最大程度节约资源、实现资源重复使用的农业模式都属于循环农业,比如节水农业,生物粪便处理,猪沼果模式(利用秸秆和粪便,生产食用菌、蚯蚓、蝇蛆、沼气等),利用农业废弃物的腐生食物链模式,为有害生物综合防治而建立的取食、寄生、捕

①　颉满斌.5500 多年前中国就有"生态循环农业"[J].科学大众(中学生),2022(11):34-36.

②　YANG J S, ZHANG D J, YANG X Y, et al. Sustainable intensification of millet-pig agriculture in Neolithic North China [J]. Nature Sustainability, 2022, 5(9):780-786.

③　徐琳.基于循环农业理论对太仆寺旗沼气的发展研究[D].呼和浩特:内蒙古农业大学,2011.

④　章甜甜,闫晓明,郑露露,等.循环农业内涵及典型模式研究进展[J].浙江农业科学,2017, 58(1):3-10.

食、偏害等食物链模式等①。

循环农业是一种经济效益、生态效益和社会效益并重的新型农业发展模式②。在既定的农业资源存量、环境容量等约束下,循环农业可以实现物质的多级循环使用和产业活动对环境有害的因子的"零排放"③,实现资源的循环利用。

10.3.2　循环农业经验

由于中国地域辽阔、农业资源、地理条件、生产力水平差异较大,各地的循环农业也呈现出多元化的特点。中国的循环农业有早期农民自己摸索出来的经验,如哈尼人的施肥体系,也有现代循环农业经济体,如食用菌生态产业园,以及对典型的粪便—沼气循环模式的革新。

(1) 哈尼族基于天人合一理念的施肥体系。中国农民自古以来有精耕细作的传统,在生产中创造出适宜当地资源条件的循环农业发展模式,哈尼族的施肥方式就是典型案例之一。哈尼人施肥有两种方式:一种叫"赶沟",就是让森林中的这些富含有机物质的腐殖质顺着雨水被冲入沟渠,流入梯田;另一种施肥方法是"冲肥",各村都开挖了一个大水塘,将人畜的排泄物和可以腐殖的垃圾倒进水塘,沤烂成肥,春季栽秧时引山水冲过水塘,将肥料引到田中。一块梯田就是一个池塘,每块梯田又是一个小生态园,除水稻等农作物外,梯田里还生长着浮萍、细叶菜、水芹菜、水芋头、水木耳等。④

(2) 多梯效循环的食用菌生态产业园。通过打造集现代化、立体化生产模式于一体的多梯效循环、多层次增值的食用菌生态产业园,逐步构建以食用菌产业为纽带的生态农业循环经济体⑤,形成"农林业废弃物—食用菌基料—食用菌产品—菌渣有机肥、燃料"的农业循环发展新模式,促进农业绿色循环发展。农林废弃物及其下脚料,为菌业发展提供充足的菌基料;食用菌以其菌丝体分解利用这些农林废弃资源,又利用自身的生物能,合成优质的菇类菌体蛋白供人们食用;栽培食用菌后的废弃培养基质,可以作为肥料改

---

① ②　骆世明.论生态农业模式的基本类型[J].中国生态农业学报,2009,17(3):405-409.

③　李富田.四川发展循环农业的模式选择及对策[J].农村经济,2007(5):98-100.

④　黄翘楚.哈尼梯田:天人合一的生态表达[N].云南日报,2022-05-06(8).

⑤　胡清秀,张瑞颖.菌业循环模式促进农业废弃物资源的高效利用[J].中国农业资源与区划,2013,34(6):113-119.

良土壤,实现了农业内部产业间的良性循环和相互促进。[1]

(3) 实现粪便—沼气循环。在内蒙古、西藏等国内畜牧业较为发达的地区,存在大量的牲畜粪便。传统处理方式主要是晒干后用于焚烧或是作为肥料直接用到田地里。但是,随着当地农民实行产业化养牛,牲畜数量逐渐增加,牲畜粪便的处理就成了一个大问题。牛粪焚烧不仅对环境造成直接污染,而且远远超过了当地农民的需求。而牛粪直接施用到田间,散发出来的气味也严重干扰到农民的生活。不管是羊沼田还是牛沼牧,还是蝇蛆沼的模式,实质都是在新理念下,人们用建立沼气池的方式来有效解决牲畜粪便处理问题。这样也可以一定程度上解决当地农民的能源紧张问题,而且残渣在经过处理后也可以作为有机肥被施用到田间。循环农业的实质是改造、分解废弃物,使其营养化,解决这些废弃物及其可能带来的污染问题,改善生态环境,也可增加农民的收入。废弃物在生产过程中得到再次利用,生态系统内形成一种稳定的物质良性循环机制,增强了系统的稳定性。

案例10.3 粪便—沼气循环

河北乐丫公司构建循环农业模式的还原系统。生产环节以沼气池建设为纽带,充分利用畜禽养殖过程中产生的粪便发酵制作沼气。首先,推广沼肥综合利用,构建循环农业模式的作物生产系统。沼肥综合利用将上一级生产的废弃物作为下一级生产原料,形成无害化循环。沼液喷施果树可提高果树产量,改善果品品质,增加果品商品价值。其次,建设蝇蛆养殖和柴鸡养殖项目,构建"饲草喂鸡(喂牛)→干粪养蝇蛆→蝇蛆喂鸡→下脚料给果树施肥"的畜禽养殖系统。利用山地林草资源优势散养柴鸡,节约饲料投入,提高鸡蛋和鸡肉的品质。开创有机农产品品牌。利用干燥的鸡粪和牛粪饲喂蝇蛆。一方面为柴鸡提供优质蛋白饲料;另一方面生产蝇蛆的下脚料也是优质有机肥料,可用于果树施肥,促进果树增产。最后,建设林、菌结合项目,完善"山上种树→枯枝残叶生产菌棒→林间栽种食用菌→市场直销"的特色种植系统。

——资料来源:周颖,尹昌斌.河北省唐山市山前平原区循环农业实践模式研究:以迁安市"乐丫"种、养、加结合型模式为例[J].河北农业科学,2008,12(11):92-95,144.

---

[1] 王静.豫西食用菌产业循环经济发展模式[J].农业科技通讯,2016(9):44-45.

循环农业就是通过技术或者分解步骤实现变废为宝。那么,当前随着网购的兴起,快递包装袋等废弃物越来越多,是不是可以依托技术手段,大量产出可降解的垃圾袋,或发明新的技术,分解这些包装袋,然后用到生态农业种植中去呢? 除了秸秆、牲畜粪便、菌群这些已然知道可以分解、利用的东西,还有哪些废弃物是可以利用的呢? 循环农业如何以农业资源为基础,实现产业融合,拓展文化功能,这是我们需要思考的现实问题。

10.4　产业融合原理及实践

新型现代农业发展模式强调以生态农业为基础,实现跨产业、多功能、多业态的综合运营。目前,我国生态农业概念之下的产业融合集中于挖掘农业内部的价值、实现农业内部融合和积极推动创意农业的发展,下一步我们将继续延长农业产业链,发挥产业融合的多元价值。

10.4.1　产业融合内涵及原理

进入 21 世纪以后,传统三大产业——农业、工业、服务业之间孤立发展的格局被逐渐打破。这种发展趋势为生态农业与观光旅游、文创等产业融合发展提供了前提条件。它们互相交叉,由此形成了观光农业、信息农业等一系列有别于传统农业的新兴农业产业。[①] 生态农业的产业融合,可以分为纵向产业内与横向产业间两大类。纵向融合是指企业以农产品为核心,打通供应、生产、加工、销售的各个环节,拓展农业产业在纵向上的增值空间,实现"供产销一体化"发展,从而使农业产业增值,从原来单纯依靠农产品生产拓展到加工服务等多个领域。[②] 而横向融合是指以农业资源为核心,通过与旅游业、信息技术业等产业共同发展,吸收其他产业的发展理念与技术等,拓展农业在横向上的发展空间,把农业产业增值拓宽到旅游业、信息技术业等其他产业领域。[③]

产业融合是西方 20 世纪 90 年代提出的第六次农业概念,具体指的是随着经济发展和工业化进程的推进,第二产业的食品加工、第三产业的相关服

---

①②③　王栓军. 我国现代农业发展路径的产业融合理论解析[J]. 农业经济,2015(10):34-35.

务业越来越兴盛,其附加值会越来越高①,因此,生态农业应该包括种养、加工农产品、销售农产品和配套服务(第三产业),这样才能获得多环节增值价值②。

从结合方式来讲,农业产业融合可分为农业内部产业有机整合型(在田园阶段实现价值增值,例如种植业与养殖业结合产生的"桑基鱼塘")、延伸农业产业链型(在加工阶段完成价值增值,例如将茶叶生产、加工与销售连接,进而完成茶叶产供销一条龙经营)、农业与其他产业交叉型(在交流、体验阶段完成价值增值,例如农业与旅游业结合产生的生态农业观光园)③。

产业融合需要政府的规划和引导。目前来看,我国的生态农业仍然存在产业链运行机制不完善,缺乏龙头企业的带领,缺乏一批形式多样的市场中介组织来支持当地农业产业融合的发展,导致当地的特色产业资源无法市场化和商品化利用④。在如今乡村振兴背景下,文化旅游产业与生态农业的融合,并不是两大产业简单意义上的叠加,而是产业系统各要素之间互相作用、互相影响⑤。比如生态农业与旅游产品融合,就是要把握双方的共同点,充分结合当地生态农业中的传统农耕文化、农产品种植体验等内容,将生态农业与文化旅游完美地融合起来⑥。例如,哈尼人举办以哈尼梯田为主题的丰收节,采用"合作社+农户"的模式,紧扣"房入会、田入股、文化入景、农特产品入市"思路,为游客提供插秧、打谷、抓鱼、摸泥鳅等农事体验活动,推进当地特色文旅产业的发展,累计接待国内外游客20万余人次,实现旅游收入600余万元,带动农村富余劳动力就业200余人⑦。

北方的旱作梯田——太行梯田也可以作为生态农业和旅游业融合的典范。当地人在数百年间,创造出了独特的山地农业系统和石堰梯田形式。为修成一块梯田,村民先把埋在底层的土挑出来,然后把乱石埋在最下面,最后

①② 杨洲.什么是农业发展中的"六次产业融合"? [EB/OL]. (2017-12-26)[2023-03-03]. https://www.sohu.com/a/212927347_788166.

③ 陈曦,欧晓明,韩江波.农业产业融合形态与生态治理:日韩案例及其启示[J].现代经济探讨,2018(6):112-118.

④ 张红丽,温宁.西北地区生态农业产业化发展问题与模式选择[J].甘肃社会科学,2020(3):192-199.

⑤⑥ 张祝平.乡村振兴背景下文化旅游产业与生态农业融合发展创新建议[J].行政管理改革,2021,5(5):64-70.

⑦ 施鹏翔,王水林.元阳梯田:最壮美的湿地[J].中国国家地理,2005(2):112-126.

敷土。土源充足,梯田的土层就厚;反之则薄,称为薄田。石堰梯田从乡村景观角度看,既有"森林(灌丛)—石堰梯田—村落—河滩地"的山区立体结构,也有"梯田—石堰—花椒树(田埂上种植花椒树以根固土壤)"的农田景观,更有"石头—梯田—作物—毛驴—村民"五位一体的复合生态系统①。基于梯田与民族特色,当地也采取了以梯田文化为核心的旅游宣传。

产业融合要立足市场环境、游客需求和旅游发展态势,开发设计出符合市场动向的产品和项目②。开发主体需要充分挖掘生态农业与乡村景观的多样功能,以科学的绿色生态理念为指导,以传统农业为基础,推进生态农业与文化旅游产业、生态农业与加工业等的融合发展、协调发展。比如民俗文化旅游与生态农业中的农耕文化、梯田风光、花果种植等结合,突破单一化的旅游功能。③

10.4.2 产业融合经验

第一产业应该跨入第二产业(加工、食品制造等)和第三产业(流通、销售、旅游观光、采摘餐饮等),创造新的附加价值,如文化、疗养、艺术、生态保养与平衡等功能,盘活地域经济④。产业融合可以帮助构建和完善生态农业体系,优化农作物生产布局,增加农产品产销渠道,促进农业资源的可持续利用⑤。具体来看,可通过拓展农业的多元价值,延长农业产业链,实现生产加工一体化,培育创意农业等举措来实现产业融合。

(1)农业生活的文化衍生价值——川西林盘。川西林盘是通过保留、挖掘并发扬农业文化传统中的精华部分,并将其与文化生活相融合而形成的产业融合方式。川西林盘其实是指成都平原及丘陵地区农家院落和周边高大乔木、竹林、河流及耕地等自然环境有机融合,形成集生产、生活和景观于一体的复合型农村居住形态。川西平原的农耕方式是一种不同于中原地区"井田制"的生产方式,当地农户大多分散劳作,因此"随田散居"亦顺理成章成为最适用的居住方式。林盘外围由农田、林盘植被和水系相互结合而成;林盘

---

① 朱千华. 太行山上"石梯田"[J]. 中国国家地理,2019(9):152-163.

②③ 张祝平. 乡村振兴背景下文化旅游产业与生态农业融合发展创新建议[J]. 行政管理改革,2021,5(5):64-70.

④ 杨洲. 什么是农业发展中的"六次产业融合"? [EB/OL]. (2017-12-26)[2023-03-03]. https://www.sohu.com/a/212927347_788166.

⑤ 周颖. 循环农业模式分类与实证研究[D]. 北京:中国农业科学院,2008.

内部为圈层式的结构,其中院坝是农家进行生产、生活、交往、休闲的场所。[①] 院房四周种树,家禽一般散养于林中,与院坝隔离,随时食用。小小的林盘基本满足了居民从居住到生产、生活的基本需求。川西林盘由水、院、竹林、耕地、人五个要素构成。这五要素相互融合、缺一不可,呈现了川西林盘文化、物种、建筑的多元性,构筑了成都多元文化符号的基底。[②]

(2)农业生产加工一体化。这一模式的特点主要是去中间化,由养殖者完成从养殖到加工再到售卖这一全部过程,通过延长养殖产业链来保证生态农业种植品种的安全性,实现生态农业的经济循环。如某特色水产高科园以高科技水产活鲜暂养仓储业务为中心,打造鄱阳湖小龙虾、大闸蟹等特色水产品养殖技术服务、活体仓储、初加工、物流交易等全产业链模式,弥补了小龙虾产业链缺失的一环,能让小龙虾保持生鲜状态,确保冬季也能上市。在凯瑞、凯琛等龙头企业的带动下,虾蟹产业已经形成了由育种、养殖到加工、活储及销售的全产业链条[③]。

(3)培育创意农业。创意农业是生态农业产业融合的最高级道路。如溯源禾牧·宅科王家生态农业循环立体产业园,就是基于当地传统民俗文化,坚持走现代生态农业之路,将生态农业观光园开发、农业休闲观光和传统民俗文化旅游主题充分结合。例如,建设具有中国传统文化特色的剪纸文化坊、石磨文化坊、农耕历史展馆等建筑,开展绿色餐饮、休闲垂钓、蔬果采摘等多项观光旅游活动[④]。该产业园既展示了中国传统民俗文化,又能满足广大游客的多样化、个性化的需求,是较为成功的开发案例。不过,我国生态农业的产业化经营道路除了与旅游业的融合,还有与加工业的融合。国内火热出圈的生态农业+文创的例子,还要看云南凤羽模式(图10.4)的塑造。

① 佚名.探访四川郫都林盘:水旱轮作系统千年农耕魅力[J].农村科学实验,2018(15):23-24.
② 孙吉.林盘:成都平原的田间"绿岛"[J].中国国家地理,2020(12):66-83.
③ 生态优先绿色发展,彭泽县推动农业园区化,助力虾蟹产业出圈[EB/OL].(2021-09-19)[2023-03-03].http://nync.jiangxi.gov.cn/art/2021/9/19/art_61360_3616804.html.
④ 溯源禾牧生态餐厅.休闲农业将成为农民致富的大产业[EB/OL].(2017-06-16)[2023-03-03].https://www.sohu.com/a/149594674_797652.

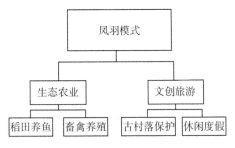

图 10.4 凤羽镇产业融合示意图

案例 10.4 凤羽模式：农业与文创的融合

2016 年,国内新锐杂志《新周刊》创办人、原执行总编封新城联合凤羽本土返乡人士陈代章共同创立了千宿文旅,从此开始了他们"软乡村、酷农业、融艺术、慢生活"凤羽模式的探索。"凤羽模式",即依托凤羽独特的地域环境和文化底蕴,借鉴世界先进的乡村保护和发展经验,借助国内外知名人士的力量,通过将艺术、文创与凤羽的乡土、农业紧密结合,让凤羽坝子成为一个大地艺术谷,成为一个集文化创意、艺术植入、古村落保护、休闲度假、农业示范等多功能于一体的乡村新型旅游田园综合体。凤羽镇认真落实重点水源管理责任制,在清源洞、三爷泉、白石江等主要水源点安装了 22 道控水闸阀,分片区聘请了 28 名管水员,实行定人控水、定点管水、定时查水。凤羽镇在"清水入河"措施中推进高效节水项目建设,建成了生态库塘湿地,种植了生态植物,建成了印象凤羽、凤羽河生态隔离带、半边天农业生产合作社三个尾水回用项目,有效利用马爷河、凤羽河库塘农业尾水,新建泵站,实现了尾水回用的目的。此外,凤羽镇还建立了畜禽生态养殖模式,通过推行畜禽粪便收集处理,让大量畜禽粪便变废为宝,并对水源头村落垃圾进行分类,制定奖补措施,实行分类收集、运输、处理,标本兼治护好源头水质。此外,凤羽镇引进龙头企业,通过"政府引导、企业发动、农户种植、企业回购",重点打造"水稻＋养鱼"的生产模式。

——资料来源:李亚芬. 洱源:乡村振兴"凤羽模式"正在起飞[EB/OL].(2020-04-20)[2023-03-03]. http://ylxf. 1237125. cn/NewsView. aspx? NewsID=322785.

目前,我国的生态农业产业化道路还不太成熟。我们可以学习国外生态农业的社区经营方式,如日本的创意农业,同时结合现实情境,在保护乡土文化和生态环境的基础上加强产业链的延伸和产业的融合,继续走种养加农工商一体化的产业化经营道路,让生态农业的发展深入市场化,提升产业化能力。基于现实情况考虑,也为了让更多人进入和体验到生态农业,走"旅游＋"的道路是目前也是未来该方面持续发展的方向。未来生态农业如何和第三产业融合?答案是:让旅游变成体验,如,将浅层次农业观光拓展到深层次的农业体验,包括研学、文创、参观等活动。另外,还可以将生态农业与健康产业融合,拓展现下老年康养的模式,如森林康养、田园养生等。针对不同群体、不同地区,制定不同的产业融合发展路线,比如科技教育型的产业融合,让生态农业研学的教育走进课堂,最终打造出集农、文、旅、康、研、创为一体的多产业融合模式。

思考题

1. 你从革新的鱼菜共生模式中能学到什么?

2. 如果是你,你会怎样去做一个简易版的种养共生系统?

3. 生活中你能做到哪些与生态农业相关的循环实践呢?

4. 如果是你,你会选择怎样去处理农业废弃物呢?

5. 未来的生态农业应如何与其他产业融合?

第 11 章
自然保护区建设原理与实践

经过 60 多年的发展,我国已基本形成了布局较为合理、类型较为齐全、功能较为完备的自然保护区网络,成为生态保护和建设的核心载体。自然保护区在保护生物多样性、维护生态平衡和推动生态建设等方面发挥了巨大作用。自然保护区建设经验越来越丰富,自然保护区管理法规体系、管理制度和技术体系也不断得到完善。

11.1 自然保护区概况

人类在快速发展的过程中,曾忽视了资源环境的可持续利用和生物多样性保护,对自然造成了环境污染、水土流失、物种灭绝等不可逆的恶劣影响,严重影响区域生态安全,最终延缓了社会经济发展。事实表明,良好的生态环境与经济持续发展是相辅相成的,因而,自然资源的保护受到了人们的重视。

中国多样的自然环境孕育了丰富的动植物资源与生态资源,但资源开发、城镇扩张、气候变化等因素对生物多样性的保护造成了一定的影响。据世界自然保护联盟发布的濒危物种红色名录统计:20 世纪有 110 个种和亚种的哺乳动物以及 139 个种和亚种的鸟类在地球上消失了;有 593 种鸟、400 多种兽、209 种两栖爬行动物和 20 000 多种高等植物濒于灭绝①。为了恢复自然生态系统,我国的物种保护工作刻不容缓。生物多样性保护的最有效途径

---

① 世界自然保护联盟:逾 3.8 万个物种面临灭绝威胁[J].环境监测管理与技术,2021,33(5):15.

是建立和管理自然保护区。自然保护区限制人类活动范围,维持、恢复和营建各种自然生态系统,确保野生动植物生存和繁衍,是维护地区生态平衡的有效途径,意义重大①。

我国十分重视自然保护区的建设工作。自 1956 年建立第一批自然保护区以来,我国自然保护区数量和面积快速增加,初步形成了全国自然保护区网络体系。根据《2017 年全国自然保护区名录》,我国共建立了不同级别、不同类型的自然保护区 2 750 个,总面积 14 713 万公顷,约占陆地面积的14.86%。其中,国家级自然保护区 463 个,面积 9 742 万公顷;省(自治区、直辖市)级自然保护区 855 个,面积 3 694 万公顷;市(自治州)级自然保护区416 个,面积 500 万公顷;县(自治县、旗、县级市)级自然保护区 1 016 个,面积 777 万公顷(图 11.1)。在各级各类自然保护区内,分布有 300 多种国家重点保护野生动物和 130 多种国家重点保护野生植物。总体上,自然保护区保护着 90.5% 的陆地生态系统类型、85% 的野生动植物种类和 65% 的高等植物群落。②

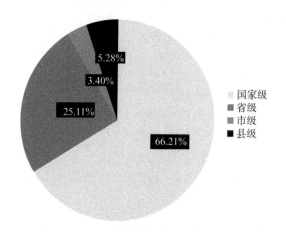

图 11.1 中国各级自然保护区面积比例分布

按照自然保护区类型划分原则,我国自然保护区分为森林生态系统、草原与草甸生态系统、荒漠生态系统、内陆湿地和水域生态系统、海洋和海岸生态系统、野生动物、野生植物、地质遗迹、古生物遗迹九个类型。从自然保护

---

① 杨旭煜. 四川省自然保护区管理的研究[D].成都:四川大学,2000.
② 赵卫,肖颖,王昊,等.自然保护区气候变化风险及管理[M].北京:中国环境出版集团,2020:35-38.

区数量看,森林生态系统类型数量最多,占全国自然保护区总数(2 750 个)的52.15%;其次是野生动物类型、内陆湿地和水域生态系统类型、野生植物类型,分别占全国自然保护区总数的 19.13%、13.85%、5.49%;地质遗迹类型、海洋和海岸生态系统类型、草原与草甸生态系统类型、古生物遗迹类型、荒漠生态系统类型自然保护区数量相对较少,占比分别为 3.09%、2.47%、1.49%、1.20%、1.13%(图 11.2)。①

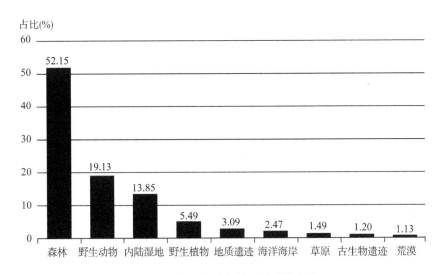

图 11.2 中国自然保护区类型及占比

中国自然保护区建设已取得初步成效。在自然保护区建设的 60 多年里,部分野生动植物的生存环境有了极大改善,保护方式逐渐增多,数量也逐渐增加,有越来越多野生动植物频频出现在我们的视野里②。然而,无论是从自然保护区建设初衷,还是后续管理方式来看,自然保护区的保护工作都绝不是一蹴而就的,还需在保护区建成后进行跟进。从内部管理来看,保护区管理体系的建设、巡护人员的招募、向企业和政府争取资金支持,都需要后续优化流程;从外部来看,野生动物肇事、生态补偿缺失等问题,都会导致周边居民利益受损,从而影响自然保护区的可持续建设。因此,本章节从自然保护区的内部管理、与周边社区关系、公众参

① 赵卫,肖颖,王昊,等.自然保护区气候变化风险及管理[M].北京:中国环境出版集团,2020:35-38.
② 信息来自"金川林草"微信公众号,2022 年 9 月 16 日发布。

与三个方面阐述中国自然保护区建设逻辑(图 11.3)。

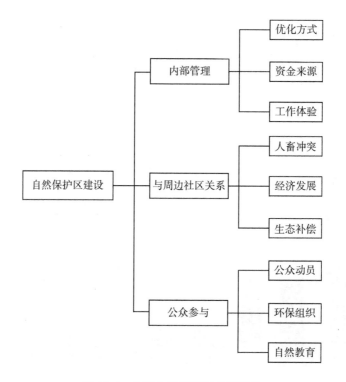

图 11.3　中国自然保护区建设逻辑

11.2　自然保护区的内部管理

我国自然保护区建设在保持水土、维护生态平衡以及增加生物多样性等方面具有十分重要的现实意义。自然保护区需采取多种手段提高自然保护区的管理水平,为自然保护区实现可持续发展提供保障。

11.2.1　自然保护区的内部管理现状

虽然我国的自然保护区建设相对完善,但部分自然保护区管理水平较低,保护区内各种人类活动无法得到有效的控制,甚至修路、筑坝等大型破坏性活动在国家自然保护区的核心区也时有发生。自然保护区本是保护动植物的场所,然而偷猎、放牧、旅游等活动却屡见不鲜,在这样的保护区中生物多样性是否能得到保护,很难给出确定的答案①。问题出现的原因主要集中在以下几个方面。

一是负责部门复杂且缺乏一致性。不同自然保护区分属不同部门,各部门对自然保护重视程度不一,缺乏统一管理标准和监督机制,缺乏有效的跨部门共享和交流机制②。国家级自然保护区,由其所在地的省、自治区、直辖市人民政府有关自然保护区行政主管部门或者国务院有关自然保护区行政主管部门管理。地方级自然保护区,由其所在地的县级以上地方人民政府有关自然保护区行政主管部门管理。国家对自然保护区实行综合管理与分部门管理相结合的管理体制:国务院环境保护行政主管部门负责全国自然保护区的综合管理;国务院林业、农业、地质矿产、水利、海洋等有关行政主管部门在各自的职责范围内,主管有关的自然保护区;县级以上地方人民政府负责自然保护区管理的部门的设置和职责,由省、自治区、直辖市人民政府根据当地具体情况确定。③ 在这种情况下,各个部门内部制定各自的规划,不能统一制定国家/地区的自然保护区发展规划,保护地区域间联系能力弱化,无法实现生物多样性保护目标和生态系统功能,导致生物多样性模式失衡。

二是保护管理经费缺乏。虽然国家级自然保护区(少部分其他自然保护地)时常有上百万、上千万的项目经费,但是这些经费限定用途,如多限定用于基础设施建设,不能满足其他经费需求。首先,大部分国家级和极少数省市县级自然保护区人员编制和工资、办公费均由中央、地方或上级主管单位拨付,经费稳定,但是总量不足;其次,绝大部分省级、市县级自然保护区人员严重缺乏,日常工作经费没有纳入或仅部分纳入(省财政差额拨款)财政预算,经费不稳定且严重缺乏;再次,自然保护区的野外工作、保护站基础设施建设、科研工作、社区宣教等方面普遍经费不稳定和不足;最后,其他类型的自然保护地注重旅游管理,从事自然保护的人员和经费都严重缺乏。除此之外,还存在保护地工作人员普遍待遇低问题。自然保护地地处偏远,有大量的巡护、科研监测等体力工作,新的生态文明建设形势下,5+2、白加黑、7×24 小时是工作常态,比一般的基层单位更加辛苦。同时,待遇低,没有野外补

① 刘鉴强.中国环境发展报告(2013)[M].北京:社会科学文献出版社,2013:144.

② 张焱.中国生态安全底线长效机制亟待建立[EB/OL].(2013-02-06)[2023-03-03].http://www.71.cn/2013/0206/703659.shtml.

③ 自然保护区条例[EB/OL].(2017-10-23)[2023-03-03].http://www.mee.gov.cn/ywgz/fgbz/xzfg/201805/t20180516_440442.shtml.

贴、值班补助,地处偏远,医疗、教育都受限制,人员职务、职称晋升空间小等问题,让大部分自然保护地管理机构既招不来优秀人才,也留不住年轻人。①

三是监管权力边界模糊。自然保护区体系中有综合管理部门,但是该综合管理部门同时在管理具体的自然保护区,导致监督力度不够。② 事实上,很多自然保护区从设立之初到后续的监督和管理,都是由同一个部门负责的。可以说,保护区既是运动员又是裁判员。由于信息不透明,很难确保有效地开展保护区监测工作。同时,由于缺乏评估机制和评价保护区管理部门的管理有效性的机制,我们不可能知道这些保护机制是否具有科学和效力,很难及时客观地加以评价和奖励。如宣城市泾县经济开发区长期违规侵占保护区土地近300公顷,保护区管理局不但不履行监管职责,甚至变更保护区范围和功能区划,为非法侵占行为站台,私自调整保护区边界,用山地换湿地,表面看似面积没有变化,但国家一级保护动物扬子鳄却真真切切只能生活在水里。③

四是工作人员积极性不高。由于资源、经费等要素的缺乏,部分自然保护区缺少吸引人才、留住人才的条件。例如当前森林保护区主要是靠乡镇聘用的护林人员开展日常巡护工作,待遇普遍偏低,完全依赖生态公益林的管护经费,而且没能享受地区最低工资和五险一金的保障,很多护林人员只是兼职,因此,没有足够的精力,甚至实际工作中也会疏于职守,不利于自然保护区的规范化管理。④

11.2.2 自然保护区的内部管理经验

在分析自然保护区建设内部管理现状、存在问题的基础上,就相关经验进行探讨,对自然保护区的可持续发展具有重要的意义。前文已经探讨过,目前保护区内部管理存在部门设置复杂、保护经费缺乏、权力边界模糊和员工积极性降低等问题,那么这些问题有没有优化方式呢?

首先是完善保护区内部监测体系。内部监测体系是指在自然保护区内部,借助监测手段设立一系列检测方法,以保证自然保护区的正常管理,常见的监测手段有科技检测、监督管护、科研监测等。

---

① 信息来自"保护地友好驿站"微信公众号,2019年3月4日发布。
② 张焱.中国生态安全底线长效机制亟待建立[EB/OL].(2013-02-06)[2023-03-03]. http://www.71.cn/2013/0206/703659.shtml.
③ 信息来自"中国生态文明"微信公众号,2018年11月7日发布。
④ 王艳辉.自然保护区资源保护与管理创新[J].现代园艺,2020(6):208-209.

案例 11.1 如何优化保护区内部管理?

新疆罗布泊野骆驼国家级自然保护区地跨哈密市、吐鲁番市和巴音郭楞蒙古自治州,毗邻甘肃和青海部分地域,总面积 6.12 万平方千米。1986 年,经新疆维吾尔自治区批准建立为自治区级保护区,2003 年经国务院批准建立为国家级自然保护区,是以野骆驼为主要保护对象的野生动物类型自然保护区。

野骆驼是亚洲腹地荒漠中体型较大的哺乳动物之一,在世界生物多样性保护中具有极为重要的地位和研究价值。1988 年中国将其列为国家一级保护野生动物,2002 年世界自然保护联盟将其列为极度濒危物种。自然保护区管理局践行习近平生态文明思想,全面加强保护区内生物多样性保护管理,科学实施野生动植物保护,通过坚持不懈地努力,保护区物种多样性日趋丰富,雪豹、棕熊、豺、兔狲等国家重点保护野生动物不断被发现,野骆驼幼驼数量逐年增加,种群结构更趋合理,种群数量呈现稳定增长趋势。截至2022 年底保护区内野骆驼种群数量由 2000 年的 430 峰左右增长至 680 峰左右。

野骆驼是极旱荒漠生态系统的旗舰物种。保护好野骆驼,也就保护了荒漠生态系统。保护区成立伊始,从科研监测、监督管护等方面全面开展各项工作。近年来保护区调查监测取得了明显进展,一是加强基础管护能力建设,建立了生态自动监测站、视频监控平台、巡护执法监管系统,实现了保护区天地空一体化监测。二是强化保护区监管,严厉打击各类保护区违法犯罪行为,开展生态保护修复,切实保护野骆驼的栖息环境。三是加强野骆驼种群监测,先后为 26 峰野骆驼安装了卫星跟踪设备,利用红外相机连续监测十年,获取 10 万余张野生动物影像数据。新疆罗布泊野骆驼国家级自然保护区管理局着力开展科研监测、监督管护,对野骆驼进行全方位、全过程监测追踪,有效保护了野骆驼种群及栖息地,进一步强化了保护区管理能力,是荒漠生态系统旗舰物种保护的典型范例。

——资料来源:自然生态保护司. 生物多样性优秀案例(21):新疆罗布泊野骆驼国家级自然保护区管理[EB/OL]. (2022-12-26)[2023-03-03]. http://www. mee. gov. cn/ywgz/zrstbh/swdyxbh/202212/t20221226_1008697. shtml.

自然保护区的内部监测体系应包括但不限于三大模块:一是计划及准备

模块,二是实施及整改模块,三是总结及归档模块。计划及准备模块是指保护区监测体系前期对保护内容、保护范围、保护手段的确定。实施及整改模块是对整个监测计划的实施与修正。总结及归档模块是将整个监测流程进行归纳总结,取长补短,优化内部监测流程。

其次是多渠道拓展自然保护区的经费来源。自然保护区经费主要依靠政府财政投入,包含管理性资金和补偿性资金。在正常情况下,自然保护区的支持主要是基础设施建设、中央财政补贴、转移支付和其他资金,但财政支持远远低于保护区建设和管理所需的资金,特别是专项基金对自然保护区的投资不足。管理自然保护区所需的资金因地区而异,部分自然保护区保护资金和投资不足,日常管理、保护和科学研究进展缓慢,影响了保护和管理的效果,因此,多渠道筹集经费,既是自然保护区运行的理想目标,也是现实压力之下的必然选择。

案例 11.2 保护区经费的来源只能是政府吗?

从国外经验看,支持生态功能保护区建设的经济和金融政策主要包含三个方面:一是财政补贴政策,二是优惠金融政策,三是谁受益、谁付费的政策。资金分配、独立市场交易和企业与受益人之间的联合协商是海外筹集资金建设生态功能保护区的主要途径。目前有许多关于森林农副产品深加工、森林生态旅游和森林生物多样性贸易融资的研究。

建立生态功能保护区的目的是最大限度地释放各种生产因素的巨大潜力。然而,在大、小兴安岭地区,大部分农民的收入只能维持基本生活,资金储蓄率很低。由于抵押问题没有得到解决,资本无法进入农村市场,这在很大程度上阻碍了林业的发展和经济的增长。此外,林业投资周期长,难以立即获得利润,企业缺乏相应的资金和进入林业的动力。激活林业资产需要财政金融提供更全面的支持。因此,在大、小兴安岭生态功能保护区内,银行为风险可控的林业企业提供了更充分的信贷支持。除了适当延长贷款期限外,也适当降低了贷款利率。对于小微企业和当地林户,根据实际情况发放小额信贷贷款。除银行贷款外,还采用了各种融资方法,广泛吸收资金,支持大、小兴安岭生态功能保护区的建设。主要途径如下:第一,生态功能保护区的企业可以在有关法律许可的框架内探讨发放长期、中期和短期债券,以补充企业的生产性基金和长期基金,并缓解企业资金不足的问题;第二,鼓励国内外投资基金进入生态功能区并承担风险投资;第三是采取各种保障措施,如林地担保、林权担保和林户联保等多种担保方式,为林业企业的发展提供资金支持,以便更好地服务于林业经济。

——资料来源:郑连成,周海.如何弥补生态保护区建设的资金缺口[J].金融博览,2012(11):56.

最后是优化员工的工作体验。员工积极的体验已成为保护区建设新的风向标,积极的员工体验将会极大提升敬业度、保持力和生产力,从而优化自然保护区的内部管理。由于自然保护区地理位置偏僻,多数保护区工作人员存在生活、就医等方面的困难。自然保护区管理部门应该有针对性地推出改善措施,优化员工的工作体验,提升员工的工作效率和福利。

案例11.3　江苏大丰麋鹿国家级自然保护区优化工作体验

优化体验的第一步是找准员工需求,对症下药。在自然保护区现有人员队伍中,有的是部队退伍转业的,他们在部队所学的知识难以应用到保护工作中;有的是因建设保护区而失地的农民,文化水平普遍不高。有的是当地政府官员所"推荐"的。这些人员缺乏管理自然保护区应有的专业、文化和法律知识。

自然保护区多处偏僻地带,生活、工作环境艰辛。由于保护区的工作人员少,不能形成大规模的居住区,其人员的医疗资源获取、子女上学、生活用品购买相当困难,再加上工资较低,劳动力难以稳定,工作难以有效开展。如大丰麋鹿保护区,距离县城50千米,处于沿海滩涂之上,交通十分不便,生活用品的购置有困难,员工就医、其子女上学都存在一定的问题。

针对上述情况,当地领导班子有针对性地开展员工生活改善工作,再在此基础上,提升员工专业素养。首先培养工作人员的一致性,培养工作人员的统一态度和内部意识,确保生物多样性保护工作的顺利开展。大丰麋鹿保护区进行的内部一致性培训,包括自然保护区的建设和管理工作,以及与之对应的法律法规和针对员工建立的制度,特别是《自然保护区条例》。其次是制定大丰麋鹿保护区管理办法。根据本单位的实际情况和运行经验,制定管理办法,明确建区宗旨和指导思想、管理目的、工作目标、工作任务、工作内容、资源管护、激励措施、行政和党的组织工作程序等,由此派生出了党建党务工作类、综合类、安全生产类和财务类的管理制度。最后不断总结、调试,直到问题解决。上述举措实施后,工作人员的积极性明显加强,专业素养显著提升。目前,江苏大丰麋鹿国家级自然保护区已成为盐城乃至江苏对外交往不可缺少的名片。

——资料来源：佚名.江苏省大丰麋鹿国家级自然保护区[J].湿地科学与管理,2014,10(4):0-1.

11.3　自然保护区与周边社区关系

自然保护区和周边社区如何和谐相处,是一个十分重要的公共议题。这里的核心是自然保护区的管理和周边社区的发展,是否能够兼得;或者说,自然保护区管理部门和周边社区是否能够友好协作,相互支持。

11.3.1　自然保护区与周边社区关系

自然保护区是根据地区生态环境状况来划定的。自然保护区所在地往往分布有一定数量的社区居民。这些居民由于所处地理位置偏僻,当地交通落后,对自然资源和环境的依赖程度高,生计方式较为单一,生态脆弱程度高[①]。自然保护区的建设无疑会限制居民的资源利用,从而降低社区居民的生态依赖程度,改变居民传统的生活方式。长此以往,周边社区会对自然保护区建设产生抵触情绪。保护区周边的社区居民是自然保护区建设重要的参与者与利益相关者。在生态保护过程中,地方政府或自然保护区管理部门应考虑居民在生态保护中所承担的成本以及积极性的问题,从而实现当地生态保护的可持续发展[②]。目前,自然保护区与周边社区之间主要存在着以下问题。

一是社区用地与物种保护矛盾突出。保护区及周边人口经济发展较快,土地利用与生态保护的矛盾尖锐,"人物争地""物畜争地"问题矛盾频发。在保护区种群恢复性增长和栖息地被利用被开发的情况下,野生动物觅食困难,频频到周边社区林地、农田采食,时有伤及人畜事件发生,人地、草畜、畜兽关系紧张,生产、生活与生态保护用地冲突较为严重[③]。

二是周边社区居民防范和驱赶保护物种。由于自然保护区周边社区的

---

① 侯雨峰,陈传明,胡国建.福建闽江河口湿地国家级自然保护区社区居民可持续生计评价与分析[J].湿地科学,2018,16(4):530-536.

② 陈传明.自然保护区居民可持续生计研究[M].北京:科学出版社,2022:2.

③ 谢文芳,宋军平,苏海萍,等.西双版纳国家级自然保护区野生动物肇事补偿现状及缓解对策[J].林业调查规划,2020,45(2):182-186.

开发种植对野生动物选食产生吸引力,野生物种会选择掠取周边居民耕种的食物,这使得周边的居民对野生动物的侵入威胁时刻保持警惕。不断减少的野生动物生存场域,似乎也在扩大野生动物肇事事故发生的空间。当地社区居民需要在责任田周边布控防范,以抵御侵入性的野生动物。为了确保农作物不受野生动物破坏,野生动物栖息地边缘的农业实际上包含了两种形式的劳动:生产劳动和保护劳动①,控制野生动物已成为周边社区群众的例行事务。

三是对周边社区缺乏生态补偿机制。大多数居民认为,野生动物对种植物的破坏行为是少有的,也是在自己预期之内的成本损失。然而,当野生动物的破坏行为成为一种新的社会核算成本方式时,周边社区居民意识到这部分损失是可以被赔偿的。由政府实施补偿措施,将会在一定程度上提升社区群众对肇事物种的容忍度。因此,处理自然保护区周边人与动物的冲突,提出自然保护区多方面协调的方案对促进自然保护区的持续发展至关重要②。

11.3.2　自然保护区与周边社区协调经验

自然保护区的可持续建设离不开周边社区居民的支持与配合,但现存的社区用地减少、人畜冲突、保护区建设导致的社区居民生活成本增高等问题在一定程度上影响了居民参与保护区建设的积极性,因此寻找自然保护区与周边社区的协调平衡十分必要。

首先是借助食源地建设解决人畜冲突。自然保护区的有效管理离不开周边社区居民的理解、支持与配合。但是,野生动物与人的冲突往往会削弱居民的保护意愿。多数的人物冲突是抢夺资源造成的,如果为动物提供足够的资源,就能在一定程度上缓和冲突行为。

案例 11.4　人畜冲突能解决吗?

随着野生亚洲象种群数量增长和分布范围扩大,人象活动区域重叠面积逐步增加,人象冲突事件频发。象是一种巨大的食草动物,以大量的竹笋、嫩叶、野芭蕉、棕叶芦为食。然而,人类不断扩大生活空间的行为,如建造房屋、

---

① 余磊,李娅,郭辉军.利益相关者视角下我国野生动物肇事公众责任保险制度探究[J].林草政策研究,2022,2(1):42-48.
② 蔡家奇,温华军,沙平,等.国家级自然保护区人与动物冲突问题的调查与思考:以石首麋鹿国家级自然保护区为例[J].绿色科技,2021,23(20):49-51.

砍伐、焚烧、垦地等,导致亚洲象的生活空间缩小和碎片化,它们的生活环境不断恶化。这迫使亚洲象进入农田和村庄,以周边农户种植的甘蔗、香蕉和玉米为食。随着大象习惯进食大面积的粮食作物后,其饮食习惯发生改变,因此有大量农田的区域对大象更有吸引力。

由于象体型庞大,农民在保护庄稼时必须采取极端措施将它们赶走,如燃放鞭炮、烟花,敲打罐子,等等。在驱赶过程中,大象感到自己的安全受到了威胁,然后对人类发动攻击。面对攻击,人类将采取更糟糕的行动,导致人与象的冲突加剧。大象具有很高的智力和优越的记忆力,人类的行为很容易促使亚洲象和人类成为敌人,最终形成恶性循环。

据云南省林业和草原局统计,2013年以来,亚洲象肇事共造成约60人死伤;2011—2018年,野象肇事造成的财产损失超过1.7亿元。2019年以来,仅西双版纳州,野生亚洲象造成的人员伤亡事件就有26起,造成多人受伤,超过18人死亡,危及当地人口安全。可见野生亚洲象的频繁出没,严重影响了当地村民的生产、生活。

研究者发现导致人象冲突的原因多样,但主要包括两个方面:一是环境的改变,如林下食源减少、生境破碎、环境容量不足、高速路对亚洲象活动的阻隔等;二是亚洲象自身的改变,如取食习性改变、报复行为等。为此部分学者研究通过构建食物源基地来缓解冲突,即在保护区构建食物源基地招引亚洲象在保护区内采食,减少周围村寨的人象冲突。食物源基地建设对于吸引亚洲象、缓解冲突具有一定作用,因此被提倡。

——资料来源:周开华,李有寿,邓志云.基于西双版纳亚洲象食物源基地建设的有效性研究[J].绿色科技,2021,23(4):154-155.

云南亚洲象食物源基地建设保证了周边居民的正常生活,丰富了西双版纳亚洲象的食物源,为大象们提供更加丰富的食物,为保护区缓解人象冲突提供了很好的经验。但也需注意,在进行食物源基地建设的时候,工作人员除了要按照法律法规对栖息地进行保护和建设,还要远离人类居住的地方,主要目的是减少野生物种对人类造成的伤害。除此之外,也要注意做好生物廊道的规划和建设工作,让保护区和物种所需资源能够有机地连接起来,这样才能不断扩大物种的栖息地范围,使其远离村寨。

其次,自然保护区的建设应带动周边经济发展,实现保护区与周边社区的共赢。保护区可以借助自身特色开展特色旅游、农产品创收、科研合作、保护参观等活动为周边社区创收。

案例 11.5　保护区会限制周边社区经济发展？

王朗大熊猫保护区具有得天独厚的地理条件。在它唯一敞开的东南方，是平武县的白马藏族乡所在。这也是"王朗"一名的由来——在白马方言里，"王朗"的意思是"放牧的地方"。在保护区成立之前，当地老百姓一直用区内的一处平坝作为放牧的牧场。王朗大熊猫面临的最主要威胁是森林砍伐和农田扩张导致的栖息地丧失。而随着王朗自然保护区成立，天然林禁伐以及退耕还林政策的实施，使得这两个最主要的威胁得以解决。然而，新的问题随之出现——保护区的保护使得当地百姓原有的经济支柱崩塌。他们为了生活，又开始进入林区盗伐、偷猎。王朗保护区面临的首要问题，就是平衡当地经济发展与大熊猫保护工作的关系。

1996 年，时任世界自然基金会(WWF)中国物种保护项目主任的吕植，选择在平武县率先开展"综合保护与发展项目"，力求寻找到维持保护工作与当地持续发展之间平衡的方法。王朗及白马社区的生态旅游就是这个项目的子项目。它开创了国内将环境保护与当地经济发展结合的先河，王朗也成为我国最早开启小众、高端生态旅游的自然保护区。经过几年的筹备，王朗的生态旅游于 2000 年 10 月正式对外运营，2001 年旅游收入就达到 40 万元，并在此后维持着年入 30 万～40 万元的水平，也取得了国内外的良好反响。2001 年，王朗的生态旅游顺利通过了国际著名的"澳大利亚自然与生态旅游认证项目"的认证；2005 年又通过了"绿色环球 21"生态旅游认证达标阶段的评估，这在国内的自然保护区中还是首例。

生态旅游的顺利开展，直接受益者就是当地白马藏族乡社区群众。他们通过改善原有的基础设施、接受培训提升服务质量，为游客提供食宿、交通等服务并从中获益。不仅如此，吕植和保护区还制定了一系列激励机制来鼓励当地人参与保护，所以群众受益后更加自觉积极地参与巡山、救助大熊猫等保护工作。这极大地缓解了社区与保护区之间紧张的关系。

王朗同时也对从事生物研究和保护的科研机构敞开了怀抱，搭建起了一个开放、包容的合作研究、保护平台。各种研究保护项目在保护区内开始试点，各种科研和保护的技术在野外得以实践，生态旅游开展的前 10 年是王朗自然保护区对外合作和科研发展的黄金期，在此期间，保护区的管理、科研、环境教育、监测巡护和国际合作等得到了全面快速发展。

——资料来源：李彬彬. 王朗 以大熊猫之名[J]. 中国国家地理，2020(8)：138-146.

自然保护区也可在资金能力范围内帮扶当地社区,如改善交通、通信、供水、供电、办学等基础条件,解决当地社区的临时就业问题。对于自然保护区及周边区域修建公路、架设电线、铺设通信线路等基础设施建设需要,有关部门应优先安排解决并给予补助。长期以来,自然保护区周边地区由于地理位置偏僻,存在农产品缺乏深精加工、农业效益差、农民收入低等问题。自然保护区可借助自身影响力带动周边经济发展,如采用招商引资、开展直播等方式。通过拓展互惠互利的机会,既提高周边社区居民收入,也可以让保护区获得相应的服务回报。

最后,对社区居民进行生态补偿。生态补偿是以保护和可持续利用生态系统服务为目的,以经济手段为主,调节相关者利益关系的制度安排①。生态补偿应包括以下几方面的主要内容:一是对生态系统本身保护(恢复)或破坏的成本进行补偿;二是通过经济手段将经济效益的外部性内部化;三是对个人或区域保护生态系统和环境的投入或放弃发展机会的损失的经济补偿;四是对具有重大生态价值的区域或对象进行保护性投入。② 自然保护区要力争建议地方政府按事权管理在年度预算中将野生动物践踏庄稼的补偿费用列入地方财政专项预算,并按时足额拨付;同时加强宣传,宣告遭兽害可获补偿,以利野生动物的保护。③

案例 11.6　周边社区如何进行生态补偿?

柬埔寨的波罗勉省巴布农县"堆波达吕奔斯耐"多功能生态保护区,生活着多种鸟类,有数万只。从 2022 年开始,几乎每半个月就有数百只鸟被捕杀。保护区每个月可以吸引数千名游客前来参观,为当地带来可观的收入。但是自从这些鸟类经常面临各种非自然死亡后,前来参观的游客越来越少,影响了当地的经济发展水平。专家调查后发现,由于历史原因,当地居民祖祖辈

---

① 生态补偿制度可以分为广义和狭义两种。广义的生态补偿制度包括对污染环境的补偿和对生态功能的补偿。狭义的生态补偿制度,则专指对生态功能或生态价值的补偿,包括:对为保护和恢复生态环境及其功能而付出代价、做出牺牲的单位和个人进行经济补偿;对因开发利用土地、矿产、森林、草原、水、野生动植物等自然资源和自然景观而损害生态功能,或导致生态价值丧失的单位和个人收取经济补偿。

② 我国的生态保护投入方式主要包括政府性投入、税费计征收入、社会资本投入、捐赠等。目前投入机制还不够完善,主要还是靠政府性投入,以及开征税费、保证金等模式,市场化手段运用不足,捐赠等其他资金渠道也较匮乏。

③ 况安轩.建立农业生态补偿机制的探索[J].湖南财经高等专科学校学报,2009,25(2):28-29.

辈就有打鸟吃鸟的习俗。成立保护区后,多数社区居民的生活方式并没有改变,依旧对鸟类进行捕杀、滥杀,造成了保护区鸟类数量的下降。其中不乏具有重要经济、科研价值的野生鸟类。

在国际野生生物保护学会(WCS)的支持下,柬埔寨北部平原地区的林管局开展了与生物多样性、农耕活动和社区可持续旅游相关的生态补偿项目。村民与 WCS 签订协议,停止猎捕全球性濒危的鸟类,并且参与保护这些鸟类的巢。每保护一个鸟巢,村民就可以得到 120 美元的补偿;农户与 15 家酒店和饭店签订协议,农户不扩大农地的范围,也不转变森林用途,酒店和饭店以高出市场平均价收购农户的"环境友好型农作物"。平均每个农户从这一项目获得的收益约为 160 美元。村民与旅行社签订协议,村民签署"不猎捕鸟类"的保证书,并按政府制定的土地利用规划开展相关的活动。旅行社在村民中招募"鸟导",每看到一种不同种类的鸟,就按每个游客 30 美元的标准提取费用,将生态补偿资金纳入保护基金。这些项目在一定时期内都取得了极大的成功。

——资料来源:柬 Headlines. 2022,柬埔寨某保护区再次出现数百只飞禽无故死亡[EB/OL]. (2022-03-28)[2023-03-03]. https://www.sohu.com/a/533387122_120696624.

11.4 自然保护区的社会组织参与

环保社会组织正在经历着"区域公益化"。"看得见摸得着"的当地环保组织,激发着当地居民参与环境保护的积极性。自然保护区离不开公众参与,这些社会组织正凭着自身极强的资源整合能力,为当地生态可持续发展助力。

11.4.1 自然保护区社会组织参与形式

无论是在中国的环境保护中,还是在中国的社会治理中,社会组织都是必不可少的。公众的自发行为是公众掌握主动权的结果。当一个国家的成员对环境的认识越清楚,其关注和参与环境保护的方式也必将更多元化。可以说,一个国家的环保社会组织的能力和水平,就代表着这个国家的环境保护能力和水平。

野生动物保护既是境外非政府组织进入我国后较早涉猎的领域,也成为国内社会组织较为关注的领域。1995—2002 年全球环境基金资助的"中国自然保护区管理项目"具有里程碑意义,是境外组织与中国政府在自然保护领域成功合作的典范。随着时间推移,世界自然基金会、中国野生动物保护协会、自然之友等越来越多的国际和国内组织参与到我国野生动物保护工作中,促进了保护理念的更新,推动了野生动物保护事业的发展。社会组织参与野生动物保护的方式主要有三种。

一是开展宣教活动。面向公众开展宣教是社会组织最为活跃的一项活动。当前,这种宣教活动主要有三种路径。一是配合政府部门开展宣教,比如"爱鸟周""野生动物宣传月"等专题活动。组织专家学者向青少年、野生动物加工利用从业人员等群体传授野生动物保护科学知识,吸纳公众成为野生动物保护的重要力量。二是组办面向公众和以野生动物保护为主题的公益晚会和活动,如"地球之声——爱及生灵"公益晚会、"艺术关爱生命"主题活动、"第二届中国东北虎栖息地巡护员竞技大赛"等。它们可以引起社会各界对野生动物保护及其工作的广泛关注。三是利用电视、网络和平面媒体以及火车站、地铁、机场等人流量大的区域,发布关于野生动物保护的广告,诸如"没有买卖就没有杀害""象牙应该长在大象身上""妈妈,我要牙齿""拒绝食用穿山甲"以及播放《野性的终结》等纪录片。研究表明,"妈妈,我要牙齿"这则呼吁停止象牙商业性贸易的广告宣传信息有效渗透了 75% 的中国城市人口,并使被认定为高风险的某些消费群体对象牙的购买倾向从 54% 降至 26%①。

二是组织志愿者开展野生动植物保护活动。组织志愿者开展野生动物保护活动是国际组织的一种重要运行方式,能有效弥补自有资金不足和降低劳动力雇佣支出,为此社会组织也被称作"志愿者组织"。这些环保组织充分利用"世界湿地日""世界野生动植物日""国际生物多样性日""世界环境日""保护野生动物宣传月"以及元宵节、国庆节等节庆节点,在公园、广场、社区活动中心等人群密集场所常态化开展保护宣传活动,广泛宣传保护野生动植物法律法规知识,吸引更多志愿者加入动植物保护过程。某国家级社团专门建立了志愿者委员会,吸引越来越多的人加入"爱鸟护鸟"志愿者队伍,组织开展 2017 年秋季候鸟迁徙志愿者"护飞行动",仅在秦皇岛一地就清除了约

---

① 孙鑫,谢屹. 我国野生动物保护社会组织参与现状及建议[J]. 世界林业研究,2019,32(1):80-84.

1 000 片鸟网①。社会组织还组织志愿者参加了反野生动物盗猎和栖息地保护工作,其中最广为人知的是可可西里藏羚羊反盗猎中的志愿者行动。当前,已有不少的社会组织由志愿者自发建立、管理和运营并以志愿者投入作为主要运行经费,参与社会组织的志愿者呈现年龄轻、文化程度高、专业背景丰富等特征。此外,志愿者还直接参与了社会组织策划的反对野生动物马戏表演活动。例如,以非法表演、虐待动物等为由向有关部门投诉举报马戏表演,并在马戏团表演的场馆外发放宣传单,迫使 2017 年在广东珠海举办的第四届中国国际马戏节中已连续举办三届的动物表演环节被取消②。

三是影响政府关于野生动植物保护及利用的决策。社会组织积极参与国家野生动物保护及生物多样性治理事务,影响政府关于野生动物保护及利用工作的决策,成为该主体近年来参与活动的新特点。这类参与活动也有三种具体路径。一是通过向政府主管部门提出意见和建议,影响关于野生动物利用活动的管理规定。2011 年,某基金会资助另一民办非企业单位调查了8 省市 10 余个动物园是否遵守国家林业局以及住房和城乡建设部的有关规定,例如停止与动物零距离接触、动物表演和虐待动物活动等情况,并将相关调查情况上报主管部门,以支持该基金会要求全面停止动物表演的主张。同年,首都某动物保护协会与其他组织一起成功反对在鸟巢引进美国牛仔开展斗牛表演项目。二是对与野生动物利用管理相关的活动进行诉讼。2016 年以来,某基金会要求野生动物主管部门公开黑熊养殖场、穿山甲救护等方面的信息,在未得到主管部门同意的回复后,根据《政府信息公开条例》等有关规定对主管部门提起了行政诉讼③。三是通过“两会”代表的“议案”和“提案”影响高层决策。多个社会组织在每年全国“两会”召开前向社会公众、专家学者、其他社会组织、一线环保志愿者征集“两会”议题,并分别通过与其关系密切和关注野生动物保护的人大代表、政协委员推动所征集的“议案”和“提案”成为“两会”正式议题,从而达到影响高层决策的目的。2017 年社会组织征集的“两会”议题多集中在雪豹、穿山甲等国家重点保护动物的栖息地保护和禁贸方面。

---

① 林葳菲,吴轲朝.无私奉献 无限希望:野生动植物保护 志愿者在行动[J].福建林业,2022(5):16-17.

②③ 孙鑫,谢屹.我国野生动物保护社会组织参与现状及建议[J].世界林业研究,2019,32(1):80-84.

11.4.2　自然保护区社会组织经验

环保社会组织是政府与公民之间的桥梁,也是生物多样性保护多元参与机制的重要一环。当前环保社会组织参与生物多样性保护面临着规范体系不健全、运行机制不稳固、居民参与意愿不强的困境,学习现有的优秀案例经验,对解决社会组织发展现有之困十分必要。

第一是在体验中提升公众参与热情。社会组织可在活动宣传中加入"体验激发"等流程,增强公众参与体验,激发公众参与热情。在项目宣传初始阶段就可引入公众参与,了解公众需求,使项目设计与公众兴趣相匹配。在项目落实阶段,创新公众参与方式与渠道,增强社会成员的体验感。自古人类就在与自然长期的实践中,逐步形成了保护环境的朴素观念。因此,人类在本质上是接纳自然、喜欢自然的。开展一系列有创新意识的自然体验活动可以激发周边社区居民最初的自然体验。基于农业文明的传统文化教育也可以加强公众对生态文化的感受,推动社区生态文明建设。

案例 11.7　如何动员公众参与?

在激发公众参与方面,设计一种贴近生活的物种接触体验,让公众与保护物种共情,未尝不是一种好的方法。北美一共有 3 种狼:灰狼、墨西哥狼、赤狼。赤狼的体型明显比灰狼小,体长 95～120 厘米,尾长 25～35 厘米,体重 20～35 千克。赤狼曾经遍布美国东南部,但是,在 20 世纪 60 年代,由于肉食动物数量受到限制,加上栖息地丧失,赤狼的数量急剧下降,只留下少数个体分布在沿得克萨斯州和路易斯安那州的墨西哥湾海岸。到 1973 年,当赤狼最终被列为濒危物种时,它已经濒临灭绝。为了尽可能地保存这个物种,科学家们决定捕获尽可能多的野生数量来进行人工饲养,他们共获得 17 只赤狼。

在过去的 10 年时间里,唯一的赤狼公众支持组织——赤狼联盟,通过传播对赤狼的认识来履行其教育人们的使命。其中最流行的教育项目被称为"狼吼观光",也有人将其称为"与狼共吼":人们可以到保护区内参观,并聆听赤狼群美妙的"合唱"。第一次在黄石国家公园里听到狼吼时的情景,绝对令人难以忘怀。体验者说,"尽管我的声带感觉像烧焦了一样,但是,充盈在脑海和胸口的那种感觉让其他的一切都显得不重要了,那一刻,我甚至感觉我自己是一只狼"。正是由于在自然中体验了与狼的共鸣,加深了对狼群的认知,参与者才能更深入认识到赤狼这一物种的精妙,切实感受到彼此之间的联系,从而从内心深处产生对物种保护的渴望。赤狼恢复项目获得由动物园和水族馆协会(AZA)颁发的 2007 年北美保护奖项中的最高荣誉。

——资料来源:古道尔.希望:关爱和拯救身边的濒危野生动植物[M].黄乘明,等译.上海:上海科技教育出版社,2020.

第二是鼓励发展环保社会组织。环保社会组织是公众参与的基础与载体。多元化、独立运行的环保社会组织可以提高社会主体的自觉性,从而形成相互约束又相互和谐的生态环境控制体系,监督政府与公众行为,实现保护区建设的可持续发展①。自然保护区周边社区最好能发展以熟人关系为基础的村级保护协会,广泛吸取社区居民入会。入会的条件可以是没有违反自然保护区管理规定行为的村民,并保证每年参与一定时间的保护巡护活动等。环保社会组织可以开展的活动有:定期举办生产技能培训、组织学习他人生产经验、会诊生产中的技术问题、优先为会员提供就业机会、参与自然保护区反盗反猎活动等。

案例 11.8　南非生态训练营

生态训练,即通过人在野生丛林与野生动物、植物的亲密接触,学习荒野求生和野生动物保护的技巧。其科目一般包括越野车游猎、丛林徒步、夜间巡游、露营、植物辨识、动物追踪、星空观赏、野外生存技巧等。南非生态训练营始创于 1993 年,如今营地已遍布南非、博茨瓦纳、肯尼亚和津巴布韦等国家。南非克鲁格国家公园生活着超过 60 种哺乳动物,如非洲象、非洲水牛、狮子、花豹、猎豹、白犀牛、斑马、羚羊等。生态训练营必须设有生态向导。生态向导分为三个等级。一级为开车向导,需要全脱产学习 55 天,在生态导赏过程中基本不能下车,但应有丰富的动植物等生态知识;二级为徒步向导,从事向导超过 1 000 小时,可以带领游客在野生动物出没的丛林中徒步,需要很高的技能,必须会使用来复枪,对周围的环境时刻保持警觉,还要能控制团队,准确应对周围的突发状况;三级为导师级别,需要培训 4 年以上,一般供职于专门的培训机构,可以培养自然向导,他们上知天文下知地理,是非洲的活

---

① 巩英洲. 发展民间环保组织建立公众参与的环保机制[J]. 社科纵横,2006,21(2):52-54.

字典、活地图、活鸟书，也是狂热的动物保护者，具有"鹰的眼睛，狼的耳朵，熊的力量，豹的速度"。

营地极度偏僻，没有网络信号，完全被金合欢树和野生动物包围。野外露营时，营员们需要两人一组轮流值夜站岗。每天早上，营员要查看帐篷外的足迹。足迹追踪是丛林生活的基本技能。通过脚印可以轻松获得动物的种类、年龄、性别、群体数量、何时在这里逗留经过等重要信息。野外徒步时，向导首先需要向营员宣布丛林法则：两名导师在前，队员紧跟其后一纵队列，保持安静，不能交头接耳，听从导师的一切安排，停下、退后、继续，都用手势表示，不能擅自离队，发生情况要先报告。最关键的一点是：Never run！遇到任何情况不要跑，这是丛林生存第一重点，只要一跑，就暗示了"你是猎物"或"你是弱者"。午餐后是讲座时间，主要讲解各种生物学知识、营地周边的生态系统。讲座结束后开始第二次游猎，晚上6点半左右返回，晚上9点后，导师和学员回到自己的帐篷休息。

游猎，英文为safari，是指在国家公园或保护区里观赏野生动物的一种生活方式，以"不打扰、不干预、不污染"为基本原则。游猎具体规定如下：

——可搭乘公园营地专用敞篷车，但不得将肢体伸出车外；

——自驾需锁好车门、关好车窗；

——车辆限速40~50千米/时，推荐车速为10千米/时；

——严禁投喂野生动物，喂食会鼓励野生动物对人类实施抢劫和偷窃的行为；

——只有在规定的地点，在确保安全的情况下才允许下车；

——不能驶离道路，或迫使向导驶离道路；

——不得追赶和惊扰野生动物；

——拍照不允许使用闪光灯。

——资料来源：方敏.南非生态训练营，跟着野兽足迹走进荒野[J].南方航空2023(6)：134-137.

第三是开展自然教育。"自然教育"是以自然环境为背景，以人类为媒介，利用科学有效的方法，使参与者融入大自然，通过系统的手段，实现参与者对自然信息的有效采集、整理、编织，形成社会生活有效逻辑思维的教育过程。主管部门可充分利用"国际湿地日""爱鸟周""地球日"等活动加强环保宣传教育，特别是要加强对自然保护区周边社区居民中年纪较大、文化程度较低者及务农人员的环境教育。自然保护区可以建立以地方中小学校为中心的保护教育网络,如当地中小学校开设环境教育课,开展环保知识竞赛、征文比赛、演讲比赛和夏令营活动,在作业和课本上印刷护林防火条例,有条件的还可以配置环保读物供学生借阅。通过一个孩子带动一个家庭,进一步增强社区居民的保护意识。①

案例 11.9　自然教育如何推进?

陕西长青国家级自然保护区地处秦岭山脉中段南坡的洋县境内,保护区有大熊猫及川金丝猴、羚牛、林麝、黑熊、水獭等 39 种同域伴生物种。周边社区主要包括华阳镇石塔河、红石窑、县坝、岩丰、板桥、吊坝河、朝阳等村,共有村民小组 54 个,在生态保护区位上属于保护区走廊带。

自然教育作为一种新型的教育发展模式,能够让社会公众建立与自然的联系,有助于培养社会公众的自然环境保护意识和责任感,是推动生态文明建设的重要手段,也是正确处理社会经济发展和自然环境保护之间的关系、贯彻绿色发展理念、实现可持续发展的重要途径。长期以来,长青保护区在华阳积极开展自然教育,形成了一套完整的自然教育人才、课程和基地模式与经验,不仅是保护区联动周边资源的纽带,也为社区共享长青森林资源创造了条件。对社区而言,自然教育作为一种生态产品,能够促进社区一产向三产的转型,促进自然资源可持续利用和生态价值向经济价值转化。

从 2019 年开始的以社区为主体、多方参与的自然教育活动,推进了社区生产方式转型。2020 年,多个利益相关方共同参与朝阳村自然教育发展研讨、实地踏勘,最终形成了基于朝阳村资源的自然教育课程线路,包括"森林河道巡护线""中蜂环境教育主题线""茅坪游憩体验线""东坪徒步拉练线""农事手工制作线"等,编撰了《朝阳村自然教育手册》。同时结合中蜂养殖和自然教育活动需求,从科普和参与角度,成立了"朝阳村中蜂与蜜源宣教中心"。2021 年开展了上海小记者团自然教育活动、朝阳村"我爱我家乡本土自然教育活动"。自然教育活动以社区为主体,整合多方力量,由"山水中心"给予物资和人力支持,长青保护区协助课程设计,"中心"负责活动实施,村委负责人员招募与统筹,多方参与、共建共管机制进一步完善。目前朝阳村自然

---

①　从教育形式上说,自然教育,是以自然为师的教育形式。人,只是作为媒介存在。自然教育应该有明确的教育目的、合理的教育过程、可测评的教育结果,实现儿童与自然的有效联结,从而维护儿童智慧成长、身心健康发展。

教育被长青保护区列入全局统筹和自然教育合作共建示范点、中蜂养殖自然教育基地,特许使用保护区"生命长青"自然教育品牌。自然教育将成为除生态养蜂外,保护区与社区未来由共管共建走向共享的主要路径。

——资料来源:佚名.陕西长青国家级自然保护区:"生命长青"自然教育科普品牌活动[J].中国科技教育,2018(3):54-55.

思考题

1. 设立自然保护区的目的只是保护自然吗?

2. 你对自然保护区内部管理体系的优化有没有好的建议?

3. 你身边有没有出现过"人畜冲突"的情况?

4. 自然保护社会组织最吸引你的参与形式是什么?

5. 你认为自然教育的前景如何?

第 12 章
生态保护的网络传播实践

传统大众传播载体主要是报纸、电视、广播、杂志等,这些媒介的传播端是以机构和专业性人员为核心的,具有一定的准入门槛,所以并非人人都可以发布内容和表达观点。借助科技优势,网络新媒体打破官方媒体主导的传统格局。网络新媒体直接参与内容生产、信息发布、意见表达等环节,以其快速、亲民、灵活、生动等特点,抓住了人们的注意力,成为社会舆论的主战场。自然,现代生态保护传播离不开互联网。网络新媒体如何进行生态保护的内容生产? 如何进行生态保护的发布传播? 如何提升生态保护内容的传播效果? 这些问题都有待思考。

12.1 网络传播内容的制作与呈现

随着互联网技术的不断发展,网络传播已然成为现代社会中一种非常重要的信息传播方式。人们也开始关注通过网络传播的环保新闻报道、短视频、纪录片、电影、公益广告等内容。网络新闻报道可以及时地传递生态环境保护的最新进展和相关政策,让公众更加了解其重要性和紧迫性。短视频、纪录片和电影等内容则可以通过生动形象的画面和音乐来深入人心,让公众更加深刻地认识到生态环境问题的严重性和保护生态环境的必要性。公益广告则可以通过感人至深的故事和形象,让公众更加积极地参与到生态环境保护等活动中来。可以说,网络传播在推动生态环境保护的宣传和推广中起到了非常重要的作用。

12.1.1 网络新闻报道

生态保护不仅是国家发展战略的重要内容,还是经济持续发展的基础和推动力。自党的十八大以来,党中央一步步将生态文明建设置于更重要的位置。媒体作为党和政府的耳目喉舌,是宣传生态文明和环境保护的重要渠道。媒体紧紧围绕政府的工作部署,通过正确引导舆论,连接起政府与群众,使得越来越多的社会团体与个体加入环境保护的工作中。由于采访权的存在,新闻报道的制作主体往往是主流媒体机构。主流媒体中的新闻报道制作流程已十分成熟,主要包括以下环节:通过通讯员、电话等渠道获取新闻线索;获得新闻线索后,通过线上或线下采访获得足够的新闻素材(录音、照片、笔记等);记者根据采访素材撰写新闻稿;编辑根据记者提供的稿件进行修改编辑;最终经由报纸、电视网络等媒介进行发布。

伴随着媒介技术的高速发展,新闻媒体的宣传阵地从线下发展到线上。环境新闻报道也从单一的文字图片形态,借力网络发展出了更为多样的网络报道形态,如视频新闻、VR 新闻等。基于个人传播技术的普及与个体参与新闻传播的需求,公民新闻日益崛起,也就是说,每个人都可以借助各类 APP 发布并传播身边的新鲜事,每个人都可以对所接收到的新闻做出即刻的评论。这些变化进一步强化了环境新闻报道的功能,将环境问题的第一手资料以图片、视频及文字的方式直观地呈现给大众,将远处的破坏与污染投射至大众的眼前。通过网络新闻报道,公众不断意识到环境污染的严峻性与环境保护的紧迫性,促使公众生态素质不断提升。网络媒介的出现,提升了环境报道的曝光率,覆盖面积远超传统传播方式,更容易在同一时间博得更多人的关注。得益于网络即时反馈的特点,公众可以在报道的评论区或者相关话题下进行监督。相较于传统媒体时代的单向传播,环境新闻的网络化传播带来的舆论监督更容易促进环境问题的解决。

12.1.2 短视频

中国短视频用户数量巨大。2023 年 3 月 2 日,中国互联网络信息中心(CNNIC)发布了第 51 次《中国互联网络发展状况统计报告》。报告显示,从 2018 年到 2022 年的五年间,短视频用户规模从 6.48 亿增长至 10.12 亿,网民规模达 10.67 亿,短视频用户使用率高达 94.8%[①]。短视频又被称为小视频或微视频,近年来依托各短视频平台,短视频的传播呈现井喷态势,凭借着

---

① 中国互联网络信息中心. 第 51 次《中国互联网络发展状况统计报告》[R/OL]. (2023-03-02)[2023-04-05]. https://www.cnnic.net.cn/n4/2023/0303/c88-10757.html.

内容丰富短小精悍、创作简便、参与者多、发布便利、互动性强的特点受到了公众的喜爱。

在海量短视频中，不乏诸多有关环境保护题材的短视频。例如中国生态环境部入驻某短视频平台，发布了环境保护科普、先进环保案例等多种短视频，受到公众的欢迎，粉丝已逾 100 万人。许多环境保护协会通过短视频记录环保活动，如太原市萌芽环保协会。个人也会利用短视频宣传环境保护的重要性，如 NowThis Earth。关于制作短视频内容，有哪些值得学习的策划及创作技巧呢？

首先是创意。创意是短视频创作的第一要素，可以帮助我们的作品在视频流中脱颖而出，也可以帮助我们快速抓住观众的眼球。创意有很多种，比如抓住"情"字，可以制作出有关环境严重污染的"悲情"、众志成城克服污染问题的"豪情"、人与动植物或环境之间相互依赖相互支撑的"温情"等短视频。再比如抓住"巧"字，在短视频中可以巧用视觉意向、巧用数字创意、巧用创意时间轴、巧用独特的视角等。① 当然，创作的源泉是生活，从贴合生活的角度出发，我们还可以创作出"沾泥土、带露珠、冒热气"的短视频作品，以真诚朴实的诉说展示出人与生态环境融为一体的理念。

其次是节奏。短视频与纪录片娓娓道来记录全过程的叙事拍摄不同，其更加注重节奏的紧凑。短视频生态决定了其需通过紧凑节奏抓住用户的眼球。一方面，短视频的时长不宜过长，最好控制在三分钟内，几十秒乃至几秒亦可；另一方面，短视频应在前二三秒钟就赢得观众的注意力，通过设置梗、悬念、反转等抓住受众，加快叙述节奏，防止观众视线跳出。在对短视频的节奏进行策划的过程中，时长与抓取观众注意力均十分重要，灵活运用解说词、画面、字幕、同期声等要素，可以使我们的作品更加符合短视频平台的生态。

再次是审美。拍摄画面质量尽量要高，以保证清晰度，拍摄镜头的种类应尽可能多样，灵活运用全景、远景、中景、近景、特写等镜头画面。在后期制作过程中，音乐要符合短视频所传递出的主题与情绪，字幕字体要契合画面风格，特效的使用也不宜杂乱。言而总之，在保证素材质量的基础上，后期要素的使用应统一风格，服务于作品整体。创作者可以通过不断学习同类题材短视频，不断提升自身的审美情趣。

以 NowThis Earth 为例，它是关注气候、可持续性、生物多样性等各类地

---

① 杨海燕. 新媒体环境下短视频制作及传播策略[J]. 中国报业，2023(3)：78-79.

球问题的频道。其目前已发布逾 1 500 条视频,订阅者超 17 万人。它通过对环境问题的呈现促进公众对环境问题的关注,提升公众环保意识。如"克隆树木可以拯救地球吗?""回收人类头发以清理漏油",令人耳目一新;节奏较为明快,剪辑顺畅不拖沓,使人观看顺畅;视频包装较为简明,后期不冗杂,因而受到许多关注者的喜爱。

12.1.3　纪录片与电影

21 世纪以来,世界范围内的环保纪录片日趋增多,回应着生态文明建设这一重大的时代课题。环保纪录片作为纪录片领域中的重要分支,主要记录生态环境尤其是生态失衡的现状,并以有力的画面语言唤起观众的环保意识与相关思考,进而激发起公众的生态保护行为。环保纪录片的不断涌现表明愈来愈多的人开始思考现代文明与环境之间的关系。《穹顶之下》《海豚湾》等一系列环保纪录片,在电脑和数字化网络时代,依旧拥有着不容小觑的传播力。时至今日,豆瓣影评区的评论依旧在不断刷新。

与纪录片一同闯入观众眼帘的,还有一系列以生态为主题的电影。电影人开始通过电影这个"武器",向人们传播着与环境保护相关的故事,表达着他们对生态环境的关切。以反映人类生态思想和保护生态环境为主题的电影可以归为独立的类型——环保电影①。《世界末日》《2012》《阿凡达》等电影的诞生并风靡全球,代表着环保电影的崛起。在我国,影片《可可西里》也是环保电影的代表之作。这部于 2004 年上映的影片讲述了记者尕玉和巡山队员为了保护可可西里的藏羚羊和生态环境,与藏羚羊盗猎分子顽强抗争甚至不惜牺牲生命的故事。影片的寓意不仅仅是保护野生动物,也体现了藏族特有的生态观念。

环保纪录片与电影的制作对设备、拍摄技术、后期处理等环节的要求普遍较高。经过多年的发展,中国纪录片形成了以电视台、民营公司、国家机构、新媒体机构为主体的产业格局。目前电影产业主要的制作管理模式是以好莱坞为代表的制片厂管理机制与中国市场普遍采用的导演中心制电影制作管理机制②,普通人难以凭借一己之力完成一部环保纪录片或环保电影的制作,因而多以微纪录片、微电影的形式进行创作。

---

① 王瑞红. 环保电影传递绿色发展新理念[J]. 环境教育,2016(4):51-53.
② 孙博. 中美电影制片管理机制比较研究[J]. 艺术科技,2016,29(7):350.

那么普通人如何借助网络的力量参与到环保纪录片抑或环保电影的传播中呢？随着视频平台的崛起，媒介赋权下越来越多的个体与 UP 主（即上传者）参与到二次创作（re-creation，又称二创、再创作）中来。二次创作指在已存在著作物或艺术作品的基础上进行再次创作，在与环保纪录片、环保电影相关的二创中，往往采用解说、混剪等形式。例如：B 站 UP 主"吾聊电影"对《大气层消失》这一环保电影进行解说。又例如：B 站 UP 主"电影最 TOP"在第 163 期发布了《片片戳心！盘点那些直击心灵的环保电影》，便是用解说的形式将几部环保纪录片与电影串联起来，借助 B 站的推荐机制以及 UP 主的粉丝基础，使解说的几部影片进一步得到宣传。

案例 12.1　环保纪录片《野性的终结》成功的原因

《野性的终结》是由央视、新西兰自然历史公司、动物星球频道、美国野生救援协会（以下简称"野生救援"）联合摄制的纪录片，并获艾美奖提名。2012 年 8 月 14 日，姚明和"野生救援"一起前往肯尼亚和南非，亲赴盗猎现场，揭露当前非洲的偷猎状况，并且开始为期 10 多天的反盗猎纪录片拍摄。2014 年 8 月该纪录片在中央电视台首播，并在动物星球频道播出，海内外好评如潮。《野性的终结》极大地增强了公众的野生动物保护意识。这一部纪录片在以下四个维度展现着其成功的特质。

（1）名人效应

纪录片拍摄及放映时期，正值姚明职业生涯的鼎盛时期。作为一名国际知名度极高的球星，姚明吸引着国内外公众的眼球。姚明自身所具有的谦和、幽默、富有责任感的形象，也有助于塑造和平、负责、现代化的中国大国形象。利用在国际社会中具有较高知名度的人担任纪录片主角，这一跨文化传播策略无论是对海内外公众的吸引力、接受度、影响力，还是对中国国家形象的传播与塑造都大有裨益。

（2）记录的真实性

真实是纪录片的最本质特征。纪录片的力量也是通过纪录片的真实来彰显的。《野性的终结》尊重真实、敬畏真实、传播真实，进而达到了震撼人心、发人深省的效果。在片中，一头惨遭偷猎者毒手的大象残骸出现在镜头前，它的整个头颅被砍了下来，蚂蚁攀缘在其尸体上，秃鹫在不远处盘旋，影像震撼人心。真实的记录将"遥远的哭声"传递到我们眼前，公众可以透过镜头窥见非法盗猎背后的血腥与残暴，燃起对生命的尊重与敬畏之情。

（3）主题的全球性

《野性的终结》立足于保护非洲濒临灭绝的野生动物的视角,揭秘日益猖獗的非法盗猎给这些动物种群带来的毁灭性灾难。被夺走象牙的大象,失去角而倒在血泊中的犀牛,成千上万公斤被没收的象牙,这些画面控诉着偷猎者的行径。野生动物保护主题的全球性,极大扩展了作品的适应性和创作价值,吸引了国内外公众的目光,也使得这部纪录片在海内外产生较大的影响。

（4）叙事的故事性

《野性的终结》纪录片在叙事的故事性方面也有着较强的展现。在大卫·歇尔德瑞克野生动物保护基金会,一头出生只有10天的小象孤儿竟把身高2米26的大个子姚明当作它的好朋友,跟他嬉戏玩耍。两头大象打架,失败的一头大象将怒火发泄在科研人员乘坐的车子上,野蛮地将车子毁坏得面目全非。这些故事性的情节生动有趣,更为纪录片增添了一抹生动的色彩。

——资料来源:滕继果.用中国语言讲述全球故事:论纪录片《野性的终结》成功之道[J].当代电视,2015(3):52-53.

12.1.4 公益广告

公益广告是生态环境保护内容传播的重要载体。与其他环保传播形态相比,公益广告以其艺术化的表现形式,更为公众喜闻乐见。公益广告大都通俗直白、简单易懂、取材广泛,更容易跨越文化、心理障碍,使得观众自觉地将环保理念转化为自身的行为。公益广告属于一种非商业性广告,诞生于20世纪40年代的美国。它影响公众的看法和态度,进而促进社会问题的缓解或解决。它的特点是:义务性、社会性、广泛性、倡导性。[①]

由于公益广告具有非营利性的特点,很难给制作主体带来较为乐观的经济收益,所以在传统媒体时代下,公益广告的投放数量、频次及时间受到了一定的限制。传统广告投放基本上都是利用媒体平台将广告信息传播出去,广告投放主体无法控制广告的转化率。得益于互联网技术的日新月异,新媒体的发展使得公益广告呈现出新的特征,制作成本大幅降低,传播速度有效提升,投放渠道得以拓展,传播形式也愈加丰富。值得一提的是,新媒体公益广告的传播效果也有所提升,基于大数据分析及平台推荐机制功能,新媒体平

---

① 王莉丽.建构绿色的公共舆论空间:中国环保传播研究[D].北京:清华大学,2005.

台可以根据用户的行为习惯向其进行个性化推送,广告投放愈加精准,也能收到更好的传播效果。

需要注意的是,新媒体时代下受众的地位大幅提升。这要求广告内容必须吸引人,由此催生了大量的创意广告、幽默广告等。这一变化同样促使生态公益活动与环保公益广告相结合,例如在微博上发布生态公益广告,可以让微博用户转发、参与话题,通过受众的参与进一步提高生态公益广告内容的价值。

案例 12.2 为地球献出一小时

"地球一小时"是让全球关心自然、热心环保的人可以共同发声的平台,世界自然基金会提倡:每年三月最后一个星期六的当地时间 20:30(2023 年地球一小时活动为 3 月 25 日),个人、社区、企业和政府自愿自发参加,关上不必要的照明及耗电产品一小时,来表明大家对自然保护的关切和对环保的支持。从 2023 年起,"地球一小时"被赋予更大的使命,凝聚社会各界"一小时"的力量,关上灯,点亮希望,推动改变,共同迈向自然向好的未来。2023 年"地球一小时"的主题为"为地球献出一小时(Give an Hour for Earth)"。

2023 年"地球一小时"活动期间,世界自然基金会于微博、墨迹天气等APP 进行了开屏广告投放,例如在微博开屏中所投放的是世界自然基金会大使朱一龙的环保公益广告,同时借助多位明星的微博推送,增强了人们对于"地球一小时"活动的互动感与参与感。

——资料来源:"地球一小时"官方网站,https://www.earthhour.org.cn/highlights.

12.1.5 自媒体图文帖

自媒体这一概念一般认为最早是由"博客"形式创始人丹·吉尔默提出的。他根据传播形式的不同将新闻传播从整体上分为三个阶段,其中Journalism 3.0 是以博客、网络论坛、微博等新兴媒介传播占主导的阶段,构建起自媒体概念的雏形①。

当今社会,人人都是自媒体。微信公众平台的宣传语是"再小的个体,也

---

① 张林. 自媒体时代社会话语生态变迁:生成模式、主体形式与权力结构[J]. 理论导刊,2019(12):68-72.

有自己的品牌"。每个人在自媒体时代,都拥有着属于自己的"扩音器"。我们当下的信息传播打破了时空的限制,随时随地将信息轻松分享给他人。自媒体时代为环保传播提供了便利。在各式各样的自媒体环保内容传播载体中,图文是一种不可忽视的重要力量。利用自媒体图文帖来进行环保内容的传播,对传播者而言可行性较高、成本较低,能够更加直白地将传播者的观点呈现出来。对受众而言,也更容易接收传播内容中的重点及传播者的意图。制作自媒体图文帖有几个要点。

第一要会"蹭热点"。热点包括时间热点及事件热点。对于环保传播而言,时间热点便是与环保工作息息相关的时间节点,例如每年的 3 月 22 日为世界水日、5 月 22 日为国际生物多样性日、6 月 5 日为世界环境日。事件热点则是与环保工作相关的可预见性事件及突发性事件,例如某一环保活动的展开抑或是突然引起社会关注的污染事件。以时间热点与事件热点为契机进行图文推送更容易获得流量。

第二要学会"拟标题"。"题好一半文",一个好的标题不仅能够传达出传播者的意图,也能够激发起受众的阅读欲望。在自媒体时代,人们的第一眼往往被标题所吸引,唯有我们的标题吸引到受众的注意时,才可能迎来受众进一步点开正文的动作。因此,在利用自媒体图文帖来进行传播时,要特别注意标题的拟写,坚决反对歪曲、夸大事实的标题党,做到语感通顺、舒服,做到有温度、真诚,还要尽可能地传递鲜明的态度。

第三要做到内容优质,形式新颖。"文如看山不喜平",在自媒体图文帖中,文字的占比极高,因此需要传播者打造出优质内容以吸引受众,尽量做到有趣、清晰,建立属于自己的语言风格与特色。配图也应当选择分辨率高、符合文字语境的图片。当下的自媒体图文多利用微信公众平台、小红书、微博等社交平台进行传播,因此传播者需要在发布图文之前,多多了解传播平台,例如使用微信公众平台发布图文时,可以采用条漫或者 SVG 互动的形式,在小红书发布图文时,可以利用小红书的插件让内容形式更加新颖,进而增加与受众的互动感。

举个例子,《碳中和时代》的作者汪军创办了"老汪聊碳中和"这一微信公众号。在这一公众号中,共有碳中和原创文章近 300 篇(截至 2023 年 3 月 30 日),是碳中和领域最有影响力的自媒体之一。查阅其发布的微信文章,可以看到多数为图文内容。尽管碳中和为一个小众领域,但是在内容方面,作者汪军深入浅出,配图恰当合理,风格较为严肃,符合其科普特色。标题常常采用设问手法,使得读者怀抱好奇心点开正文。正是由于其文章标题和内容契合读者的心理,因而受到了不少订阅者的喜爱。

12.2　网络传播渠道的选择与运用

随着互联网和智能手机的普及和发展,网络传播已经成为生态环境资讯的主要传播渠道。生态保护网络传播渠道主要有专门性网站、社交媒体平台、短视频平台、APP 软件和网络社区等形式。

12.2.1　专门性网站

专业认知下的网站(Website),是指在因特网环境中利用 HTML(超文本标记语言)等工具制作的用于展示特定内容的相关网页集合。一般而言,网站可作为一种交流工具,人们可利用网站进行资讯浏览等行为,享受网站服务,也可利用网站公开发布信息。

根据不同的标准,网站可以分为不同的类型。按照网站使用编程语言分类,有 ASP 网站、PHP 网站、JSP 网站、ASP. NET 网站等。ASP 网站是使用 Microsoft(微软)公司的 ASP(Active Server Pages)语言创建的网站,它使用 VBScript 或 JScript 等脚本语言编写,并且需要在服务器上安装 IIS(Internet Information Services)等微软的服务器软件来运行。PHP(Hypertext Preprocessor)是一种开源的、跨平台的服务器端脚本语言,它可以在大多数的服务器上运行,支持多种数据库。JSP 网站是使用 Java Server Pages 技术创建的网站,它使用 Java 语言编写,并且需要在服务器上安装 Tomcat 等 Java 服务器软件来运行。ASP. NET 网站是使用 Microsoft 公司的 ASP. NET 技术创建的网站,它使用 C♯、VB. NET 等编程语言编写,并且需要在服务器上安装. NET Framework 等微软的服务器软件来运行。按照网站的用途分类,有门户网站(综合网站)、行业网站、娱乐网站等。按照网站的持有者分类,有个人网站、商业网站、政府网站、教育网站等。按照网站的商业目的分类,可以分为营利性网站(行业网站、论坛)、非营利性网站(企业网站、政府网站、教育网站)。[①]

---

① 吴阿丹. 基于. NET 的地震信息导航网站的设计与实现[D]. 北京:中国地震局地震研究所, 2012.

环境类网站一般是以行业门户网站为主,由政府和官方机构持有的非营利性网站。细分的话,它们可以分为综合门户网站的环保频道、政府环保部门网站、民间环保组织网站、环境类媒体网站、企业环境类网站。环境类网站的功能可以分为基本功能和特殊功能。其基本功能主要包括传播信息的功能、知识教育功能、环境监督功能。特殊功能主要包括提供政府信息传播渠道和促进政务公开、促进环保社会组织(Non-Governmental Organizations)的发展、设置环境"议事日程"、宣传环保类企业和产品阵地,加强环境与绿色经济的联系。

涉及生态素质教育的专门性网站一般包括综合门户网站的环保频道、政府环境部门网站以及各类学校网站等。综合门户网站的环保频道主要以环保专题、图片、评论、视频等多种形式相结合的方式传递当前热点环境信息和事件,如腾讯的绿色频道、央视网的生态环境频道、人民网的环保频道等。政府网站不仅搭建起政府与公众间交流互动的桥梁,并在当下为进一步推进服务型政府的打造贡献着积极力量。高校及其内部环境保护网站主要由高校的环境保护协会主持,服务于大学生环保教育事业,促进大学生以向上乐观的态度联系社会与企业各界,以鼓励、推广和发展环保教育事业。例如,央视网环保频道"低碳中国"专题,由生态环境部宣传教育中心、央视网主办,主要以碳达峰、碳中和典型案例征集展播为主。专题主页界面由以下子栏目组成:"视频报道""相关资讯""低碳节能 绿色发展"。利用视频、文字、图片等各种形式来展示、传播环保信息。①

案例 12.3 中华人民共和国生态环境部网站

作为国家级的政府环境类网站,中华人民共和国生态环境部网站主要围绕政府信息公开、网上办事、公众互动三部分展开。网站基调以蓝色和白色为主,主页面由上方横板的"要闻动态、组织机构、政策文件、环境质量、业务工作、机关党建"、下方专题报道的相关链接、全国城市空气质量实时预报,以及政府信息公开等栏目组成,如环境要闻相关专题下方,设有"生态环境部部长黄润秋赴天津市、河北省调研海洋生态环境保护工作""生态环境部部长黄润秋视频出席第十四届'摩纳哥蓝色倡议'活动并作主旨发言"等相关新闻报道链接。作为官方环保网站,中华人民共和国生态环境部网站政策性信息较多,分类明晰,方便受众从公民角度浏览我国的环境保护相关法规法令,同时

---

① 信息来源于央视网"低碳中国"板块,https://eco.cctv.com/special/2022dtzg/index.shtml?spm=C94433.Pt3TM2eA7qqo.EQRWz0luv9Y0.1。

也充分发挥着网上办事功能：在信息公开的环境下，可以在网站上查阅到各类环境项目的申请公开以及申办进度，这在很大程度上佐证了政府办事程序的公开透明。

——资料来源：中华人民共和国生态环境部官方网站，https://www.mee.gov.cn/。

12.2.2　社交媒体平台

社交媒体具有多向互联、公开对话等特点，依托于社交平台，人们可以制作并传播信息。现阶段社交媒体主要包括社交网站、微博、微信、博客、论坛等。社交媒体在互联网时代蓬勃发展，其特点有二：一是内容生产与社交的结合，将社会关系与内容生产两者相互融合；二是社会化媒体平台上的主角是用户，而不是网站的运营者。①

在移动互联网技术的发展支持下，社交媒体平台的发展愈加迅猛，尤其是新浪微博和微信的出现，它们利用用户建构的人际网络将社交传播推向高潮。如今社交媒体平台已嵌入到人们生活的方方面面。微博是当下国内头部公共信息发布平台，对舆情发展及走向起到重要作用，其信息传播速度与范围也是其他媒体平台所无法比拟的，因此诸多环境类机构、协会和个人都创建有微博账号，实时发布环境类相关知识、新闻报道和活动信息等。相比之下，微信更趋向于服务型平台模式，通过添加好友、扫一扫等通信类服务，满足用户的社交需求，增强用户黏性。此外，微信这一具有即时通信功能的社交媒体最易发展成一种虚拟社群，主要表现方式有两种——微信群和微信公众号。以环境为主题的微信公众号可以通过提供优质信息服务吸引用户关注，利用极强的用户黏性定期发布环境类信息和新闻报道以及活动信息，增强用户的忠诚度，同时可以通过发布二维码等途径建立微信活动群，在群内进行话题讨论与互动，不断增强群体成员的参与感，通过这一新型社会关系网络，可以更精准、更高效地面向目标用户进行生态环境传播。

案例 12.4　南京环境保护产业协会微信公众号

南京环境保护产业协会微信公众号由南京环境保护产业协会主持，是协

---

① 彭兰. 社会化媒体、移动终端、大数据：影响新闻生产的新技术因素[J]. 新闻界，2012(16)：3-8.

会对外宣传、传递南京环境保护产业资讯的平台。公众号主要面向产业协会成员和关注相关资讯的个人,定期发布南京市环境保护产业的最新信息、协会成员的最新动态、协会内部活动通知以及对政府相关环境政策法规的解读等推文内容,如2023年3月24日发布的推文《关于组织参观2023年第21届中国国际环保展览会的通知》①、2023年3月22日发布的《我省出台支持生态环境高水平保护助推经济高质量发展的14条措施》②。这类主要由协会成员发展起来的虚拟社群,群体的归属感和群体意识极强,是以强关系维系起来的,除非这一组织解散,否则不会轻易走向消亡。

12.2.3　短视频平台

移动互联网技术的快速更迭,带动了移动新媒介的不断诞生。短视频——以新媒体为传播渠道,持续时间不足5分钟的视频产品——在近两年呈现出火山喷发式的快速兴起态势。短视频行业起步于2011年,以快手的创立为主要标志。此后十年发展期,短视频行业经历了从"从无到有"的增量市场,到如今"从多到优"的存量市场的转变。2023年3月2日,中国互联网络信息中心(CNNIC)发布了第51次《中国互联网络发展状况统计报告》。报告显示,从2018年到2022年,短视频用户规模从6.48亿人增长至10.12亿人。③

相较于微博、微信等社交平台,短视频的视觉力量在唤起情感方面更直接、快速。与长视频相比,短视频生产门槛低,更容易吸引多元生产者,也更适合多样化的场景,尤其是伴随式、碎片化场景。在用户连接方面,短视频平台更加适用于不太擅长文字表达的网络用户,为更多网民提供了展现自我、表达自我的舞台。短视频应用平台带来了移动互联网市场的下沉,让不同阶层、不同群体的用户,都可以拥有属于自己的表达空间和表达方式,也更容易接触到不同环境下的知识传播,这也是短视频更容易成为最常态化的视频消费方式的重要原因。如B站著名科普UP主"无穷小亮的科普日常"发布的科普

---

① 南京环境保护产业协会.关于组织参观2023年第21届中国国际环保展览会的通知[EB/OL].(2023-03-24)[2023-04-03]. https://mp. weixin. qq. com/s/Gbwdvga1PjqaRRXCl7g.

② 南京环境保护产业协会.我省出台支持生态环境高水平保护助推经济高质量发展的14条措施[EB/OL].(2023-03-22)[2023-04-03]. https://mp. weixin. qq. com/s/U2GPvqcv_4HStiV2S_L5hg.

③ 中国互联网络信息中心.第51次《中国互联网络发展状况统计报告》[R/OL].(2023-03-02)[2023-04-03]. https://www. cnnic. net. cn/n4/2023/0303/c88-10757. html.

视频观看数量可以多达几百万次,如其中一条视频《在海南热带雨林国家公园,遇到了这些了不得的生物》的播放量达 469.3 万次(截至 2023 年 4 月 3 日)。

案例 12.5　抖音绿色内容获关注

2022 年 4 月,抖音、今日头条、西瓜视频联合中国科普研究所发布了《绿色内容数据报告》。报告显示,2021 年三个平台上与环境保护、自然生态、物种保护、碳中和等相关的"绿色"内容数量超 2 700 万条,获得超 20 亿次点赞。作为头号短视频平台的抖音,绿色宣传内容更多元、宣传范围更广泛,注册用户不仅包括"生态环境部"等国家官方部门,"@初雯雯喵嗷"等优秀的科普作者,还包括"西施兔"等普通抖音用户①。

一些学术机构也开始在抖音上开设账号,普及碳中和知识。例如,"@人文清华"推出的中国工程院院士贺克斌讲解碳中和与碳达峰的视频合集,从多个角度向公众进行科普,已获得超过 570 万次观看(截至 2023 年 4 月 3 日)。抖音创作者初雯雯("@初雯雯喵嗷")是一名野生动物保护工作者,她在抖音上分享了很多野生动物的救助日常,向大家科普动物保护知识。她还因为长期致力于保护国家一级保护动物——蒙新河狸,被大家称为"河狸公主"。通过她的抖音,越来越多人了解河狸的生存状况,并加入了保护河狸的行列。这种融入生活的短视频传播方式,更容易让用户在鲜活的场景和体验中,将视频内容"一传十,十传百"。

——资料来源:佚名.抖音发布绿色内容数据报告:环保、碳中和等话题受关注,获赞超 20 亿[EB/OL]. (2022-04-26)[2023-04-03]. https:www.takefoto. cn/news/2022/04/26/10077789. shtml.

12.2.4　环境类 APP

目前,我国环境类 APP 软件的开发和应用还十分薄弱。在开发方面,相关软件需要将环境信息与计算机程序相互结合,对技术有一定的要求。由于相关数据不足,开发进程无法保证。在应用方面,由于内容相对专业,受众领域比较狭窄,间接导致其未来盈利水平无法确定。② 目前,市面上比较普及的

---

① 牧歌. 90 后初雯雯:动物保护先锋[EB/OL]. (2021-12-09)[2023-04-03]. http://www.womenofchina. com/renwu/2021/1209/5430. html.

② 徐珩,牛雪,毛伟伟,等.关于环境类手机 APP 的应用现状与开发可行性分析[J].科技风,2020(21):85.

环境类 APP，如中国环境 APP、蔚蓝地图 APP 等主要是由国家官方部门和研究中心创建。但是，移动类 APP 由于其便携性、数据可视性以及良好的包容性，尤其随着当前国家对绿色环保的大力倡导，未来环境类 APP 也许会有更广阔的发展空间。

案例 12.6　中国环境 APP

中国环境 APP 由中国环境报社创建，秉持着有用、有益、有趣的理念，向公众及时传递环境新闻，受到了广大用户的喜爱与支持。该 APP 首页主要有头条、环境号、时政、攻坚、思想汇、法治、产经、生活＋、视频、环境经济、舆情、固废等栏目，可以看出这一应用软件主要面向政府及工作人员。例如，中国环境 APP 于 2022 年 7 月 5 日发布《江西九江打造百里长江最美岸线，借督察整改打造绿色发展高地》。在以宣传绿色环保政策为主的情况下，中国环境 APP 也发布面向公众的"随手拍"功能。该功能于 2017 年 11 月 15 日在 APP 内正式上线。"随手拍"这一功能可以帮助用户即时分享美景，也可以做到即时举报环境违法行为，此举有助于促进用户积极参与到环境监督与保护中来。中国环境 APP 自 2017 年 6 月 5 日正式上线以来，以专业权威的环境新闻、行业资讯、环境执法案例、生活新知等内容，深受广大用户和环保人士青睐，赢得了大量下载量和阅读量。

——资料来源：胡秀芳. 中国环境 APP"随手拍"上线，用户可随时随地拍摄并上传分享优美胜境反映环境问题［EB/OL］. (2017-11-16)［2023-04-03］. https://www. mee. gov. cn/ywdt/hjywnews/201711/t20171116＿426321. shtml；中国环境 APP 相关内容.

中国环境报认为，公众是环境保护与治理的根本动力。建立一个公开、完善、高效的参与制度有利于群策群力，集中群众智慧解决环境问题。当前，环境类 APP 的诞生为我们打开了聚合公众参与力量的新路径。环保 APP 的不断发展，不断为公众提供着更丰富的环境信息服务。比较有影响力的环保 APP 有蔚蓝地图 APP、微保 APP 等。

案例 12.7　蔚蓝地图 APP

蔚蓝地图 APP 是一家在北京注册的公益环境研究机构——公众环境研究中心开发。蔚蓝地图 APP 包含空气质量、空气地图、水质地图、污染源地图、绿色供应链、分享天气分享心情、环保百科等应用功能。它帮助用户掌握各地空气和天气信息,获取运动、开窗、环保新闻、监督举报、绿色供应链等生活提示,更多面向普通公众。在信息公示方面,用户在使用过程中可以实时看到所处地区的水质信息、空气质量信息等,除此之外,用户在使用 APP 的过程中,可以看到城市的环境情况以及污染企业,通过举报等手段倒逼污染企业进行整改。同时随着蔚蓝地图数据的积累,越来越多的品牌开始关注供应链的污染情况,给污染企业带来了巨大压力。如某些国际大型品牌,通过蔚蓝地图关注到当地一家主要印染企业的废水超标问题后,明确通知其如果不能实现达标,将会影响订单。随着移动手机互联网的全方位普及和公众环境治理意识和参与程度越来越高,类似蔚蓝地图 APP 的环境类 APP 将会在各大应用商城发展壮大。

　　——资料来源:蔚蓝地图官网。

12.2.5　网络社区与讨论区

　　在社会学领域,"社区"一词本意是指"共同的东西和亲密的伙伴关系"。社会网络则是经由友情关系、亲情关系或熟人关系而形成的。网络分析的视角引发了社区概念的变化,社区不再是空间上被界定的地点,而是由网络成员们自己根据归属感和集体认同来划定边界并可以朝任何方向延伸的社会网络。[①] 网络虚拟社区这一概念在 1993 年由美国学者霍华德·瑞恩高德(Howard Rheingold)首次提出,是指群体聚集在虚拟空间中,以某种共同的取向为桥梁进行讨论,他们投入了感情和经验,形成了"社会性群集"[②]。随着互联网技术和时代的发展,网络虚拟社区不再局限于地域、血缘、年龄等关系,而更多转向以趣缘、兴趣导向为主要影响因素。在"人人都可以玩转自媒体、人人都是传播体"的时代,每个人都可以通过网络发布自己的兴趣爱好和相关信息,以吸引具有相同兴趣的其他网络用户,并进一步交流和互动。网络的匿名性,互联网技术的高度发达,让每一个个体可以更坦诚地表达自己,实现聚合。

　　趣缘群体是由具有相似的兴趣爱好的人们凝结聚合成的,在一定程度上体现着人们对精神生活的追求。趣缘群体内部的交流互动,更像是对现实世

　　① 聂磊,傅翠晓,程丹. 微信朋友圈:社会网络视角下的虚拟社区[J]. 新闻记者,2013(5):71-75.
　　② RHEINGOLD H. The virtual community: homesteading on the electronic frontier[M]. Massachusetts:MIT Press,1993:53-54.

界"孤独人群"特征的一种脱离,个体在群体内部寻求的是一种新的身份认同,也与同伴共同构建了一种新的"共同体"。在这一共同体中,成员通过文本产生信息交流和意义生产,产生元文本和次级文本——评论文字。在评论区中,趣缘群体会不断强化"我们"的身份认同,与"他们"进行边界划分。在趣缘群体内部,发言机制仅以兴趣为中心导向,成员可以任意发表自己的感受、想法,而忽略人与人之间的身份等级限制。在微博、豆瓣等网络社交平台,有诸如"环保"微博超话、"♯无痕生活|可持续·极简主义♯"豆瓣小组,这些都是有强烈的生态环保意识的网友通过发帖联合起来而形成的趣缘小组。他们以共同兴趣为导向,不断发展和壮大,对个人和社会都产生了重要的影响。

案例12.8　豆瓣"♯无痕生活|可持续·极简主义♯

豆瓣"♯无痕生活|可持续·极简主义♯"小组以倡导极简可持续生活的理念,吸引了四万多名成员加入。该小组在简介中写道:"无痕生活是一种新型的环保生活方式,环保不一定要愁眉苦脸地充当苦行僧,我们也可以在爱自己的前提下爱地球!"创建者"壹个袋子"所分享的自己很喜欢的一句话"世间万物为我所用,非我所有",得到了许多组员的赞同。小组内部主要设置"旧物改造""环保打卡""疑难求助""烦恼分享""反思探讨"几个专栏,在该小组中,成员们积极分享着自己的旧物改造经验,例如成员"小阿琪"发布帖子记录下自己的旧物改造动作——为旧鞋子买防滑贴、修补自动雨伞、为旧鞋上色等。"小阿琪"通过维修旧物,增加物品寿命,进行着可持续发展的生活,在分享自己如何践行可持续发展理念的过程中,收获了众多回复与讨论,其中还有网友"管理员"补充评论自己的可持续经验——"书包的塑料调节扣也可以替换,上次我书包塑料调节扣断了,淘宝就有单卖的,回来换很方便,书包又可以多用好几年了!"

随着时代的发展,互联网用户需求日趋差异化、多元化和个性化。相应的新兴媒体自然也出现了同样的发展趋势。媒体多元化带来的信息分流也必然导致跨媒体的整合传播成为发展的一大趋势。整合传播,一般来说是指运用多种媒体手段传播同一信息内容的传播方式。如今,网络媒体发展出了其他媒体无法比拟的优势和特征,例如海量信息、时效优势、打破地域、互动性强、多媒体化等,这些都为整合传播提供了驱动因素。互联网融媒体时代,万物互联,生态保护的网络传播将有机会利用不同平台、不同手段,面向不同受众、实现不同传播目的,最终形成一个多渠道、全方位的跨界整合传播系统,产生聚合效应,实现优质资源共享,达到传播效果的最大化。

12.3　网络传播影响力的打造与实现

当今社会,随着互联网技术的发展和普及,网络传播的影响力得到巨大提升。这主要得益于依托平台价值、明星和大 V 的传播效应、网红的崛起以及线上和线下相结合的多种手段。

12.3.1　依托平台价值

技术的发展带领人们进入"平台社会"。相较于传统的新闻媒体,人们对诸如抖音、微博、B站、小红书、豆瓣、今日头条等平台的依赖性越来越大,并更倾向于从以上平台获取新闻及相关传播信息。平台的崛起也让人们发现,其中的新闻推荐、信息推送和展示都有着明显的优先次序之分。其中就涉及新媒体平台的平台权力以及算法推荐机制。平台权力是互联网公司区别于其他媒体的权力。传统新闻媒体无论多么富有威望、声名远播,但它都无法像这些媒体平台一样形成平台权力。一些学者认为平台权力主要包含 5 个方面:制定规则的权力、建立和中断联系的权力、开展大规模自动化行动的权力、信息不对等的权力、跨域操作的权力①。强大的平台权力深刻地影响着新闻媒体、言论自由和公众生活,看似平等的背后实际隐藏着一系列隐蔽的不平等——平台的内容生产受到平台规则的制约,评价奖励机制也是由平台决定,内容生产者也成了平台经济下的数字零工。

算法推荐机制也正是福柯笔下的规训机制,它把个人既视作操练对象,也视为操练工具②。看上去是用户在平台上自我选择观看和阅读内容,实际上其观看的视频内容是依据算法强制化、个性化定制。在特定的环境下,媒体平台通过算法感知到用户喜好,并对其使用行为进行"监视",从而按照用户的喜好和需求对其进行特定内容的推送和投喂,而这也造成了用户对媒体平台的强烈依赖,且极易形成信息茧房。信息茧房是指人们关注的信息领域会习惯性地被自己的兴趣所引导,从而将自己的生活桎梏于像蚕茧一般的

---

① 刘沫潇,RASMUS K N,SARAH A G. 平台权力:形塑媒体与社会[J]. 青年记者,2022(11):103-104.

② 福柯. 规训与惩罚[M]. 上海:生活・读书・新知三联书店,1999.

"茧房"中的现象①。在这样一种情况下，媒体平台的权力大小和平台价值对于网络传播影响力的实现至关重要。用户(如B站视频UP主等)可以通过研究媒体平台的传播机制和算法推荐机制打造更具传播力的新媒体作品，掌握最新传播动态，利用平台价值实现自身传播的最大化。

案例 12.9　B站生态环保视频《留住他们 中国各生态冷门珍稀物种》

　　B站是中国年轻世代高度聚集的文化社区和视频网站，以优质视频内容创作与分享为主。在B站搜索页面输入关键词"生态"，就会发现众多原创视频作品、纪录片和转载作品，随机找到高点击量视频《留住他们 中国各生态冷门珍稀物种》。截至2023年3月30日，该视频已经拥有79.6万次观看数量，6.6万次点赞，2.6万次投币，接近万次的收藏与转载。该视频发布于2021年2月17日，抓住国家倡导野生保护动物这一题材，向B站用户进行科普式宣传。评论区网友评论道："这期视频的立意真的很好，中国地大物博，过去在飞速发展经济的过程中，中国的生态环境保护确实有所顾此失彼，但是现在有龙女这样的科普视频，让更多人了解中华大地上有那么多可爱的小动物，它们的生活才会越来越好，毕竟群众的力量才是无穷的，有人关注，才会有更多保护。祝龙女视频越做越好，有饭恰。"从评论中足见，该视频掌握了受众喜好，视频内容质量高、主题紧扣关键词，得到了平台的推荐，在相关关键词搜索页面下位于推荐前列，甚至可以通过内容生产"恰饭"，这正是用户借助平台价值实现有效传播和影响力打造的重要案例。

　　——资料来源：哔哩哔哩网站.留住他们 中国各生态冷门珍稀物种[Z/OL].(2021-02-17)[2023-04-03].https://www.bilibili.com/video/av586654714/.

12.3.2　明星与大V的传播效应

　　大众传播时代，粉丝眼中"种种理想与价值的化身"的明星所产生的社会影响以及获取的社会认同不可小觑。作为"万众瞩目"的明星占有很多传播资源，尤其是近年来，在移动互联技术支持下，社交媒体发展迅猛，明星的言论行动被频繁转载与放大，明星本人成为意见领袖，具有巨大的能量和影响力。有的明星由于公众关注度较高，转发某一事件后就会有许多粉丝跟帖转

① 桑斯坦.信息乌托邦：众人如何生产知识[M].毕竞悦，译.北京：法律出版社，2008：102.

发。明星通过微博、微信等平台发表的个人观点和看法,可能会影响社会话题走向,进而形成新的社会舆论热点。

在生态环境传统公益传播的过程中,传播路径往往是单向的、自上而下的。而在新媒体环境下,公众往往可以借助社交媒体平台参与公益活动,这一情形是对以往"一对多"传播模式的改变。而明星作为某种程度上的"意见领袖",他们可以通过自己的较高知名度和影响力,号召粉丝同他们一起参与绿色环保公益事业。例如"地球一小时"全球推广大使李冰冰,通过"100天吃素"行动倡导低碳健康生活,在其明星效应的影响下,越来越多的人关注到了低碳,并积极参与其中。明星崇拜和粉丝效应如今已成为某种新常态,国家和社会应积极辩证地看待二者联系,因势利导,将其强大的传播效应转化为生态环保的正面效应。

案例 12.10 演员张新成受邀参与"联合国生物多样性保护大会论坛"

2021 年 10 月 14 日,中国青年演员张新成以"中国野生植物保护协会"公益大使的身份受邀参加"联合国生物多样性保护大会论坛"并发言,并在微博发布图文表示"作为@中国野生植物保护协会公益大使,今天非常荣幸能在♯COP15♯生态文明与生物多样性保护主流化论坛,和全球专家、科学家、科研工作者、公益机构等一起探讨生物多样性主流化的实践和远景。绿水青山,就是金山银山。我们要深怀对自然的敬畏之心,尊重自然,顺应自然,保护自然。要把保护自然,保护生物多样性付诸实践,尽自己的可能,共同守护我们的家园。共同投入到我国保护区、保护地、国家公园等相关的生物多样性保护公益活动。♯保护家园倾听大自然♯。"截至 2023 年 4 月 3 日,该微博获得点赞数 27 万次,评论转发数达 22.5 万次。该事件在微博形成多个话题,其中♯张新成联合国生物多样性保护大会论坛♯话题阅读量达到 8 635 次,讨论次数达到 1.3 万次,众多粉丝、网友在相关话题下发布微博和评论表示"今天真的很棒很厉害!榜样的力量就是你!""透过今天的论坛会学到很多!要更爱护生态与保护野生植物,绿水青山就是金山银山。"明星通过强大的影响力自然可以获得广泛的传播受众,这也是如今众多公益协会和机构邀请明星作为公益代言人的最主要原因。

——资料来源:搜狐娱乐.中国野生植物保护协会公益大使张新成发文:深怀对自然的敬畏之心.(2021-10-14)[2023-04-03]. https://www.sohu.com/a/495100444_114941.

12.3.3 打造"网红"

"网红"一词原指网络红人,即借助网络博得网民大量关注的人群。其具备社交媒体平台上的高曝光度及高传播度,满足了受众的个性化需求并激发情感共鸣,具有独特性和创新性,具备商业化运营和变现能力。

环境保护传播领域也不乏"网红",如生态文化传播网红、环境科普达人、网红环保活动等。生态文化传播网红,顾名思义,指的是致力于传播一个地区或国家的生态文化,并凭借自身的人格魅力或内容魅力走红于网络中的个体,推动某一地区或国家的生态文化得到更好的宣传并深入人心,例如李子柒、丁真、文旅干部等。环境科普达人是指具有较高的环保意识,力行环保理念,精通环保科技并向大众传播的人,例如"徐博士话环保"。网红环保活动则是指通过网络媒体和社交平台等渠道组织和推广,得到人们的喜爱与追捧并具有较高社会参与度的环保活动,例如"地球一小时"活动。网红和网红活动通常都具有强大的号召力和影响力,可以引发人们的共鸣和行动,让更多人加入生态环保行动中来,知行合一,共同构建美好的生态环境和未来。

所以,打造"网红"对创造与提升网络传播影响力具有重大意义。那么为了得到更好的传播力,我们又该如何打造"网红"呢?

首先,需要制定具体的传播策略。可以根据不同的传播目标和受众需求,选择合适的传播渠道,如微信公众号、微博、抖音、小红书等,采用不同形式(如视频、图文等)的内容吸引受众关注。其次,需要找到受众感兴趣并且关注的环保主题。选择一些具有代表性和吸引力的环保主题,如垃圾分类、低碳出行、可持续生活等,并针对不同受众制作定制化的内容。再次,在制作环保内容时,可以尝试提高其互动性和创意性,以吸引受众的注意力和提升参与度。例如,可以设计一些有趣的游戏、问答、投票等互动形式,或者通过一些有趣的创意表现方式,如动画、漫画、音乐视频等,来吸引受众关注。如有资源,可以利用合作和联合推广,通过与其他相关机构或个人进行合作,迅速扩大影响力和受众范围。最后,不论是打造网红还是网红活动,都需要制定内容的更新计划,定期推出新的环保内容,并及时回应受众的反馈和建议,以增强互动性和信任感。

案例 12.11 网红李子柒引领生态文化传播

在李子柒的视频中,"一方小院,远离喧嚣;竹门篱笆,繁花爬墙;猫狗相戏，亲朋三五"，将诗意栖居的生活美学展现得淋漓尽致。作为知名的网络红人和生态文化传播者，李子柒以介绍传统手工艺和生态农业为主要内容，以在自然环境中独特的生活方式和价值观为主要特色，成功地引领了一股生态文化传播的浪潮，为中国乃至全球的环保和文化传承作出了巨大的贡献。

首先，李子柒通过创造性的视频内容，成功地将传统手工艺和生态农业与当代人的生活相结合，吸引了广大年轻人的关注。她的视频内容以较高的质量展示了传统手工艺的制作过程和技艺，如编织、刺绣、烹饪等。同时，她还以一种自然而然的方式展现了生态农业的生产和生活方式，如在自然环境中耕种、照料和收获。这些内容不仅让人们了解到传统文化和生态农业的价值和美丽，也引起了年轻人对传统文化和环保的关注。

其次，李子柒通过个人形象和价值观的传播，成功地引领了生态文化的潮流。她在视频中展示出自然、健康和优雅的个人形象特征，同时传递出自然、简约和平衡的生活观，例如自己制作生活用品和食物。这些均符合现代人追求健康、环保和自我实现的需求。

最后，李子柒通过社交媒体，成功地将生态文化传播向了全球。她的视频内容不仅在中国引领了一股生态环保文化潮流，也在海外引起了人们对中国传统文化和生态农业的关注与认同。

12.3.4 线下延伸

网络传播影响力的进一步提升还需要借助线下活动。只有采取线上线下相联合的方式，才能获得更好的传播效果。通过线下活动进一步提升线上活动的影响力，凭借线上活动的影响力进一步助推线下活动的顺利进行，两者相互促进。线上线下联动并非简单结合，而是整个环节的衔接，需要协调线上线下两方面的资源，合理规划双方布局，让生态环保理念真正能够在现实中生根发芽，让越来越多的人多渠道、多方式、多体验地接受，并踏出环境保护的第一步。那么，如何推进线上线下联动呢？

首先要定位目标受众，制定个性化的传播策略。通过市场调研、用户画像等方式，了解目标受众的喜好、兴趣、需求等信息，制定个性化的传播策略。针对年轻人，采用社交媒体平台推广；针对家庭用户，采用线下实践活动等。其次需要整合线上线下平台资源，形成传播联动。在线上发布活动信息、邀请参与者，在线下通过开展实地活动实现更深入的传播，最终形成线上线下相互带动的传播格局。再次是创新活动形式，提升用户的参与度。通过线上视频直播和抽奖活动、线下互动游戏等方式,吸引用户参与,增强用户体验,从而更好地推进生态文化的宣传和传播。最后是根据传播效果分析,不断优化策略。通过用户数据分析、问卷调查、市场反馈等方式,了解用户对于传播活动的反应和参与度,优化和调整传播策略,提升生态环保传播的效果和影响力。

"美丽中国,我是行动者"主题系列活动便运用了线上线下联动的策略进行社会动员。一方面,其不断创新线上宣传载体和内容,如《主播说环保》节目、宣传视频、H5作品等,以适应分众化、差异化传播趋势。另一方面,全方位打造线下宣教新媒介,适时展开线下活动,例如:黄果树旅游区通过发放环保杯、海报、倡议书等行动宣扬生态保护理念;天津市红桥区泰达实验中学则以主题团课、实践服务活动、校园文化行动等形式让更多师生加入环境保护的行列,最终取得了良好成效。

案例 12.12 开学季光盘行动

2020年9月15日,"2020开学季·光盘行动"线上活动成为"光盘行动"的重要传播渠道。此次活动将线上和线下两种参与形式结合,由"@共青团中央"联合"@中国青年报"与"@微博校园"共同发起。

在线上,学生只需使用微博扫描二维码报名,带上#光盘行动#等话题发布微博,便可获取小礼物。在线下,各学校团委指导学生会或公益类社团作为活动的发起方,通过在学校宿舍、食堂门口等学生聚集区设立活动专区,张贴活动海报,宣传光盘理念,引导学生参与光盘接力。在活动落地学校期间,学生凭借参与活动的微博截图,可到活动现场免费领取微博定制礼品。

在此次活动中,打卡互动形式突破了以往公益品牌单向传播的弊端,传播者所获取的信息反馈受到重视并且效果良好,形成了一个完整的信息传播闭环,推动了生态文明理念融入人们的日常生活中。

——资料来源:张建伟."光盘打卡"激励年轻人节约粮食[EB/OL]. (2020-08-18)[2023-04-03]. https://qnzz. youth. cn/qckck/202008/t20200818_12455446. htm.

新媒体时代"内容为王,渠道是金"。内容是汇集注意力资源的关键,以优质内容为核心,向大众提供专业、有创意有诚意有深度的内容,是传播成功的支撑。高品质内容可以帮助我们拓展传播链。如何合理高效地利用新媒体来呈现优质内容,以达到良好的传播效果,也是我们必须思考的核心问题。

不同媒介的生动性和丰富性在很大程度上影响了内容的传递与扩散,选择合适、体验较好的媒介来进行内容的投放,才能达成与受众之间的有效沟通与交流,达成更理想的传播效果。因此,就打造与实现网络传播影响力而言,内容与媒介形式都是我们在传播过程中所需考量的问题。

思考题

1. 阅览有关生态保护的网络新闻报道、公益广告、纪录片电影等,体会各种体裁作品的优点。

2. 请应用和体验专门性网站、短视频平台等各类网络传播渠道,并归纳其各自的优势。

3. 如何实现环保作品网络传播影响力的提升?

4. 请借助书中技巧,尝试制作一则生态保护作品,并选择你认为合适的渠道进行传播。

第 13 章
生态素质教育名人实践

人类对于生态素质探索的时间并不长,但是与之相关的实践活动却有悠久历史。生态素质教育理论和实践需要具有突出贡献的专业人士来探索、示范和推动。我们称呼这些在生态环保领域作出突出贡献的专业人士为"生态素质教育名人"。收集、分析生态素质教育名人实践,既是对他们精彩人生、卓越工作的纪念,也是给后来者以人生启示。本章选择中国的唐锡阳、梁从诫和国外的旺加里·马塔伊作为生态素质教育名人典范,重点介绍他们的成长经历、具体的环保实践和生态理论思想。

13.1 民间环保第一人——唐锡阳

唐锡阳(1930—2022),环保作家、环保活动家,曾任《大自然》杂志主编、原国家环保总局特聘环境使者。他发起成立绿色营,参与自然保护区建设。著作有:《自然保护区探胜》(1987)、《环球绿色行》(1993/1997)、《到自然保护区去》(1999)、《从世界屋脊到三江平原》(1999)、《错错错——唐锡阳绿色沉思与百家评点》(2004)等。

13.1.1 人物历程

唐锡阳生于 1930 年,在湖南长大。20 世纪 50 年代初,唐锡阳从北京师范大学毕业,分配至《北京日报》担任编辑和记者。1980 年,唐锡阳来到北京自然博物馆工作,负责创刊《大自然》杂志,并任主编,开始演绎自己富有传奇色彩的环保征程,把自己的后半生交给了大自然。

1982 年,唐锡阳与来自美国的马霞(Marcia B. Marks)在云南的西双版纳相识相知,并组建家庭。出于对大自然的共同热爱,他们开启了长达 5 年的中国自然区考察之旅。1989 年至 1992 年,夫妇俩先后考察了苏联、德国、瑞士、法国等地 50 多个国家公园和自然保护区。他们潜心写作,历时 3 年,出版了《环球绿色行》。这部书当时被誉为"中国绿色的圣经",掀起了中国人的绿色环保浪潮。

1996 年,在社会各界支持下,唐锡阳与马霞创办了绿色营。随后的十多年里,从白马雪山到三江平原,从环境热点到自然教育,唐锡阳带领越来越多的热爱自然的大学生们参与到环保事业中,将成果与地方政府及社会共享。晚年时期,唐锡阳依旧为环保事业四处奔走,2007 年获得被称为"亚洲的诺贝尔奖"的"麦格赛赛奖"。

他先后在全国 20 多个主要城市作过 300 多场报告,在 100 多所高校作环保讲座,影响十分广泛。2022 年 11 月 3 日,唐锡阳因病去世,享年 92 岁。

13.1.2 绿色营

1996 年,唐锡阳了解到云南德钦县为了解决财政上的困难,决定砍伐原始森林。为保护原始森林和生活在其中的滇金丝猴,唐锡阳在妻子马霞以及社会各界的帮助下,筹集到相应的经费,与大学生和中央电视台及报社记者、作家、摄影家等组成队伍,启动了绿色营。这支队伍奔赴滇西北抢救原始森林、抢救金丝猴,营员们在德钦进行了为期一个月的生态、社会、经济调查研究,并将信息反馈给社会,引起强烈反响,并通过多方面努力促使当地林业转产,挽救了 200 只滇金丝猴。此举受到美国《新闻周刊》这样的评价:"绿色营和中国一些民间环保团体的环保活动标志着中国民众绿色意识的觉醒,并在对政府的决策产生积极的影响。"①

第一届绿色营的成功实践证明了这是大学生参与环保的可行模式。之后,绿色营每年都举办,每届关注一个环境焦点问题,选择一个有典型意义的地方,以培养和发展自然保护青年为己任,促成"人与自然和谐相处,人与自然喜悦共生"的实现。在前十期,除了特殊原因缺席了二、三期外,唐锡阳以古稀之年的高龄,和年轻人共同奔赴各个环境问题的焦点地区。他以一位老者的阅历和智慧影响着年轻人,同时他也从年轻人身上获得新的希望和力量。

2007 年夏天,绿色营奔赴吉林长白山,开展第一期自然讲解员训练营。

---

① 抒童.环保活动家唐锡阳与大学生绿色营[J].环境教育,2005(2):56-57.

绿色营开始自然教育领域的探索,开展自然体验活动,训练自然讲解员。之后,绿色营继续探索自然教育的发展道路,建立了自然观察体验营,北京、天津、上海、广州、厦门、昆明等定点观察试点城市开展了丰富多彩的自然体验推广活动,引起了社会的广泛关注。2008 年至 2014 年的六年里,除最初建立的定点小组逐渐发展成熟以外,长沙、哈尔滨、西安、兰州等地的自然教育也顺利得到推广。

2016 年,唐锡阳在绿色营成立 20 周年的聚会上总结了绿色营的运作经验并展望未来。① 他总结道:二十年的道路是绿色营的成长壮大过程;第一个十年主要深入环保焦点,既调查研究,也锤炼自己;第二个十年以自然为基地,教学与实践相结合,言传身教,改变人生,影响社会。特别是在徐仁修和李振基老师的主导下,绿色营培养出许多自然解说员,现在已成为中国自然教育的中坚力量,有的甚至自立机构,多方面发展自然教育。未来的十年将百花齐放,多种形式同时开展,许多机构结合,借助社会力量,在全社会撒播绿色种子,广育绿色人才。

绿色营告别"松散"的方式,正式注册成为职业化的社会组织。时至今日,绿色营依然焕发着顽强的生机,把环保绿色理念传递给一代又一代人。绿色营已不再每年只举办一次,而是在全国各地有不同的小组,每个小组会开展不同的活动供营员们参与。"济溪论坛"是早期全国各地绿色营招募和发布信息的主要平台。如果想深入了解绿色营,可以浏览"济溪论坛"和"绿色营公众号"。

13.1.3　全国巡回演讲

2005 年 3 月 11 日至 12 月 7 日,唐锡阳用 8 个多月的时间开展了一次全国巡回演讲,在广州、长沙、香港、南宁、重庆、西安、兰州等 17 个城市演讲了130 场。② 为了错开学生放假、考试时间,唐锡阳将演讲日程安排得非常集中,有时一天两讲并且一直坚持站着讲课,一站就是两个多小时,而且精神饱满,激情四溢。由于没有秘书、组织机构,沟通联系衔接、应酬社会活动、接受报刊和记者采访、安排衣食住行等都是靠他自己应对。此时,唐锡阳已是75 岁高龄,但他仍然坚持演讲。全国巡回演讲在各个高校产生强烈反响,许

---

① 唐锡阳.播撒绿色种子:纪念大学生绿色营二十周年[J].人与生物圈,2016(4):6-9.
② 陈金陵.唐锡阳:走在寻找"绿色"的路上[N].中国环境报,2008-07-16(8).

多大学生听了他的报告后，又购买他的书认真阅读，由此推动了社会各界、青年学生的环境保护意识成长。

唐锡阳的每次讲座都会引起非常强烈的反响。在讲座中，唐锡阳会选择相适应的主题进行演讲。在水利学院，他一定要讲三门峡水库和怒江建坝。在旅游学院，他一定要讲黄山的塑料树和张家界的悬崖电梯。在昆明，他一定要讲滇池的历史和现状。在成都，他一定要讲都江堰和杨柳湖水库。在武汉、重庆，他一定要讲长江及护卫长江的森林和湿地。每次讲座中，学生们都会提出许多问题，唐锡阳会请大家写纸条。他手里已经积累了上千张纸条。这是一笔巨大的精神资源，既是大学生对于环保问题的思考和困惑，也是他对环保问题的回答与后续研究重点。面对大学生的诚挚提问，唐锡阳总是给予真心、尽量多的回应。他演讲的内容不只是数据、见闻、知识，在他的话语中，有行走的绿色感悟，有人生阅历的艰辛，有奉献环保的一片赤诚，更有20多年来的科研成果。

13.1.4　自然保护区事业

为了普及自然保护区的知识并吸引广大群众参与自然保护，他曾多次到各地的自然保护区从事相关的实地考察与调研，精心收集第一手资料。他积极传播自然保护区工作的经验，让大众了解自然保护区的情况，热爱自然保护事业，共同建设美好的生活。

唐锡阳说："我认为，最根本、最重要、最基本的还是要靠文化，靠绿色文化，即以生态观点观察世界的新兴文化。文化这东西看不见，摸不着，但无处不在，无时不在，人人可学，人人可创。绿色文化的传播，就是催化中国人民绿色觉醒的过程。"[①]他反对的是破坏自然、自戕的文明，提倡的是物我同舟、天人共泰的生态文明。倡导生态文明的关键是要尊重历史、尊重自然、尊重现实，摆正人在自然中的位置。

（1）考察卧龙自然保护区

唐锡阳曾在1981年来到四川卧龙自然保护区，深入考察大熊猫保护区建设情况，希望以保护大熊猫为突破口，打开一个保护珍稀动物的新局面。在他来到大熊猫研究中心之前就明确地带着几个问题：保护大熊猫我们已经做了些什么？要确保大熊猫繁衍下去，需要从哪些方面突破？

---

① 唐锡阳.播撒绿色种子：纪念大学生绿色营二十周年[J].人与生物圈，2016(4)：6-9.

唐锡阳在与研究中心的接触、参加学术讨论以及和有关人员交换意见后得出了结论。当时由于人为破坏、自然灾害以及天敌的威胁,大熊猫数量据估计只有一千只左右,即使不杀不猎,大熊猫也可能走上趋于灭绝的道路。然而保护大熊猫并非束手无策,平均每一只大熊猫都有一个专人在照看它、保护它和研究它。而对于大熊猫繁衍需要突破的方面,唐锡阳认为是巨大的组织力量和科学力量。与大熊猫呈现衰退的趋势做斗争,我们才刚刚开始,还只是采取了一些战术和战役的行动,要真正解决战略性的问题,还需要动员巨大的组织力量和科学力量。

考察卧龙自然保护区时,唐锡阳与大熊猫专家胡锦矗、作家刘先平一同从成都出发,在五一棚的观察站进行访问。雌性大熊猫"珍珍"是最早被捕获并戴上无线电项圈进行观测的野生大熊猫之一,也是对当时科研贡献最大的熊猫。他们此行探访了"珍珍"的家,但当时由于天气差及设备技术有限,他们并没有遇到大熊猫。唐锡阳在他的书中多次记录了在卧龙保护区的探访,向社会各界介绍了大熊猫保护现状以及大熊猫的生存状况,其发表在《大自然》杂志中的《珍珍,你好——访五一棚大熊猫观察站》一文受到了社会各界好评。

(2) 做客武夷山自然保护区

唐锡阳强调,自然保护区建设的灵魂是科学。武夷山的科学活动十分活跃。由于武夷山资源丰富、森林繁茂、人为干扰较少,保留着高森林覆盖率,因此被称为生物世界之窗。当时,由来自英国、法国以及德国等地的生物学家首先在武夷山进行科研活动,在这之后,政府在武夷山建立自然保护区和工作站,行使自身的权力,保护珍贵的自然遗产。在蛇伤防治研究所做客时,唐锡阳深受研究所集体的感染。这个研究所全体人员都工作在第一线,当地群众也支持着研究所的工作,帮助他们更上一层楼。由此,唐锡阳认为,开展科学活动必须调动四方面的积极性。

一是调动领导层面的积极性。自然保护区搞起科研,并取得初步成果,领导就不感到这是一个只花钱、少收益、多麻烦的地方,而是一个能够出成果、出人才、直接有益建设的基地。福建省委认识到这个问题,所以他们的工作越抓越细,越抓越具体。主管这项工作的同志说了一句意味深长的话:"保护区离开了科学,就很难叫保护区。"

二是调动科学工作者的积极性。科学工作者本来就是自然保护区的热心人,如果领导重视科学,他们就更是急不可待。武夷山自然保护区还举行过一次华东地区和京沪等地的少年生物夏令营。当这些大自然的研究者和爱好者云集武夷山的时候,保护区管理局所在地三港就成了科学的"庙会"。

三是调动管理人员的积极性。国内许多保护区在初创之际都面临这样的问题:管理人员常年生活在深山野林里,他们的生活设施、文化娱乐、夫妇团聚、孩子上学等问题一时难以解决,很影响工作情绪。武夷山同样存在这类问题,但他们一心扑在保护区的建设上,置个人的一时困难于不顾。随着保护区的建设和科学事业的发展,这些个人问题也在逐步得到解决。

四是调动当地群众的积极性。地处保护区境内的桐木生产大队,从保护自然资源和生态环境角度出发,把以砍伐为主的生产方针改变为以加强茶园的科学管理为主的生产方针,发挥当地的自然优势,逐步走上保护与生产相结合的道路。

(3)探访海南岛邦溪、大田自然保护区

唐锡阳在来到海南岛探访坡鹿时了解到邦溪和大田两个坡鹿保护区保护效果有着显著差异。这两个保护区中,邦溪比大田自然条件好,坡鹿数量也多,但由于对自然保护的态度不同和管理的好坏不同,邦溪的坡鹿越来越少,最后一头也没剩了,而大田的坡鹿却由二十多头发展到七八十头。海南坡鹿是我国特有的一个亚种,是鹿科中一种典型的热带动物,仅分布在海南岛,数量稀少,想方设法保留这一濒危物种,对开展科学研究和发展经济、文化、教育、医药等事业,都有重大的意义。

来到邦溪自然保护区,唐锡阳总结了保护区坡鹿覆灭的两方面原因:一是坡鹿栖息地被鲸吞,再是坡鹿遭到骇人听闻的猎杀。探访大田保护区时,唐锡阳发现该保护区也遇到了难题:一方面,保护站的工作方式存在问题,当地农村存在无政府主义;另一方面,领导班子尚未落实,人心不定、组织涣散。

为了挽救坡鹿岌岌可危的命运,根据在两个保护区所见,他提出以下几个要重点关注的问题:①严肃处理猎杀坡鹿的案件;②牧场的建设绝对不能挤占保护区;③邦溪保护区已名存实亡,可以考虑撤销,集中力量办好大田保护区;④大田保护区应该切实整顿,物色热心而又有相关经验的领导,同时要争取科研单位的指导与合作,争取当地党委和群众的支持;⑤要加强宣传和严格相关法律法规,在保护区内禁止开荒、盖房、打柴和狩猎。

(4)调查湖南张家界和索溪峪、天子山自然保护区

张家界原来不过是个小小的林场,画家吴冠中的《养在深闺人未识》一文使画家、摄影家、生物学家、地质学家等接踵而至。报纸、杂志、电视、电影让

张家界名声大噪,中外游客如织。在早期,唐锡阳也积极参与保护区的建设。他认真调查张家界和索溪峪、天子山自然保护区后,立即给湖南省省长写信,提出自然保护区建设的三点建议。

一是建立特区。他建议打破原来分散的行政区划,成立统一的自然保护区,实行统一领导,统一规划,统一建设,统一管理。自然保护区的领导核心是党政干部、科学家和群众中的自然保护积极分子。

二是尊重科学。唐锡阳深感保护区建设好坏的关键是按不按科学办事。新建的特区要走科学的道路,要采取多种形式倾听科学家的意见,请科学家当军师,说话要算数。省政府最好先组织科研单位和有关院校对这个地区进行一次地学、植物学、动物学、风景学、环境学等多学科的综合考察,摸清家底,然后确定保护和开发的方针。不论是设计总体规划和区域规划,还是建设一些重大设施,都必须经过各方面科学家的论证。

三是自然保护第一,旅游第二。从许多地方的情况来看,自然保护和旅游总是矛盾的。唐锡阳认为处理这个矛盾的基本原则应该是保护第一,旅游第二。但实际工作部门很容易颠倒过来。这样既不利于保护,也不利于旅游。有人对庐山的建设提出批评就是一个例子。所以我们要把握住这个原则,帮助更多的同志认识到当前正处于科学技术飞跃的时代,人们未来的生活将越来越向往大自然,应该看得远一些,深一些,步子迈得大一些(这意思不是要多花钱)。像这些保持了原始风貌的自然保护区,既是远古人类赖以栖息的摇篮,也是未来人类追求美好生活的一种模式。

对唐锡阳来说,最美好的地方在形形色色的自然保护区内。我国面积辽阔,自然条件复杂,生物种类丰富,群落类型繁多,为各种自然保护区提供了得天独厚的条件。自然保护区的建设,是一项伟大的事业。

(5)自然保护事业的总体原则

对于如何促进自然保护事业的发展,唐锡阳提出四个需要正确认识和处理的问题。

第一,保护的基本点是防止人的干扰。自然的干扰虽然存在,但不是主要的,如天灾、天敌、病虫害、种群之间的竞争,或者某些物种自身已处于衰落的趋势等,也会造成一些珍贵物种的濒危,面对这种干扰,可以在科学研究和力所能及的情况下做些工作;但从我国的现状看,最基本的还是防止人的干扰。

第二,保护区必须树立保护第一的思想。严格说来,保护区和其他地区在性质上是不一样的。从某种意义上说,保护区是我们留给子孙后代为数不多(面积只是 2%)的一笔财富;当然,保护区也是我们自己的财富,但这个财富的意义,首先是生态效益,其次是社会效益,最后才是经济效益。所以保护区必须强调保护第一。特别是核心区,应当做到一草一木都不许动,尽可能维持它的原始状态。

第三,科学是建设自然保护区的灵魂。自然保护事业是科学的事业。离了科学,就不知道保护什么,为什么保护,怎样保护。从他所调查的自然保护区的情况来看,这是个关键问题。凡是由科研单位管理,或有科学家参加,或本身科技力量较强的自然保护区,就办得比较好;反之,不重视科学,甚至歧视、排斥科学的,就不像个保护区,甚至打着自然保护的旗号干着破坏自然的"蠢事"①。所以,要在领导和群众中,大力宣传自然保护的科学知识,提倡尊重科学、尊重科学家的风气。在保护第一的前提下,保护区对科学工作者应该采取"开放"政策。科学工作者也应当善于依靠领导和团结群众,同时在自然保护的实践中,不断更新自己的知识,并努力把知识传递给领导和群众。

第四,科学家、领导者和群众的通力合作是办好自然保护事业的基础。科学家提供科学依据和技术支持,积累和创造知识,而且比较熟悉自然和社会发展的客观进程,因此他们是自然保护的热心人。领导者能够运用政治和政策的手段,动员各方面的力量,把自然保护的设想变为现实。当地群众与这个事业息息相关,许多保护措施必须通过他们的实践才能得以落实,他们的支持或反对往往是事情成败的关键。所以,这三方面的力量是缺一不可的,而且必须互相协调、互相动员、互相学习,才有可能使自然保护事业生气勃勃,蒸蒸日上。

唐锡阳一生都贯彻着他所理解的"绿色文化"理念,即按照大自然的规律,了解自然、保护自然。他很好地诠释了"物我同舟,天人共泰"这八个字的意义,为环保事业奉献了自己的一生。

13.2 "自然之子"——梁从诫

梁从诫(1932—2010),出生于北平,是梁启超之孙,梁思成与林徽因之子。曾任全国政协委员、全国政协常委,全国政协人口资源环境委员会委员,

---

① 唐锡阳. 自然保护区探胜[M]. 北京:新世界出版社,1990:289

民间环保组织"自然之友"(前身为中国文化书院·绿色文化分院)创办人、会长。1954年,毕业于北京大学历史系,后赴云南大学历史系任教。1978年,他回到北京,在中国大百科全书出版社任编辑,创办《百科知识》及《知识分子》杂志。在此期间,有两次国外的百科全书访华团拜访邓小平,梁从诚全程担任邓小平的翻译。1989年开始历任四届全国政协委员,一届政协常委;1993年开始直至晚年都投身于民间环境保护运动,创立并领导环境保护组织"自然之友",后被世人誉为"中国民间环保第一人"。① 1999年,获中国环境新闻工作者协会和香港地球之友颁发的"地球奖",以及国家林业局颁发的"大熊猫奖"。梁从诚著有《林徽因文集》《薪火四代》《为无告的大自然》。

13.2.1 "自然之友"源流

1993年6月5日,梁从诚、杨东平、梁晓燕、王力雄等人在北京西郊"玲珑古塔"下举办了第一次民间自发的环境讨论会——玲珑园会议。这次会议形成了成立民建环保组织的构思。② 1994年3月31日,梁从诚在北京创建了中国第一个群众性、会员制的非政府环保组织——中华文化书院·绿色文化分院,并在民政部注册为"自然之友"。"自然之友"以"保护自然、善待自然"为宗旨,以开展公众环保教育为己任,以与政府的良好合作为基础,借力推进中国的环保事业。梁从诚就是这个组织的灵魂性领袖人物。在成立会上,他表达了以下观点:中国公民必须尽快肩负起保护环境的重任,树立爱护大自然的新理念,履行抵制、监督、举报环境破坏者的社会职责,中国绝不能再走发达国家走过的以牺牲环境求发展的弯路。

"自然之友"经过20多年的发展,全国会员群体累计超过20 000人,志愿者数量累计超过30 000人,月度捐赠人超过4 000人。"自然之友"通过环境教育、家庭节能、生态社区、法律维权以及政策倡导等方式,重建人与自然的联结,守护珍贵的生态环境,推动越来越多绿色公民的出现与成长。每一个"自然之友"会员都相信:真心实意,身体力行,必能带来环境的改善。"自然之友"在北京拥有三个工作实体,在全国分布着22个会员小组,并依托具体业务推动建立了多个跨机构的行动平台。"自然之友"孵化、催生了北京绿家园、地球村等著名民间环保组织,其他民间环保组织更是数以万计,成为环保

---

① 自然之友.梁从诚环境文集[M].北京:中国环境出版社,2012.
② 吴志菲.梁从诚:"低碳生活"先驱者[J].财经界,2011(7):74-79.

大潮中不可或缺的生力军。①

梁从诫非常重视环保教育。他曾经说过,在宁夏西海固出差,看见一对姐弟提着破铁桶,用小耙子四处挖野菜。挖野菜对原本就脆弱的地表造成伤害,但是对于在贫困地区、缺水地区的人来说,那是他们的生存方式。他意识到,环境问题是多方面因素促成的,需要一个长期发挥作用的方式来改变,其中环境教育就是一个重要的突破口:要通过环境教育,促进公众的行动,最终改善环境。②

"自然之友"就是梁从诫实现环保教育的一个重要的手段。它支持政府、社会组织和个人一切有利于环境保护的政策、措施和行为,反对一切与此相反的事情。他通过各种方式,如出版物、课外活动、夏(冬)令营、教师培训、展览会、讲演会等,推动环保教育走进学校、社区、企业,乃至政府机构,在全社会特别是青少年中普及环境知识,使之努力成为"从我做起、保护环境"的好公民。梁从诫还有全国政协委员的身份,每年都会提出重要的环保提案,还曾作《大声疾呼,加强环保》的大会环保主题发言,还通过国内外报刊、电台、电视台,发表了有关环境问题的文章和观点。③

梁从诫的环保行为,在国内外得到一致认可:地球奖、大熊猫奖、国家环保总局环境使者、北京奥组委环境顾问、《南方人物周刊》影响中国公共知识分子 50 人、"2005 绿色中国年度人物"、母亲河奖、2010 年《中国新闻周刊》十年影响力人物、亚洲环境奖、菲律宾雷蒙·麦格赛赛"公众服务奖"④……

13.2.2 保护藏羚羊

梁从诫通过"自然之友"参与了不少重大的环保行动,如保护川西洪雅天然林,保护滇西北德钦县原始森林及滇金丝猴,开展藏羚羊保护工作与可可西里地区反盗猎行动,建议首钢迁出北京,叫停重建圆明园遗址,参与项目环评公示、环保公益诉讼。这里重点叙述他在藏羚羊保护中的成绩。

藏羚羊是生活在青藏高原可可西里地区的珍稀动物,也是我国的特有物种。由于用藏羚羊底绒做的披肩"沙图什"在国际市场价格不菲,盗猎分子为了贩卖羊绒,经常开车射杀藏羚羊。藏羚羊数量从原来的几十万只缩减到

---

①④　赵永新. 追念自然之子梁从诫[J]. 环境教育,2010(11):28-31.

②　吴志菲. 梁从诫:"低碳生活"先驱者[J]. 财经界,2011(7):74-79.

③　梁从诫. 与自然为友:一种现代公民意识[J]. 大自然,1995(6):2-3.

20世纪90年代中期的几万只。当地"野牦牛队"为保护藏羚羊和犯罪分子进行长期斗争。为帮助"野牦牛队"在可可西里建立"索南达杰自然保护站",梁从诫用"化缘"般的方式到处筹款。在"自然之友"和国际爱护动物基金的共同努力下,1998年末,他们为困顿不堪的"野牦牛队"筹集经费数十万元。梁从诫还邀请扎巴多杰来京向社会各界介绍他们反盗猎的情况,引起强烈反响。①

了解到英国是藏羚绒制品的主要经销国,1998年10月上旬的一天,梁从诫趁英国首相布莱尔访华前夕与英国驻华大使高德年见面时谈起了藏羚羊的保护和藏羚绒在英国的非法贸易问题。深表同情的高德年大使当即建议,"自然之友"应利用英首相访华机会给他写一封公开信,请求他设法制止英国的藏羚绒非法贸易,以支持中国反盗猎藏羚羊的斗争。受到大使的启发,梁从诫以"自然之友"会长身份写了一封公开信,附以一组以"藏羚绒贸易真相"为题的反映藏羚羊被大批猎杀的照片,委托大使转交。信中强调:"'自然之友'正在开展一场救护这种珍贵而稀有的动物的运动。我们正在敦促并支持政府加强对藏羚羊的保护和对盗猎活动的打击。与此同时,我们也呼请全世界珍爱野生动物,关注环境的人们来共同制止藏羚羊及其制品的贸易。我真诚地希望,在这场根除藏羚绒贸易的国际努力中,英国能够站在前列。"②这年10月7日,梁从诫在应邀与布莱尔首相会见时,又当面和他谈了这个问题。布莱尔首相说他已经看到了信,并询问藏羚羊现存数量和被盗猎情况,表示了关心,当天便给梁从诫写了回信,并表示英国将加强这方面的管理。

1999年2月,梁从诫上书国家有关部门,呼吁建立青海、西藏、新疆省区保护藏羚羊联防制度。之后不久,国家林业局组织开展了声势浩大的"可可西里一号行动",极大震慑了盗猎分子。同年5月,67岁的梁从诫和一些媒体记者前往海拔近4 000米、空气稀薄的可可西里,亲手在昆仑山口点燃火把,把收缴的藏羚羊皮付之一炬。返程途中遭遇车祸,梁从诫右肩脱臼、胸部挫伤,险些丧命。但在后来接受采访时,他对此只字未提。后来,他在一篇笔记中写道:"环保行动不是轻柔的田园诗,风险总是有的。为民间绿色活动付点

---

① ② 吴志菲.中国民间环保先驱梁从诫[J].决策与信息,2011(1):50-55.

代价,我们无怨无悔。"①②

梁从诫追忆"自然之友"往事时说:"社会组织在中国解决问题不是沙龙式的,是有危险的。在中国做环保,在某种场合不是田园诗,有时候是生死搏斗。"③曾随梁从诫赴可可西里采访的铁铮由衷感慨:"我清晰地感到,在他血管里流淌的都是对自然的爱,这是一种刻骨铭心的爱。"

13.2.3　绿色生活方式

绿色生活方式是在绿色发展理念指导下,个人在日常生活消费中所涉及的物质、精神消费活动及行为,不仅能满足保证人体身心健康生理上的基本需求,而且还要兼顾生态资源环境保护,从而达到个人、社会与经济的持续健康发展目的的一种生活消费方式。②践行绿色生活方式是遏制我国生态环境继续恶化的动能基础,是实现生态环境文明工程的基础,能推动公民个人的身、心、灵全面提升与健康发展。

"不唱绿色高调,不做绿色救世主",是梁从诫为"自然之友"确定的不二法则。"真心实意,身体力行",是他对"自然之友"提出的要求。在"自然之友",绝少有"公款吃喝",工作人员偶尔聚餐,都实行 AA 制,每人标准 5～10 元。以"自然之友"的名义请客吃饭的次数屈指可数。有幸成为客人的,是来自英国的国际环保知名人士珍妮·古道尔博士和可可西里的"野牦牛队"队长扎巴多杰。"自然之友"所有专职工作人员的名片,都是用废纸印的。非打印不可的资料,都打在废纸张的背面。"自然之友"办公室的打印机、文件柜、保险柜等办公用品都是别人淘汰下来的。在"自然之友"的影响下,周围几家比较大的餐馆也已经用可以循环使用的筷子代替了一次性筷子。到过"自然之友"的人都知道,那里的工作人员待客只倒半杯水,"免得浪费"。即便是梁从诫的生日,工作人员亲手制作的贺卡,也仅是一张小小的签满名字的绿色纸片。④

梁从诫提倡建设"绿色文明",倡导绿色生活方式,主张适度消费,珍惜自

---

① 吴志菲. 梁从诫:"低碳生活"先驱者[J]. 财经界,2011(7):74-79.

② 王星辰. 当代消费生活方式引发环境问题的哲学研究与对策探讨[J]. 商场现代化,2016(13):3-5.生活消费是与人们的生活密切相关的消费内容,如物质资料的消费、精神资料的消费,为满足生存所需要的是物质方面的消费,也就是生活消费。人们消费水平的提高、生活消费模式的变化,直接关系到生产和经济的发展。

③ 赵凌,常楠溪. 梁从诫的十年和"自然之友"的十年[N]. 南方周末,2004-06-10(4).

④ 赵永新. 追念自然之子梁从诫[J]. 环境教育,2010(11):28-31.

然，节约资源，反对无限制追求物质享受，掠夺自然，暴殄天物。梁从诫从自身推及他人，带动更多的人加入环保事业中。他认为，环保教育是改变民众对环境的认知，改变他们生活方式的一个重要手段。梁从诫在对当时中国各地的考察中发现，各地上到高层官员，下到普通百姓，都呈现出不同程度的高消费、高物欲的生活观念与习惯，而对浪费与破坏环境的行为视而不见。一位全国政协委员为推动经济发展、扩大内需，曾批评勤俭观念。一位高官随手扔矿泉水瓶。日常生活中，百姓在餐桌上铺张浪费、透支信用卡等现象屡见不鲜。不节制的生活消费习惯只会使环境持续地恶化，直至人类无处可去。①

梁从诫在 2000 年判定，中国已经进入了消费型社会。无论是政府、企业，还是普通民众，都在不断地扩大需求、提高消费，甚至将此作为重要的奋斗目标。追求发达国家国民的生活方式，如追求名牌车表、潮流服饰等，这对于有近 14 亿人口、人均资源相对贫乏的中国来说，将消耗大量的能源、资源，带来大量的温室气体与垃圾，最终会断送中国的可持续发展道路。中国首先要清醒地选择自己的发展模式与目标，积极引导社会发展观念与公众心态，形成一个可持续的社会发展模式，而不是跟着西方企业界的全球化战略走扭曲的、不可持续的发展之路。②

在经济发展与环境保护之间，梁从诫一直秉持着优先保护生态环境，在生态环境可持续的前提下发展经济的理念。在西部大开发与水资源座谈会上，梁从诫总结了过往西部开发的历史经验教训：西部开发必须以水为度，以生态的支持能力为度；一套严格的、全面的审批指标体系，以水为度，项目一旦超标则整改、关停、拒批等；生态素质教育应深入西部广大干部与群众，保护环境不只是政府的事，大家都应参与其中。③

在社会发展与环境保护之间，梁从诫深刻地认识到环境保护是事关整个社会、事关每个人的事情。每一个环境问题，它涉及的面可能都很广。在20 世纪 90 年代，之所以不能关停奉节县某污染工厂，是因为关停它可能会让全县 1/5 人失去生活收入来源，造成大量的失业和一系列连锁社会问题。在2002 年，之所以不能关停污染草原的内蒙古某造纸厂，是因为该工厂与地方政府有直接的利益关系。在宁夏出差，梁从诫没有制止两个小孩四处挖野菜，让原本就脆弱的地表更加脆弱，因为他意识到不能为了保护环境而剥夺

---

① ② ③　自然之友. 梁从诫环境文集[M]. 中国环境出版社，2012：15-17，17，37-39.

他人的生存权利。这是一个夹在人们生计与环境保护之间的重要问题。①

虽然环保事业发展困难重重,也可能根本实现不了理想中的绿色地球,但是梁从诚曾在回复女儿的家书中写道:"搞环保是一场打不赢的仗。但我并不因此认为这是一场不值得打的仗。有些仗,虽然注定要失败,但其过程本身有内在价值。所以其结果如何相对来说不那么重要。但到底其价值何在? 就在于这种奋斗使我们这唯一一次生命有意义。每个人毕竟要过自己认为值得过的生活。生活过程本身不会因为最终目标达不到而贬值。苏格拉底说:如果不认真思考,人的生命就没有意义。这是我的座右铭。"②

在日常生活中,梁从诚一直坚持着自己的环保信念,将环保理念融入血液当中。当他看见别人的不环保行为,整个人就会变得坐立难安,有向前干扰的冲动。一次在车厢上,梁从诚看见两名妇女随地吐瓜子壳而坐立不安,旁人帮忙劝阻停止后,他才安心。对于国人越来越崇尚消费主义、铺张浪费的生活方式,梁从诚则感到有心无力,但也尽心宣传绿色生活方式。

梁从诚不仅宣传绿色生活方式,还践行绿色生活方式。"管别人,先要管好自己。"梁从诚以身作则,用点滴行动诠释着什么是言行一致。每次外出吃饭,即便是赶赴香槟酒晚宴,他都随身携带专门为带筷子而配套使用的"筷子袋"。他拒绝使用纸巾,只用他发黄的白手帕。他将生活中的废水(洗菜水、洗衣水等)收集起来再次利用,用于冲厕所等,实现了节约用水。他住的房子,几十年没有装修。出门办事,他能骑自行车就骑自行车。即使参加国际性会议,他也很少重新购买华丽的衣服,只要衣服得体即可,以减少消费带来的资源浪费。这样的小事还有很多很多,梁从诚对环保事业一直都是"真心实意、身体力行"。③

梁从诚的日常生活简单朴素。据曾在"自然之友"工作过的志愿者谢梅回忆,有一年梁从诚请"自然之友"同事去他家过春节,那是她第一次去梁家吃饭;原本想着去大吃一顿的,结果进门一看,梁从诚亲自下厨,做的炒面,还有几样凉菜;大家围坐说笑,过了一个年;整个晚上,梁家的电视一直没有开。"那是我记事以来头一次过了一个没有看春晚的除夕之夜,特别新鲜,感觉特别好。我头一次知道,没有电视,可以过得这么好。"谢梅说,"现在我已经养成少看电视的习惯了。没有电视,生活中并不会有缺憾,倒是少了一份喧嚣

①② 自然之友.梁从诚环境文集[M].中国环境出版社,2012:61-63,52.
③ 吴志菲.梁从诚:"低碳生活"先驱者[J].财经界,2011(7):74-79.

和浮躁。""地球只有一个,只有改变我们的行为来适应地球,不可能让地球来适应我们。"梁从诫用他一点一滴的行动,践行着自己的环保理念:衡量一个人的环保意识高低,不在于他知道多少环境保护方面的知识,而在于他为保护环境做了点什么。①

梁从诫说:"人还是应该有一种精神,有一点追求。在这样一个时代,我们可以选择另一种生活。"②

13.3 诺贝尔和平奖得主——旺加里·马塔伊

旺加里·马塔伊③(Wangari Muta Maathai)(1940—2011),环境保护主义者,政治活动家,绿色带运动发起人,联合国环境规划署"全球十亿棵树运动"发起人,东非和中非第一位获得博士学位的女性,诺贝尔和平奖获得者。马塔伊获奖无数,她利用奖金成立了旺加里·马塔伊基金会。著有《绿色带运动》《希望之冠:我为非洲、妇女和环境奔走呼号》等畅销书。

13.3.1 人物历程

马塔伊的人生与环境保护是息息相关的。马塔伊于 1940 年出生于肯尼亚的农村地区涅里(Nyeri)。早年,她在肯尼亚当地接受教育,后前往国外求学。1964 年,她在美国堪萨斯州艾奇逊的 Mount St. Scholastica 学院获得生物学学士学位。1966 年,在美国匹兹堡大学获得理学硕士学位,随后去德国留学。1971 年,在内罗毕大学获得博士学位,随后在该校教授兽医解剖学。马塔伊分别于 1976 年和 1977 年成为兽医解剖学系主任和副教授。马塔伊的求学经历,特别是她离开非洲到欧美求学的过程,拓宽了她的视野,使她见识了不同国家人民的生活方式、法律制度、环境保护、政民关系等,也认识到自己国家存在的发展问题和与发达国家之间的差距。这激励着她持续关注环境、妇女和发展问题,并思考如何提高自己国家人民的生活水平,乃至于提高整个非洲地区人民的生活质量。

马塔伊回国后,积极参与肯尼亚全国妇女理事会(NCWK),并担任理事会主席。1976 年,在全国妇女理事会任职期间,马塔伊介绍了以社区为基础植树的想法。她继续将这一想法发展成一个基础广泛的基层组织运动,即绿色带运动(GBM)。其主要任务是通过植树来减贫和参与环境保护。马塔伊用植树造林、建设林带的方式来保护生态,帮助肯尼亚妇女学习和获得工作能力,开展妇女解放运动,开创性地实践了用林业解决社会和环境问题,受到全世界的尊敬。

马塔伊因其争取民主、人权和环境保护的斗争而获得国际认可,并在许多组织的董事会任职(她曾在全球治理委员会和未来委员会任职)。她还多次在联合国发表讲话,并在地球峰会五年期审查期间代表妇女在大会特别会议上发言。

1990 年,她因为反对开发商强占共有土地,被肯尼亚当局监禁和鞭打。但是她通过不懈的努力,在 2002 年被选为国会议员。马塔伊在肯尼亚议会中代表 Tetu 选区,并在肯尼亚第九届议会担任环境和自然资源部助理部长。

2004 年,马塔伊获得诺贝尔和平奖,她是第一位获诺贝尔和平奖的非洲女性,也是世界上第 12 位获得"诺贝尔和平奖"殊荣的女性。她还是继南非前总统曼德拉、联合国秘书长安南之后赢得这一荣誉的第 7 位非洲人。获奖后,拥有多重身份的她继续投身于环保事业。

在马塔伊的大力推动下,肯尼亚于 2005 年出台了新的《森林法》(*Forest Act* 2005)。新《森林法》旨在促进环境的可持续发展、减少温室气体的排放和保护生物多样性。它的进步之处是打破了政府对森林管理的垄断,主张"参与式的森林管理"(Participatory Forest Management,PFM),将社区参与视为保护森林的重要力量,强调政府与社区的伙伴关系。①

为了表彰她对环境的坚定承诺,联合国秘书长于 2009 年 12 月任命马塔伊为联合国和平使者,重点宣传"环境和气候变化"。2010 年,她与内罗毕大学合作,创立了旺加里·马塔伊和平与环境研究所(WMI)。WMI 把学术研究(例如土地使用、林业、农业、基于资源的冲突与和平研究)与绿色带运动和该组织成员结合起来。

马塔伊在与卵巢癌作斗争失败后于 2011 年 9 月 25 日去世,享年 71 岁。

---

① 余欣. 肯尼亚的女性与环保:旺加里·马塔伊和绿带运动[C]//北京大学非洲研究中心. 中国非洲研究评论·北京论坛专辑(2017)总第七辑. 北京:社会科学文献出版社,2018:216-227.

13.3.2　绿色带运动

绿色带运动①由旺加里·马塔伊在肯尼亚全国妇女理事会的主持下于1977年成立。它是一个全国性的土著基层组织。它的活动主体为当地的女性,主要任务是通过植树来保护环境以及改善她们的生活条件,随后延伸出更多的女性、环境和发展的议题,推动着肯尼亚及周围国家的绿色发展战略的形成与实施。

作为中非和东非地区第一个获得博士学位的女性,马塔伊在回国求职过程中深深感受到男女地位的不平等和女性地位的边缘化,让她更痛心的是妇女们缺乏维护自身权益的斗争意识。联合国第一次世界妇女大会于1975年在墨西哥首都墨西哥城举办,来自133个国家的女性共聚一堂商讨女性议题。虽然马塔伊因经费不足并未亲自前往大会现场,但作为肯尼亚全国妇女委员会的成员,她参与了前期的议题讨论和筹备工作。农村妇女关注的贫穷、木材短缺、水资源缺乏等问题引起了她的注意,在女权运动的大潮下,马塔伊开始将改善妇女生活与环境保护相联结。②

20世纪70年代中期,马塔伊因为祖国肯尼亚的森林遭肆意砍伐而深感忧心。她说:"我们对这些植物的生态系统负有特别的责任。如果我们不能保护它们,那么我们也无法生存。"

如同其他发展中国家一样,贫困与人口膨胀成为肯尼亚自然环境的沉重负荷。荒漠化是肯尼亚面临的严重生态问题。肯尼亚森林覆盖率不到2%,数百万人因此忍受干旱和贫穷的折磨。联合国认为,一国森林覆盖率最低为10%,才能提供基本的降雨、地下水和纯净的空气等。为了索取燃料、开垦农田,穷苦的肯尼亚人肆意砍伐树木。随着树木的消失,动物与其他植物也开始消失。因为缺乏树木的保护,地面表土遭雨水侵蚀,土中养分全被冲走。自然环境的退化加深了贫困的恶性循环,给人们带来营养不良、食水短缺、传染病蔓延等问题。

为了阻止整个地区的乱砍滥伐现象,1977年,马塔伊主持成立了一个民间团体"肯尼亚全国妇女理事会",并通过这个组织鼓励乡下的妇女种植树木。她们的活动随后扩展成为一个庞大的草根运动——"绿色带运动"。

---

① The Green Belt Movement . Our history[EB/OL]. [2023-03-03]. http://www. greenbeltmovement. org/who-we-are/our-history.

② 康红辉. 旺加里·马塔伊:和平的绿色使者[J]. 绿色中国,2004(11):41-43.

1977 年 6 月 5 日，在非洲肯尼亚全国妇女委员会赞助下，马塔伊和自己的同事们在内罗毕的卡姆昆公园以"拯救哈兰比土地"的名义种下 7 棵树，同时宣告绿色带运动正式启动。马塔伊这样写道："我真的不知道我为什么那么在乎妇女和环境，但我的内心告诉我，必须做点什么。"

马塔伊发起的绿色带运动鼓励当地妇女在各地收集树木种子，建设苗圃，培育幼苗，送到绿色带运动的幼苗可以获得一定的助学金支持。1977—1980 年间，绿色带运动建立了 600 多个小型苗圃（有些苗圃仅仅是一块适合的土地），吸引了 2 500～3 000 名妇女参与活动。她们共建设了 2 000 多条、每条至少有 1 000 棵树苗的小型林带。助学金则用于支持当地妇女进学校接受正规教育或职业培训。该运动不仅向女性传递了相应的农业知识、技能与工具，提高了妇女的就业能力，还向公众宣传了环保知识，如防止土壤流失、减缓土地荒漠化进程和保护生物多样性的重要性等，使人们认识到环境与经济发展、政策等的内在联系。该组织特别试图增强妇女和整个社会的权利，以便个人能够采取行动，打破贫困和不发达的恶性循环。这种参与林业就能获得机会的理念，在国际社会获得更多的认可。马塔伊经常对当地的妇女说："你种下一棵树就种下了希望。"这句话后来被很多名人引用，以激励人们参与林业活动。①

1981 年，绿色带运动得到联合国妇女志愿者基金会的支持，为绿色带运动招募国际人员，将运动拓展到肯尼亚以外的地区，并提供"种子基金"。只要能够提供准确的苗木来源和上交记录，作为参与绿色带运动的凭证，那些妇女的丈夫和孩子就能获得助学金的支持，接受教育和培训。

绿色带运动带动了成千个妇女组织的成立。妇女们在肯尼亚种植了超过 2 000 万株树苗，更设立了 6 000 多个苗圃。她们还利用《地球宪章》的伦理框架，着手解决当地社会问题。此外，超过 50 万名学生也因绿色带运动而学习到可持续生活的概念。②

1985 年，在内罗毕召开的联合国世界妇女大会上，马塔伊被邀请作演讲，介绍绿色带运动的进展和经验，并带领各国代表参观苗圃和栽种的林带。与会期间，马塔伊见到了联合国妇女发展基金总干事佩吉·斯奈德和联合国秘书长助理海尔维·斯佩拉，从而获得了更多的资金支持，并有了向海外发展

① MAATHAI W. Speak truth to power[EB/OL]. (2000-05-04)[2023-03-03]. http://www.greenbeltmovement. org/wangari-maathai/key-speeches-and-articles/speak-truth-to-power.

② 康红辉. 旺加里·马塔伊：和平的绿色使者[J]. 绿色中国，2004(11)：41-43.

的大好机遇。联合国环境规划署还为绿色带运动提供了援助,并建立了泛非绿色地带网络。在随后的 3 年间,15 个非洲国家的 45 名代表来到肯尼亚学习绿色带运动的经验。后来这些代表回国后在自己的国家努力开展植树造林运动,获得了很好的经济、社会和生态效益。马塔伊说:"我们要努力转变思维,拥抱地球所有的多样性、美丽和奇迹,要通过种树,来帮助地球治愈伤口,并在这个过程中治愈我们自己。"

在这项运动的过程中,马塔伊看到:在穷人的日常困难如环境退化、森林砍伐和粮食不安全背后,是更深层次的公民权剥夺和传统价值观失去的问题。这些传统价值观以前使社区能够保护自己的环境,为互利而共同努力,并无私和诚实地做事。绿色带运动还举办了公民和环境教育研讨会,现称为社区赋权和教育研讨会(CEE),以鼓励个人研究他们缺乏改变其政治、经济和环境的能动性的原因。绿色带运动开始倡导国家领导人给予更大的民主空间,采取更严厉的问责,反对掠夺土地和农业侵占森林。

据 2018 年的报道,从 1977 年马塔伊开展绿色带运动以来,肯尼亚已经植树 5 100 万株,3 万多名妇女接受技能培训,免费获得健康和预防艾滋病信息。由于项目开展基于社区,培养了社区意识和推动了民众参与性治理,获得了民众对环保事业和公共空间保护的支持。绿色带运动让人们接收到更多的环保知识与技能,赋予民众权利,推动民主事业、环保事业和社会经济的发展。这些工作对于经济和社会发展水平还十分落后的非洲非常重要,马塔伊的工作因此受到国际社会的普遍关注,为非洲和第三世界国家面对日益严重的生态环境问题、发挥社会力量积极应对做出了榜样。

随着绿色带运动的国际影响力持续扩大,马塔伊基金会发起MOTTAINAI 运动,努力在肯尼亚和世界各地灌输"减少、再利用、回收"的概念,并与联合国环境规划署合作开展"全球十亿棵树运动"。在马塔伊、摩纳哥亲王阿尔贝二世和世界农林复合经营中心的倡导下,2006 年 11 月 8 日,联合国环境规划署号召全球各种社会团体,本着博爱的精神,精诚合作,在2007 年种植 10 亿棵树木,即"全球十亿棵树运动",试图通过全球参与的植树运动,让人类社会对植树造林活动有进一步认识,并鼓励积极参与,实现社区参与保护环境、唤醒民众环保意识的目的。2011 年 12 月,联合国环境规划署将"全球十亿棵树运动"的活动主办权移交给了一个名为"为了我们的星球而种树"的基金会,继续为保护地球开展植树活动。这个组织自 2007 年以来一直积极参与 10 亿棵树的活动,并且有 4 万名年轻大使志愿向世界 100 多个国家传播 10 亿棵树的活动信息。①

联合国环境规划署执行主任阿希姆·施泰纳后来回顾 10 亿棵树的伟大成就时说:"最重要的不是种树的数量,而是世界各地的人们踊跃参加了这项活动,并在自己的社区植树造林,向全世界传递的绿色信息。"②

13.3.3　环保抗争

在马塔伊的环保历程中,共有两次大型抗争:一次是为了保护乌哈鲁公园,一次是为了保护卡鲁拉森林。两次抗争在肯尼亚环境保护工作中都具有重要影响。1989 年 10 月,马塔伊了解到,政府要在内罗毕的乌哈鲁公园毁掉绿色带运动已经种植的树木,计划建设一座 60 层高的时代媒体信托综合设施。马塔伊立刻表示反对这个建设计划,因为"那里有多少妇女种下的希望之树"。

（1）保护乌哈鲁公园

马塔伊以绿色带运动的名义先后向肯尼亚时报社、总统办公室、内罗毕城市委员会、肯尼亚环境与自然资源部等政府部门写信询问此事的真实性,并呼吁中止破坏乌哈鲁公园的计划。然而,对于绿色带运动的反复要求,政府却选择视而不见,拒绝给出实施此项计划的理由。随着绿色带运动影响力的不断扩大,肯尼亚政府开始打压绿色带运动,公开质疑绿色带运动的真实性,并通过官方媒体对马塔伊展开人身攻击,其中不乏从父权视角做出的恶意抨击和中伤。政府后续对绿色带运动进行了经济审查,更勒令马塔伊和绿色带运动在 24 小时之内搬出已经使用十年的政府所有的办公地点。③

在此背景下,马塔伊绕过肯尼亚政府,给加拿大、美国、英国等国的政治家、媒体机构、活动家、慈善家写信,呼吁他们给摩天大楼项目的投资者和本国政府施压,停止对项目的注资,并中止与肯尼亚政府的合作。在马塔伊和绿色带运动的努力下,其倡议受到了《纽约时报》《独立报》《洛杉矶时报》等英美媒体的报道,在更大范围内引发了欧洲和北美洲环境保护人士与民主人士的关注。

鉴于肯尼亚的这种状况,1990 年 1 月,外国投资者纷纷撤出对综合设施

---

①② 朱永杰. 种树的诺奖得主:马塔伊[N]. 中国绿色时报,2018-03-01(3).

③ 余欣. 肯尼亚的女性与环境:旺加里·马塔伊和绿带运动[C]//北京大学非洲研究中心. 中国非洲研究评论·北京论坛专辑(2017)总第七辑. 北京:社会科学文献出版社,2018:216-227.

的投资。肯尼亚当局对这样的结果恼羞成怒，于 1992 年将参与抗议活动的主要人员列入政府暗杀黑名单，政府雇佣的杀手已经准备就绪，包括马塔伊在内的人员时刻面临生命危险。

随后马塔伊被政府以鼓动社会骚乱罪逮捕。听到马塔伊被逮捕，国际组织和各国政要纷纷介入，要求肯尼亚政府释放马塔伊。不到一天半的时间，肯尼亚政府就被迫撤销了起诉，释放马塔伊。随后，马塔伊又多次被捕，多次在国际社会的斡旋下被释放。这期间，马塔伊获得了国内外广泛的支持，不断获得国际社会的各种奖励和荣誉。

（2）保护卡鲁拉森林①

1999 年，马塔伊在读报时发现肯尼亚内罗毕的卡鲁拉森林中的一些珍贵树木受到了威胁。齐贝吉新当选的政府正在考虑一家美国开发商的提议，即在卡鲁拉森林的一块土地上建造一个高端酒店和公寓综合体。当地媒体报道说，时任副总统迈克尔·瓦马尔瓦率领一个包括环境部部长在内的高级政府官员小组参观了森林，公众意识到了这件事的严肃性。这次参观似乎是作为最后的批准行动，因为政府已经接受了这家美国开发商提交的环境影响评估报告。马塔伊（此时担任新政权的环境部助理部长）认为："政府似乎执意要给投资者发放开工许可证，只是把评估报告当作替罪羊。"

政府的观点是内罗毕需要外国投资。但是，当地印刷媒体的社论标题暗示肯尼亚公众并不买账："不，不要再去卡鲁拉森林！"一个新的民主政府不仅会重新认可私人开发一个重要的城市公共森林保护区，而且会以不透明的方式进行，这在肯尼亚公众看来似乎是不可思议的。

"从 NARC 政府②成立以来，我们已经见证了一种崭新的做事方式。在环境部部长牛顿·库伦杜和助理部长旺加里·马塔伊身上，我们看到了一种修复卡努政权造成的破坏的坚定信念，即减少开垦和保护我们日益减少的森林覆盖。"马塔伊威胁称，如果森林开发计划继续进行，她将退出政府。公众的反对最终迫使齐贝吉政府拒绝了这家美国开发商的提议。现在卡鲁拉森林不仅被收回，还受到严格保护。在拯救森林的斗争中，马塔伊曾经支持将

① NJERU J. "Defying" democratization and environmental protection in Kenya：the case of Karura Forest reserve in Nairobi[J]. Political Geography，2010(7)：333-342.

② NARC 政府：即齐贝吉新当选的政府。反对党吸取前两次大选失败的教训，实现了肯实行多党民主以来最广泛的联合，成立"全国彩虹同盟"（NARC），并推举姆瓦伊·齐贝吉（Mwai Kibaki）为统一的总统候选人。

部分森林分配给穷人用于居住,而后来和政府统一战线,不允许森林的任何公共使用。

2002 年 12 月,在肯尼亚的首次自由选举中,以绿党成员身份参选的马塔伊以 98％的得票率当选议员,64 岁的马塔伊任肯尼亚齐贝吉内阁的环境和自然资源部副部长,负责自然资源保护工作。很少有肯尼亚男人忘记她是个扮演着传统男人角色的女人,肯尼亚前总统阿拉普·莫伊称她为"疯女人",一个前政府妇女组织抱怨她和男人吵架的方式"不像非洲人"。事实上,她却承载着"非洲的希望",至少是非洲妇女的希望。①

思考题

1. 唐锡阳的环保实践和生态理论思想有哪些?

2. 如何理解生态环保与个人成长之间的关系?

3. 如何理解环保人物和组织对环保事业发展的作用?

4. 如何将环保理念融入人们的日常生活中?

---

① 殷淼.肯尼亚"森林女王"30 年间引领女性植树 3 000 万棵[N].人民日报,2011-11-04(9).